茶

香叶，嫩芽。

慕诗客，爱僧家。

碾雕白玉，罗织红纱。

铫煎黄蕊色，碗转曲尘花。

夜后邀陪明月，晨前命对朝霞。

洗尽古今人不倦，将至醉后岂堪夸。

——唐·元稹《一字至七字诗·茶》

U0189847

中国茶典

全图解

罗军 编著

中国纺织出版社

图书在版编目(CIP)数据

中国茶典全图解 / 罗军编著. -- 北京 : 中国纺织
出版社, 2016.9 (2023.2 重印)
ISBN 978-7-5180-2182-6

Ⅰ. ①中… Ⅱ. ①罗… Ⅲ. ①茶文化－中国－图解
Ⅳ. ①TS971-64

中国版本图书馆CIP数据核字（2016）第166346号

责任编辑：郭 沫 张天佐　　责任印制：王艳丽

中国纺织出版社出版发行
地址：北京市朝阳区百子湾东里A407号楼　　邮政编码：100124
销售电话：010—67004422　传真：010—87155801
http://www.c-textilep.com
E-mail: faxing@c-textilep.com
中国纺织出版社天猫旗舰店
官方微博http://weibo.com/2119887771
北京华联印刷有限公司印刷　各地新华书店经销
2016年9月第1版　2023年2月第7次印刷
开本：787×1092　1/16　印张：20
字数：328千字　定价：49.80元

凡购本书，如有缺页、倒页、脱页，由本社图书营销中心调换

目录

第二章 认识茶，了解茶

下篇

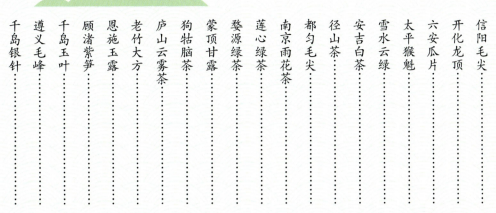

9

中国是茶树的发源地，也是最早发现并利用茶叶的国家。口干时，喝杯茶能润喉解渴；疲劳时，喝杯茶能舒心解烦……

茶文化

养生保健

与

第一章 忆茶史，说茶事，悟茶道

悠悠茶史，香袭千年

饮茶小史

1. 远古时期

人们从野生的茶树上采下嫩枝，先是生嚼嫩叶，随后将鲜叶加水煎煮成汤汁饮用。

2. 春秋战国

人们将茶叶、葱、姜、陈皮、茱萸等加水煎煮成茗粥或做成茗菜。

3. 秦汉年间

茶叶在蜀地作为一种饮品并开始推广，茶叶开始商品化。

4. 魏晋南北朝

饮茶之风迅速推广，茶在南方成为士大夫的普遍饮品。

5. 唐代

陆羽《茶经》的问世使"茶事大兴"，唐代茶业由此日益兴盛，奠定了中国茶文化基础。同时，茶叶由僧侣传至海外，茶文化开始外传。

6. 宋代

茶叶中心开始南移，建茶崛起。建茶是指广义的武夷茶区，即今闽南、岭南一带。

7. 元代

随着制茶技术的不断提高，元朝出现了机械制茶，大大提升了制茶效率。

8. 明代

茶叶逐渐由饼茶转为以散茶为主，茶叶炒制技术向新阶段发展。

9. 清代

茶叶种类开始多样化，除了绿茶外，白茶、黄茶、乌龙茶、黑茶、红茶、花茶等相继出现。同时，中国茶文化在海外进一步传播。

10. 现代

现代饮茶方法以泡饮、茶饮料等为主，但某些少数地区仍保留生吃、煮饮的方式。

泡茶方法的演变

1. 煮茶

　　无论是神农用开水煮茶的传说，还是陆羽在《茶经》中提到的煮茶、煎茶理论，茶叶最开始出现时，是被人们煮着喝的。"菊香篱下煮秋茶"，几个长袖长衫的文人骚客坐在散发着菊香、茶香的篱笆下，围观着炭火上咕咕的秋茗，别有一番风味。直到今天，在内蒙古一带的牧民生活中，煮奶茶仍是他们生活中不可缺少的一部分。

2. 半茶半饮

　　随着人类对茶认知的不断加深，西汉时期，茶已不仅仅是解毒药品，开始成为饮品或待客之饮。只不过当时的茶饮只能算是半茶半饮，即将茶团捣碎，放入壶中，注入开水，并加上葱、姜和橘子调味后，才自饮或待客。

3. 泡茶

　　隋唐时期，"半茶半饮"开始被单品茶叶取代，即人们煮茶时只放茶叶，不再加入陈皮、当归之类的药材。到了明清时期，散茶逐渐取代了团茶、饼茶，用开水泡茶取代了煮茶。由此，茶叶完成了从煮茶到泡茶的演变历程。

4. 现代的茶饮变体

　　今天的茶叶品种越来越丰富，饮用方式也越来越多样。除了七大茶系外，还出现了茶叶的现代变体：速溶茶、冰茶、液体茶以及各类袋泡茶，充分满足了人们的生活需要。另外，还有保健茶、花草茶、鲜果茶等很多新鲜的茶饮，既有保健功效，也不乏漂亮的茶色、诱人的茶香，成为都市时尚族的最爱。

中国茶文化的世界传播之路

茶马古道

1. 物物交换时代的茶马互市

茶马古道源于古代的"茶马互市",而"茶马互市"是唐宋时期我国西部汉藏民族之间一种传统的以茶易马或以马换茶为中心内容的贸易往来,其雏形大约起源于公元5世纪,唐朝时逐渐形成了规则,宋朝时进一步完善,甚至设置了"检举茶监司"这样的专门管理茶马交易的机构。

中原地区的军队和内地民间役使需要马匹,边疆地区的人民需要去油腻、解荤腥的茶叶,于是就有了内地的茶叶和边疆地区良马交易的供需要求,茶马互市就由此而产生了。

2. 茶马古道诞生

长期以来,边疆地区的人们都以马奶、羊肉等为食,食物腥腻又缺乏维生素,茶马互市让藏族人民尝到了茶叶的好处,既解腥腻又补充维生素,由此对这种神奇的物质产生了强烈的需求,他们运送大量的马匹、动物毛片、药材等去中原地区交换,而

"茶马互市"是我国云南、四川等茶叶原产地和边疆少数民族地区以茶易马、以马易茶的贸易往来。"茶马互市"促进了我国西部地区的贸易繁荣,并造就了后来的"茶马古道"。

中原地区的茶叶、布匹等也不断运送而来，这些商品在高原深谷中来往不息，逐渐形成了一条延续至今的"茶马古道"。后来，茶马古道不断延伸，并开始向尼泊尔、印度等一些国家输送茶叶。

所谓茶马古道，实际上就是一条地道的马帮之路。马帮是我国西南地区特有的交通运输方式，也是茶马古道的主要运载手段。我们可以想象，一千多年前，那些开辟茶马古道的探险家们，沿着滇、藏、川之间大大小小的支线，日复一日、年复一年，风餐露宿地艰难行进，清悠的铃声和奔波的马蹄声打破了千百年山林深谷的宁静，开辟了一条通往边疆、域外的经贸之路。他们凭借自己的刚毅、勇敢和智慧，用心血和汗水浇灌了一条通往茶马古道的生存之路、探险之路和人生之路，传播着我国的茶文化。

① 茶商把茶叶放在马背上。

② 马帮带领大批的马队，长途跋涉，将茶叶运送到世界各地。

③ 茶商在与国外和当地商人进行茶叶交易。

3. 茶马古道的主要路线

茶马古道并不只一条，而是一个庞大的交通网络，是以川藏道、滇藏道两条大道为主线，辅以众多的支线、附线构成的道路系统。本书主要给大家介绍茶马古道的两条主线：

一条从四川雅安出发，经泸定、康定、巴塘、昌都到西藏拉萨，再到尼泊尔、印度。国内路线全长 3100 多公里。

一条从云南普洱茶原产地（今西双版纳、思茅等地）出发，经大理、丽江、中甸、德钦，到西藏邦达、察隅或昌都、洛隆、工布江达、拉萨，然后再经江孜、亚东，分别到缅甸、尼泊尔、印度，国内路线全长 3800 多公里。

海上茶叶之路

1. 茶香飘万里

文明的交流与融合需要以一定的物质基础为媒介，茶叶就是我国与世界文明融合的重要

茶马互市主要路线图

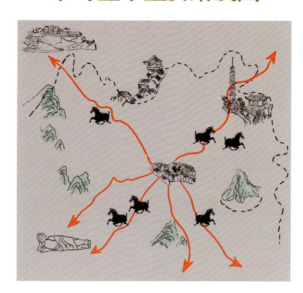

媒介之一。中国的茶叶、茶文化自唐代开始就通过东海源源输往日本、朝鲜半岛等东亚及东南亚各地，是一种通过僧侣传播、茶禅一味的文化交流。清朝年间，茶叶开始通过海路传播到欧美各国，属于商业贸易。

中国茶叶通过海路传播给西方国家，一方面是外国人很喜欢中国茶叶，另一方面是清末国力不足，清政府不得不投其所好，用茶叶与之交易。所以，对清末的海上茶叶来讲，对内既为国库所关，对外复为安危所系。

2. 海路传播

公元805年（唐德宗贞元二十一年），日本僧人最澄到我国的天台山国清寺拜师学经，归国时不仅学到了正宗的天台宗传授方法和独特的大乘元顿戒，还带回了大量的茶籽种在近江（今贺滋县）坂本的吉神社，这就是中国茶叶传到日本的最早记录。明代郑和七下西洋，将茶叶运输到越南、印度、阿拉伯半岛等，将中国茶叶传入亚洲、欧洲、非洲的路径，有人称它为"海上茶叶之路"。

1606年，荷兰商人就凭借航海的优势，从中国澳门贩茶到印度尼西亚。次年，荷兰人直接从中国运茶回国，并将茶叶逐渐传播到英、法等国。尽管茶叶初次进入欧洲时，就引起了法国人和英国人的浓厚兴趣，但在当时的西方，茶价非常昂贵，茶并未真正被列入日常饮品中，只是宫廷贵族、豪门世家等上层社会社交礼仪的奢侈品。直到17世纪下半期，中国的茶叶才经过海路源源不断地运送到世界各地。茶叶输入量的骤增使得茶价逐渐平抑，茶香才开始遍及西方整个社会。

世界各国"茶"的读音

中国是最早种茶、制茶和饮茶的国家，也是茶叶的出口大国，世界上大多数国家的"茶"字发音都是从汉语"茶"的字音变化而成的。

英文"tea"、德语"tee"和西班牙语"Té"等"茶"的发音，都是从厦门茶方言"te"（读作"tay"）转变而来的，而英文俚语中的"茶"就是"cha"，与茶的中文读音更接近。俄文"chai"则是我国北方话茶叶的译音，土耳其语为"chay"，朝鲜语中是"ta"，日文的"茶"字读"恰"，几乎完全是照汉字读音。所以说，不仅中国的茶叶飘香到世界各地，"茶"的发音也在世界传播，在世界各地播下种子，开枝散叶。

茶文化海上传播示意图

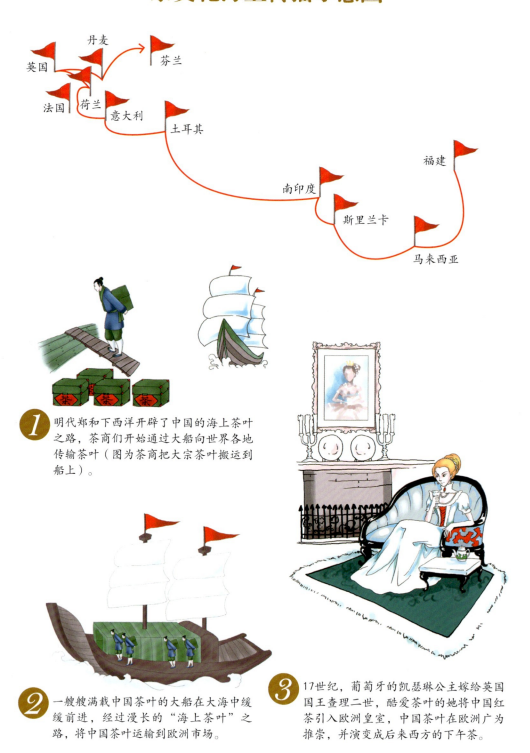

① 明代郑和下西洋开辟了中国的海上茶叶之路，茶商们开始通过大船向世界各地传输茶叶（图为茶商把大宗茶叶搬运到船上）。

② 一艘艘满载中国茶叶的大船在大海中缓缓前进，经过漫长的"海上茶叶"之路，将中国茶叶运输到欧洲市场。

③ 17世纪，葡萄牙的凯瑟琳公主嫁给英国国王查理二世，酷爱茶叶的她将中国红茶引入欧洲皇室，中国茶叶在欧洲广为推崇，并演变成后来西方的下午茶。

有关茶的故事

茶之为饮，发乎神农氏

《茶经》上说："茶之为饮，发乎神农氏，闻于鲁周公。"神农就是炎帝，中华民族的祖先之一，茶树的最早发现者。

相传在远古时代，自然条件特别恶劣，人类以采摘野果、捕食野兽为生，一不小心，就会因为误食有毒的果实而生病甚至死亡。当时爱民如子的首领神农非常痛心，就决定品尝百草，以身试毒。

神农是远古时代最具智慧的首领，他从来不喝生水，即使在野外尝百草阶段，神农也会架起锅，把生水煮熟了再喝。一日，神农尝了一种有剧毒的草，水还没烧开就晕倒了。不知过了多久，神农在一阵沁人心脾的清香中苏醒，听到"嗒嗒嗒"水沸腾的声音，知道锅里的水已经烧开了，就艰难地挺起上身用碗舀水准备喝，却发现锅里的水已经变成了黄绿色，里面还飘着几片绿色的叶子，更神奇的是，一股沁人心脾的清香从锅里飘来。

神农尝百草，一日遇剧毒，得茶（即茶）而解。

神农用碗舀了点汤水送入口中后，但觉这汤水清香中略带苦涩，咽下去后，似乎比开水更解渴，就又喝了几碗。几个小时后，神农身上的毒居然解了！他非常开心，想不到这次因祸得福，得到了解毒的仙药。仙药是什么呢？带着疑问神农开始细心查找，很快发现锅的正上方有一颗似树非树的植物，而锅内的叶子就是从这颗树上飘落下来的。神农采摘了很多叶子，回到部落后，再次取其嫩叶熬煎试服，发现这些汤汁不仅有生津解渴、利尿解毒的作用，而且还能提神醒脑、消除疲劳，神农非常高兴，就将它取名为"荼"，即开百花的植物，作为部落的"圣药"。唐朝年间，饮茶之风大盛，人们对茶的认识也显著提高，认识到茶是木本植物，就把"禾"改为"木"，从此"荼"字去掉一画而变成"茶"。

由此可见，五千年前，茶最初是以"药"的身份出场的。

妙玉敬茶的故事

"一杯为品，二杯即是解渴的蠢物，三杯便是饮牛饮驴了。"大凡读过《红楼梦》的人，大都会记得那位嗜茶如命、孤寂清高的女子——妙玉的这句名言。喜欢妙玉的人，说她是不食人间烟火的仙子，茶道的造诣登峰造极；不喜欢妙玉的人，说她是故作清高，懂茶技但不懂茶道。这两个极端的说法都源自她在《红楼梦》中的"敬茶"事宜。

妙玉敬茶

刘姥姥进大观园的那一回，贾母带着众人到栊翠庵喝茶，这时，妙玉出场了。但见妙玉捧了一个海棠花式雕漆填金云龙献寿的小茶盘，里面放了一个成窑五彩小盖钟，亲自向贾母敬茶。贾母说："我不喝六安茶。"妙玉笑答："知道，这是老君眉。"当贾母问起沏茶之水时，妙玉答是"旧年蠲的雨水"，惹得贾母"龙心大悦"。贾母喝了半盅后，随手让刘姥姥也尝尝，因此便有了妙玉那句"将那成窑的茶杯别收了，搁在外头去罢。"她是嫌刘姥姥脏，不要那个名贵茶杯了。

本是方外之人，却对贾母的饮茶习惯明察秋毫，还对人地位的尊卑有这么大的偏见，难怪有些人讲妙玉是做作、假清高。但有些人却独爱妙玉骨子里的这种傲气，尤其是她后来请宝钗和黛玉喝体己茶时，用的是"分瓜瓟斝"和"点犀䀈"的茶具，喝的是"藏五年之久的梅花上的雪水。"被后世很多雅士骚客津津乐道。可见，妙玉从心底是看不起贾母的，认为只有才情学识如宝黛者方配喝她的珍藏好茶。

雨水、雪水、朝露水，在古代都被称为"天泉"，尤其是雪水，更为古人所推崇。所谓采明前茶，煮梅上雪，品茶听韵，不单是"妙玉们"的闲情，也不独文人墨客的专利，现代很多风雅的茶人更是讲究好茶、好水、好器，对他们来讲，品的不仅是茶，还是一种超然的心境。

以茶代酒

以茶代酒是中国特有的风俗，历史悠久。《三国志》曾记载说，三国时期，吴国的国君孙皓特别爱酒，每次给大臣庆功或宴请宾客时，都大设酒宴，不醉不归。当时，吴国有个文韬武略的大臣韦曜，很得孙皓赏识，但是他偏偏酒量不大，一喝就醉，醉了不是耍酒疯，就是大病一场。孙皓虽然嗜酒，但却也是个爱才的国君。此后，每次设酒宴，孙皓就请人暗中把韦曜喝的酒换成汤色相似的茶。

客来敬茶

我国是礼仪之邦，历来有"客来敬茶"的文明之风。敬茶不是单单给客人沏一杯茶那么简单，以茶敬客，可以明伦理、表谦逊、重俭朴、无虚华和示真情，是日常生活中一种高尚的礼节和纯洁的美德，也是人与人之间交往应酬中不可缺少的礼仪。因此，敬茶过程中，要做到以下五点：

（1）茶叶品质：选取干燥、滋味香醇的好茶，不选受潮或有异味的茶叶。如果能像妙玉那样，根据客人的喜好来敬茶，则为上选。

（2）择好器：器为茶之父，根据不同的茶类和客人喜好，可分别选择紫砂壶、玻璃杯或盖碗等。

（3）备好水：水为茶之母，好水可以沏出色、香、味俱全的好茶汤。

（4）冲泡技艺：根据茶类的不同选用不同的水温、茶量和冲泡技艺。

（5）敬茶礼节：客到敬茶，主人讲究"端、斟、请"，客人留意"接、饮、端"的动作。一道茶后，主人要观察客人杯中的茶水存量，要使茶汤保持前后一致，水温适宜。

孙皓允许韦曜以茶代酒，至少说明在三国时期，茶就已经成为一种饮品。今天，以茶代酒仍是现实生活中的大方之举。

十八棵御树的传说

传说，风流天子乾隆六下江南有四次都与茶有关。有一次，微服私访的乾隆到西湖狮峰山下的胡公庙游玩，看到很多妙龄采茶女在采制茶叶。采茶女的芊芊玉手轻轻一折，碧绿鲜嫩的叶子就轻巧地飘落到茶筐，煞是美妙动人。乾隆不由地被吸引住了，痴痴地欣赏这一美景，待采茶女发现时，忙掩饰般地也抓起一把茶叶，装作采茶的样子。采茶女看到这位气宇轩昂的公子采茶手法如此笨拙，不由地笑成一片，乾隆也不好意思地笑了。正赏玩有趣之际，忽然宫内有太监来报说太后生病了，请皇上速速回京。

乾隆一惊，顺手将手里的茶叶放入口袋，火速赶回京城。其实太后并无大病，只是惦记乾隆久出未归有点上火，现在看到乾隆归来，自然非常高兴，病已好了大半。忽然闻到乾隆身上有香气飘来，即问是何物。乾隆这才发现自己将龙井茶叶带回来几片，于是亲手为母后冲泡了一杯龙井茶，一时间，龙井的清香味更加浓郁，茶汤也碧绿清澈。太后连喝几口，但觉这茶汤甘鲜清爽，肝火顿消，病竟然痊愈了，连说皇儿的龙井茶胜似灵丹妙药。

乾隆见母后病愈了，也非常高兴，立即传旨将胡公庙前的十八棵茶树封为御茶，年年采制，专供太后享用。这就是十八棵御茶树的传说。

乾隆不仅是个风流天子，还是一个爱茶之人，龙井茶和这位天子颇有渊源。

斗茶的乐趣

斗茶，又称"斗茗""茗战"，即比赛茶的好坏之意，是古时王宫贵族、文人雅客们的一种"雅玩"。斗茶据考创造于出产贡茶闻名于世的福建建州茶乡。每年春季新茶制成之际，茶农、茶客们就会以新茶的优良次劣进行排名，有比技巧、斗输赢的特点，是一种富有趣味性和挑战性的比赛活动。

斗茶始于唐代，盛于宋代。宋代时期，上至宫廷，下至民间，都普遍流行斗茶的风俗。著名的豪放派词人苏东坡就曾有"岭外惟惠俗喜斗茶"的记述。

斗茶是在品茶的基础上发展起来的。品茶也称品茗，由主人邀请三五知己，将泡好的茶盛在小酒杯一样大小的茶盅内，像饮酒那样细细品尝。斗茶则与品茶不同。斗，就是在争斗中逞强获胜之意，具有强烈的胜负色彩，其实是一种茶叶的评比形式和社会化活动。决定斗茶胜负的标准，主要有两方面：

（1）汤色：即茶水的颜色。一般标准是以纯白为上，青白、灰白、黄白等则为下。色纯白，表明茶质鲜嫩，蒸时火候恰到好处；色发青，表明蒸时火候不足；色泛灰，是蒸时火候太老；色泛黄，则采摘不及时；色泛红，是炒焙火候过了头。

（2）汤花：即指汤面泛起的泡沫。决定汤花的优劣要看两个标准：第一是汤花的色泽，因为汤花的色泽与汤色是密切相关的，因此，汤花的色泽标准与汤色的标准是一样的；第二是汤花泛起后，水痕出现的早晚，早者为负，晚者为胜。如果茶末研碾细腻，点汤、击拂恰到好处，汤花匀细，有若"冷粥面"，就可以紧咬盏沿，久聚不散。这种最佳效果，名曰"咬盏"。反之，汤花泛起，不能咬盏，会很快散开。汤花一散，汤与盏相接的地方就露出"水痕"（茶色水线）。因此，水痕出现的早晚，就成为决定汤花优劣的依据。

仙风道骨访茶人

茶圣陆羽

"不羡黄金罍,不羡白玉杯,不羡朝入省,不羡暮登台。千羡万羡西江水,曾向竟陵城下来。"这首《六羡茶歌》是《全唐诗》中仅存的一首"茶圣"陆羽的诗,这位鄙夷权贵、不重财富、热爱自然的茶圣究竟是个什么样的人呢?相传,陆羽自小因相貌奇丑、口吃而被遗弃,那么,陆羽又是如何走上学茶、研茶的人生之路,并为茶文化、茶艺、茶道的传播和弘扬奉献一生,直至被后世尊称为"茶圣"的呢?

唐开元年间,陆羽时年三岁,被遗弃野外,后被一位住持在西湖边上拾得、收养。陆羽当童僧的这段时间正值寺院饮茶风习方兴未艾之时,而住持智积禅师又是位博学而又嗜茶的禅师,陆羽在他身边学文识字,习诵佛经,还学会了煮茶的好手艺,在掌握火候、汤色、味香等方面,有其独到之处。相传,在陆羽离开龙盖寺之后,智积禅师有许多年不愿饮别人烹的茶。在佛门净土成长,日闻梵音,让陆羽自幼好学,习惯于闭门著书,淡泊名利。更重要的是,令他有机会经常接触茶事——买茶、烤茶、碾茶、罗茶、烹茶和饮茶,学到了一些基础的茶学知识与烹茶技艺,从而令他对茶学产生了非常浓厚的兴趣。

有茶缘无佛缘的陆羽一心向往儒学,因不愿意皈依佛门,备受劳役折磨。十一岁时陆羽不堪困辱逃出寺院入了梨园。谁也未曾料到这个容貌难看、说话结结巴巴的小伙子却诙谐善变,以扮演丑角而大受欢迎,并且还是天生的编剧好手,深得竟陵太守李齐物的赏识,并且被推荐到火门山邹夫子处接受正规教育。在读书之余,陆羽常去采摘野生茶,为邹夫子煮茗,一边学习儒学,一边继续学习煮茶和茶艺。

随着年龄的增长,青年时期的陆羽已经知道了自己的心志既不在佛,也不在儒,而在于茶。为了广泛汲取茶学知识,天宝十一年(公元752年),陆羽揖别邹夫子下山出游,对各地名山、茶园、名泉进行了实地考察。安史之乱发生后的第二年(公元 756 年），陆羽为避乱渡过了长江，沿长江南岸东下，实地调查与研究了常州、湖州、越州等产茶区，逢山驻马采茶，遇泉下鞍品水；并曾赴今南京市栖霞山区采制野生茶叶，进行焙制试验。在各地考察期间，陆羽结识了对茶有浓厚兴趣的著名诗僧皎然并与之结为忘年之交，后又逢诗人皇甫冉、皇甫曾兄弟数次到访。皇甫冉曾作《送陆鸿渐栖霞寺采茶》："采茶非采，远远上层崖。布叶春风暖，盈筐白日斜。旧知山寺路，时宿野人家。借问王孙草，何时泛碗花。"诗中充分反映了陆羽在研究茶学的实践中，亲赴深山茶区，攀悬崖登峭壁，为采制野生茶叶、获取第一手资料，不辞辛劳、风餐露宿的生动情景。

唐上元二年（公元 761 年），陆羽在游览了湘、皖、苏、浙等数十州郡后，到达盛产名茶的湖州，在风景秀丽的苕溪结庐隐居，闭门著述《茶经》，其间他深入农家，采茶觅泉，评茶品水，在历经数年的研茶事、修茶礼、参茶道、品茶德、记茶史之后，终于写就了世界上第一部茶文化专著《茶经》，成为世界茶史上的里程碑。有了《茶经》，才有了茶学，才有茶的文化积淀和传承，我国才成为真正意义上的茶文化发祥地。《茶经》问世之后，饮茶很快成为在贫富阶层都很盛行的一种社会风尚。在活字印刷术尚未发明的年代，《茶经》的手抄本和后来的石刻本广为流传，陆羽也声名鹊起。

陆羽一生嗜茶，精于茶道、工于诗词、善于书法，凭借他的人品和丰富的茶学知识为人称道，朝廷曾先后两次诏拜陆羽为"太

子文学"和"太常寺太祝",但陆羽无心于仕途,竟不就职。到了晚年,陆羽仍然四处出游考察,曾由浙江经湖南而移居江西上饶,因此上饶遗有"陆羽井",据说是陆羽的故居遗址。在陆羽辞世200多年后,宋代诗人梅尧臣有诗句:"自从陆羽生人间,人间相约事春茶。"

《茶经》的问世,有力地推动了唐代饮茶之风的盛行,并一直惠及后代,陆羽也被后世誉为"茶仙",尊为"茶圣",祀为"茶神"。

王濛与水厄

王濛,东晋晋阳(今山西太原)人,出身王氏望族,曾任中书郎、左长史等官职。他擅长书画艺术,不仅官运亨通,而且嗜茶成癖,不仅自己一日数次地喝茶,而且有客人来,便一定要与客同饮。东晋的大臣中有不少是从北方南迁的士族,根本喝不惯茶,只觉得茶苦涩得难以下咽,但碍于情面又不得不喝,所以到王家喝茶一时成了"痛苦"的代名词。于是,人们每次去王家时,临出行,就戏称"今日有水厄"。"水厄"一词由此而生。"水厄"从字面上理解就是因水而生的厄运。后来,水厄成了茶的一个贬称,并一直流传下来。

茶仙卢仝

中国是茶的故乡,茶是开门七件事"柴米油盐酱醋茶"之一。翻开中华千年的文明史卷,几乎每一页都可以闻到茶香,那些脍炙人口的茶诗更是让茶人找到跨越时空的知己,甚至生出"君生我未生"的遗憾。在洋洋大观的茶诗中,唐代诗人卢仝的七碗茶,你不得不知。

卢仝的《走笔谢孟谏议寄新茶》,又名《七碗茶歌》,是他品尝友人谏议大夫孟简所赠新茶之后的即兴之作。全诗共262字(不含标点),诗人直抒胸臆,一气呵成,尽情抒发了对茶的热爱与赞美。

> 日高丈五睡正浓,军将打门惊周公。
> 口云谏议送书信,白绢斜封三道印。
> 开缄宛见谏议面,手阅月团三百片。
> 闻道新年入山里,蛰虫惊动春风起。
> 天子须尝阳美茶,百草不敢先开花。
> 仁风暗结珠琲瓃,先春抽出黄金芽。
> 摘鲜焙芳旋封裹,至精至好且不奢。
> 至尊之余合王公,何事便到山人家?
> 柴门反关无俗客,纱帽笼头自煎吃。

碧云引风吹不断，白花浮光凝碗面。

一碗喉吻润，二碗破孤闷。

三碗搜枯肠，唯有文字五千卷。

四碗发轻汗，平生不平事，尽向毛孔散。

五碗肌骨清，六碗通仙灵。

七碗吃不得也，唯觉两腋习习清风生。

蓬莱山，在何处？玉川子，乘此清风欲归去。

山中群仙司下土，地位清高隔风雨。

安得知百万亿苍生命，堕在颠崖受辛苦。

便为谏议问苍生，到头还得苏息否？

　　诗的开头，卢仝称赞孟谏议寄来的新茶至精至好，连天子都会羡慕。中间部分是全诗的重点，卢仝以排比句法，从一碗到七碗，将饮茶的愉悦和美感推到极致，直至两腋生风，飘然若仙，被无数后人所引用。最后四句借茶喻政，希望统治者慈悲为怀，让百姓得以休养生息。

　　卢仝在才子辈出的唐代并不出彩，但唯独这首《七碗茶诗》让卢仝独领风骚，堪称绝唱。它优美空灵，给读者以无穷想象，广为传诵，历久不衰，对后世的茶文化产生过较大的影响，就连宋代大文豪苏东坡也提到"何须魏帝一丸药，且尽卢仝七碗茶"，可见他对卢仝茶诗的仰慕与推崇。卢仝本人因为这首诗被称为仅次于陆

羽的茶中"亚圣"。

如果说卢仝唯凭《七碗茶诗》而青史留名，那么元稹的诗词，乃至元稹的一生都被世人熟知。他的《离思五首》《闻乐天授江州司马》和《莺莺传》等无一不脍炙人口，妇孺皆知。也许世人因为元稹写完"曾经沧海难为水，除却巫山不是云"这样悼念亡妻的句子不到半年就娶妾而有所诟病，但能写出《一字至七字诗·茶》的诗人，应也是个内心高尚之人。

茶。

香叶，嫩芽。

慕诗客，爱僧家。

碾雕白玉，罗织红纱。

铫煎黄蕊色，碗转曲尘花。

夜后邀陪明月，晨前命对朝霞。

洗尽古今人不倦，将至醉后岂堪夸。

元稹的七言茶诗，一开头就点出了主题是茶，接着写了茶的本性，即味香和形美。然后用一个倒装句，点出茶深受诗人和僧人的爱慕，这不由得让我们想起茶圣陆羽和诗僧皎然的故事，茶与诗，总是相得益彰。第四句写的是烹茶，因为古人喝的茶多是团茶和饼茶，所以先要用白玉雕成的碾把茶叶碾碎，再用红纱制成的茶箩把茶筛分。第五句写烹茶先要在铫中煎成黄蕊色，而后盛在碗中刮去浮沫。第六句谈到饮茶，不但夜晚要喝，而且早上也要饮。最后提到茶是天地之灵物，古人或今人饮茶后都会感到精神饱满，且有醒酒的功用。

一字至七字诗，又称宝塔茶诗，先后表达了三层意思：一是从茶的本性说到了人们对茶的喜爱；二是从茶的煎煮说到了人们的饮茶习俗；三是就从茶的功用说到了茶能提神醒酒。

爱茶人白居易

白居易著名的《琵琶行》与茶颇有渊源。元和十年（公元 815 年），白居易被贬为江州司马，在浔阳江边听到商人妇的凄凉身世，发出"同是天涯沦落人"的感叹，遂写下了有名的《琵琶行》。次年，白居易再踏故地，发现了"云水泉石，绝胜第一，爱不能舍"的香炉峰，就在此山附近开辟一圃茶园。闲暇无事，悠游于山林之间，与野鹿林鹤为伴，品饮清凉山茶，真是人生至乐。

古今诗人，要么爱酒，要么爱茶，白居易就是爱茶之人。每当友人送来新茶，白居易就欣喜不已，于是便有许多名诗出世，如《谢李六郎中寄新蜀茶》：

> 故情周匝向交亲，新茗分张及病身。
>
> 红纸一封书后信，绿芽十片火前春。
>
> 汤添勺水煎鱼眼，末下刀圭搅曲尘。
>
> 不寄他人先寄我，应缘我是别茶人。

可见白居易的爱茶之心。

长庆二年（公元 822 年），朝廷再掀牛李党争，朝臣相互攻讦，白居易上疏论事，天子震怒，再贬杭州刺史。在杭州任期的几年，是白居易生活最闲适、惬意的时刻，由于公事不忙，遂能"起尝一瓯茗，行读一卷书"，独自享受品茗、读书之乐，而"坐酌泠泠水，看煎瑟瑟尘。无由持一碗，寄与爱茶人。"

也许是天妒英才，也许是旷世奇才都有种不趋炎附势的傲视，白居易的官途也和其他精彩绝伦的文学奇才一样，十分坎坷。被贬后的白居易内心悲凉困苦，为求精神解脱，他开始接触老庄思想与佛法，终日吟诗品茶，与世无争，忘怀得失，修炼出达观超脱、乐天知命的境界。晚年更是告老辞官，隐居洛阳香山寺，每天与香山僧人往来，自号香山居士。

"鼻香茶熟后，腰暖日阳中。伴老琴长在，迎春酒不空。"茶、酒、老琴，就是诗人长伴左右的莫逆知己，陪伴他度过晚年的最后时光。

赵佶御笔著茶论

人的一生，有很多事情是自己无法选择的，比如出身和父母。宋徽宗赵佶是北宋的皇帝，但这位"不爱江山爱丹青"的皇帝恐怕更愿意当一位画家吧！

赵佶在位期间，虽然朝政腐朽黑暗，但他却是个艺术奇才，不仅工于书画，通晓百艺，还对烹茶、品茗尤为精通。赵佶曾以帝王之尊编著了一篇《茶论》，后人称为《大观茶论》。一个皇帝，以御笔著茶论，这在中国历史上还是第一次。

皇帝评茶论具，下面的群臣自然趋之若鹜，一时间，宋朝的茶事兴旺至极，不仅王公贵族、文人雅士纷纷效仿，市井之间大大小小的茶馆也比比皆是，人人以烹茶品茗为时尚，而且挖空心思地弄出花样来品茶、煮茶、论茶，甚至是斗茶。

斗茶本是属于民间的赛事，却被赵佶引入宫中，并在《大观茶论·序》里说："天下之士，励志清白，竟为闲暇修索之玩，默不碎玉锵金，啜英咀华，较筐箧之精，争鉴裁之别。"在大规模的斗茶比赛中，最终胜出的茶，就成为贡茶了。这样一来，在宋徽宗时代，斗茶之风日益盛行，产茶和制茶的工艺也得到极大提高，向朝廷贡茶的品种和名目也渐渐繁多起来。当时在武夷山，有一个御茶园，仅这里的贡茶品种就多达五十余种。

宋徽宗赵佶虽是一个无能的昏君，却是一个杰出的艺术家，不仅是旷古绝今的"瘦金体"书法大师，还是一位技艺不凡的品茶大师。他与臣子品饮斗茶时，亲自点汤击拂，能令"白乳浮盏面，如疏星朗月"，达到最佳效果。赵佶的《大观茶论》有序言、产地、天时、采择、蒸压、制造、鉴辨、白茶、水、味、香、色、藏焙等众多方面，不但详细、具体、精辟，而且通俗易懂，堪称茶书中的精品。

苏轼喻茶如佳人

古今历代文坛上，与茶结缘的人不可悉数，但是能像苏轼这样在品茶、烹茶、种茶均在行，诗词歌赋无不精彩绝伦的，几乎只有他一个。苏轼一生爱茶，对茶史、茶功颇有研究，又创作出众多的咏茶诗词，其中最著名的"从来佳茗似佳人"，被无数后人所引用。此句来源于在《次韵曹辅寄壑源试焙新茶》诗里，全诗正文如下：

> 仙山灵草湿行云，
> 洗遍香肌粉末匀。
> 明月来投玉川子，
> 清风吹破武林春。
> 要知冰雪心肠好，
> 不是膏油首面新。
> 戏作小诗君勿笑，
> 从来佳茗似佳人。

苏轼后半生的官场生涯极不得志，多次贬谪，颠沛流离，但他并没有沉沦于生活

的悲欢离合之中，而是将对生命和生活的热爱，寄情于山水，寄情于茶道，写下了很多咏茶的佳句，也流传下许多关于他与茶的美妙故事。

一次，苏轼觉得身体不适，不想吃药，就先后品饮了七碗茶，几个时辰后，但觉身轻体爽，第二日病竟不治而愈了，十分畅快，便做了一首《游诸佛舍，一日饮酽茶七盏，戏书勤师壁》：

> 示病维摩元不病，
>
> 在家灵运已忘家。
>
> 何须魏帝一丸药，
>
> 且尽卢仝七碗茶。

茶不仅像佳人一样温婉体贴，还可以治愈疾病，苏轼非常喜悦，也更加爱茶、钻研茶。经过多年的品茶、学茶经验，苏轼对煎茶、烹茶也颇有研究，认为"活水还须活火煎，百临钓石取深清"。甚至对于泡茶的水，苏东坡也很有实践与体会，在《东坡集》中，他总结出南方的水比北方的水好，江水比井水好，泉水最好。"沐罢巾冠快晚凉，睡余齿颊带茶香"，词人的爱茶之情可见一斑。

王安石喜茶擅鉴水

王安石与苏轼同为唐宋八大家成员，虽然政见相左，友情却十分深厚，而且都是爱茶之人。苏轼在种茶、烹茶上造诣极深，而王安石在鉴水、品饮上略胜一筹。

王安石老年患了痰火之症，虽然每每病发时服药，却难以除根。皇帝爱惜这位老臣，让太医院的御医帮他诊断。太医详细问诊了一番，没有开药，却让王安石常饮阳羡茶，并嘱咐他须用长江瞿塘峡的水来煎烹。王安石虽然觉得纳闷，但他也是嗜茶之人，就照做了。

茶好买，但日取瞿塘峡的水却有点难办。一次，王安石得知苏轼将赴黄洲，途中会路过三峡，就慎重相托于苏轼说："介甫十年寒窗，染成痰火之症，须得阳羡茶以中峡水烹服方能缓解。子瞻回归时，烦于瞿塘中峡舀一瓮水带回，不胜感激。"苏轼自然爽快地答应了。

几个月后，苏轼返程，因为旅途过于劳累，船经过瞿塘中峡时打了一会儿瞌睡，等一觉醒来，船已到了下峡，想起老友的数次嘱咐，赶紧在下峡水舀了一瓮水。

待苏轼将水送到王府时，王安石大喜，来不及道谢就亲自取水而烹茶，邀苏轼一起细细品饮。王屏声静气品了第一口，忽然眉头微凝，问苏轼："此水取自何处？"苏轼答"瞿塘峡。"王又问："可是中峡？"苏轼有点心虚，但还是强答道："正是中峡。"王安石摇头道："非也，非也！此乃下峡之水。"苏轼大惊道："三峡之水上下相连，介甫兄何以辨之，何以知此水为下峡之水？"王安石笑道："《水经补论》上说，上峡水性太急，味浓，下峡之水太缓，味淡。唯中峡之水缓急相半，浓淡相宜，如名医所云，'逆流回澜之水，性道倒上，故发吐痰之药用之'。故中峡之水，具祛痰疗疾之功。此水，茶色迟起而味淡，故知为下峡之水。"

苏轼听了王安石的话，既惭愧，又满心折服，连声谢罪致歉。

李清照饮茶助学

宋代著名词人李清照生在士大夫之家，十八岁时嫁给宰相之子赵明诚。夫妻二人志同道合，常常一起勘校诗文，收集古董。她与丈夫赵明诚回青州（今山东益都县）故第闲居时，常常于日暮黄昏，饮茶逗趣，由一人讲出典故，另外一人说出在某书某卷某页某行，获胜者可优先饮茶。据说有一次，李清照正在喝茶，赵明诚说错了，李清照"扑哧"一笑，不仅茶没喝到嘴里，还泼了自己前襟一身茶水。

李、赵二人在饭后间隙，边饮茶，边考记忆，不仅给后人留下了"饮茶助学"的美谈，亦为茶事添了风韵。

宋代女词人李清照

23

茶神陆游

南宋诗人陆游，一生与茶结下了不解之缘，并谙熟烹茶之道，深得品茶之趣。他常常身体力行，总是以自己动手烹茶为乐事，一再在诗中自述："归来何事添幽致，小灶灯前自煮茶""山童亦睡熟，汲水自煎茗""名泉不负吾儿意，一掬丁坑手自煎"……

陆游对茶的喜爱常达到如痴如醉的境地。他对如何掌握煎饮茶的火候，曾用"效蜀人煎茶法"和"用忘怀录中法"做了研究。他还会玩当时流行的一种技巧很高的烹茶游艺——分茶。陆游到了晚年，仍然嗜茶如命，他在《幽居初夏》中说：

叹息老来交旧尽，睡来谁共午瓯茶。

又在《雪后煎茶》中道：

雪液清甘涨井泉，自携茶灶就烹调。

一毫无复关心事，不枉人间住百年。

而他的诗句"眼明身健何妨老，饭白茶甘不觉贫"，则进入了茶道的至深境界——甘茶一杯涤尽人生烦恼。

茶道专家张岱

张岱，明末清初散文家、史学家，出身官宦之家，家中藏书丰富，对茶很有研究，在文学史上以散文见长，同时他对品茶鉴水尤为精通。在他著名的作品，如《陶庵梦记》《夜航船》中记述了很多关于茶的奇闻轶事。张岱不仅善于品茶，而且还对制茶有一定研究。他将家乡的日铸茶改制成有名的"兰雪茶"，其中的"日铸雪芽"还被列为贡品，有"江南第一"的称号。而绍兴名泉——禊泉，本已经淹没而不为人知，却又被张岱发现，并挖掘出来。在张岱的文集中对茶事、茶理、茶人的记载也有不少，他还特别喜欢以茶会友，对玩赏茶具更是深有研究。据记载，他弟弟山民获得一款古老的瓷壶，他竟把玩一年，还作一壶铭，不愧为茶道专家。

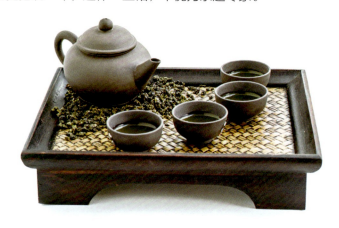

和谐悠然的中国茶道

何为茶道

茶是灵魂之饮，以茶载道，以茶行道，以茶修道，因而茶中无道就算不得茶道。只懂品茗技巧，但不理会饮茶修身养性的作用，亦算不得茶人。真正懂得茶道的人，一定懂得人生。如此说来，红楼中那个嗜茶如命的孤僻女子妙玉，只能称得上懂茶艺，却不懂茶道。

茶道，是一种关于泡茶、品茶和悟茶的艺术，也是大隐于世、修身养性的一种方式。"茶道的意思，用平凡的话来说，可以称作为忙里偷闲、苦中作乐，在不完全现实中享受一点美与和谐，在刹那间体会永久。"周作人先生对茶道的定义虽然比较随意，但却是对中国茶道最通俗易懂的解释。

茶道与传统文化

1. 茶道与儒家思想

儒家思想是我国封建社会的立论之本，中国茶道吸收了儒家的思想精髓，特别是儒家所提倡的"和"之道。

中庸之道历来被认为是茶人的最高道德。那么何为"中庸"？"不偏之谓中，不易之谓庸。中者天下之正道，庸者天下之至理。"意思是说：待人接物不偏不倚，调和折中。这是儒家道德规范的最高标准，是一种理想的、完美的德。中国茶道的创立者陆羽将这种主张反映在茶事上，他所说的茶德，是在茶事过程中引发的关于道德与情操的行为，即茶可以德行道。

儒家追求和谐，主张"中庸之道"，"和"在古今茶事中充分体现：古人在进行茶事活动时，首先，要调整好自己的精神状态，以平和、谦恭的态势去接待茶客，以礼待人；再次，在具体茶事活动中也要遵守一定的礼节，追求"和"，比如制茶过程中，焙火温度就不能过高，也不能过低；泡茶时，投茶量要适中，多则茶苦，少则茶淡；在给客人分茶时，要用公道杯给每位客人均匀地分茶；在给客人斟茶时要恰到好处，可斟七分满，以留有余地；品茶时，讲究闭目细品，心神合一等，这些都与儒家所追求的"和"的精神一一契合。可以说，茶是儒家入世的载体之一，儒家"和"的精神体现在具体的茶事活动中，儒家借茶沟通人际关系，以做到人与人之间的和谐、融洽。

"仁"是儒家的人格思想，其特性是突出对人格进一步完善的追求，这也是中国茶文化的基础。茶性温，历来被视为清洁之物，常常被比喻为人德。古代极为推崇的正直、清廉、公正等品行与茶性融为一体，使得人们在品味茶的色、香、味的过程中，托物寄情，从而净化精神与感情，升华人格。

儒家的忧患意识对中国茶道也有着深刻的影响。唐代卢仝的《茶歌》中便有所体现，他在品茶时亦能联想到民间的疾苦，故而大胆为民请命。蔡襄在《试茶》中以茶为喻，呼吁体察民间疾苦，并在监制贡茶时，表达了希望天下百姓能够喝上一口好茶的愿望。这正符合了儒家所提倡的"大爱"。

2. 茶道与佛家思想

茶与禅，渊源深长。茶与禅宗的结缘源于禅宗的坐、禅、定，僧人为了提神醒脑，在寺院中大量种植茶叶，促进了茶叶种植、制造、饮茶的进步。而中国茶道的创立者陆羽自小就在寺院中习诵佛经，学习煮茶，成年后又与皎然等诗僧交好，在《茶经》和《陆文学自传》中都有对佛教的颂扬及对僧人嗜茶的记载，可以说，中国茶道从萌芽开始，就与佛教有着千丝万缕的联系。

禅门的一个著名公案"吃茶去"，说的是唐朝末年，有两位远道而来的和尚慕名来到赵州的观音寺，向从谂禅师请教禅学。从谂禅师问第一个和尚："你以前来过这里吗？"和尚答曰："未曾。"从谂禅师说："吃茶去！"然后，从谂禅师又问第二

吃茶去

个和尚："你以前来过这里吗？"第二个和尚答曰："来过。"从谂禅师说："吃茶去！"这时，旁边的院主不解了，问从谂禅师："为什么来过和没来过的，禅师都让他们'吃茶去'呢？"从谂禅师说："吃茶去！"其实，从谂禅师是用"吃茶去"指引后人。禅师们认为平常心即是禅道，禅道藏在自然中，挑水搬柴皆有玄机，"吃茶"是平常生活中最小、最不起眼的事，当然也有其玄机。从谂禅师的"吃茶去"，目的不在茶，而是让人在日常极小的事物中体悟禅道。所以我国著名社会活动家、佛教人士赵朴初先生曾说，"空持千百偈，不如吃茶去"，意思是，口头拥有再多高僧的偈语，不如回观心性，对照修持，自得自悟，在吃茶中体悟玄机，参悟禅道。

"茶即禅"，茶叶的清淡之性与禅林的疏朗之风有相近之处，而品茶如参禅，饮茶能清心寡欲、养气颐神、净化心境，故一向有"茶中带禅、茶禅一味"之说。《五灯会元》卷九说有一僧人问如宝禅师："如何是和尚家风？"禅师答曰："饭后三碗茶。"

茶"苦后回甘，苦中有甘"的口感，以及"苦而寒，阴中之阴，沉也，降也，最能降火"的功效，对于人们领悟佛学四谛之一的苦极有帮助。

佛教主静，而中国茶道四谛中的"静"深受这一主张影响，主张静方能达到心斋坐忘、涤除玄鉴、澄怀味道的境界。

佛法强调"放下"，中国茶道认为只有真正做到放下压力、释怀，才可以品出茶之真滋味。

茶道和佛学的结合，让茶道从技艺提高到了精神的高度。茶道本质是从简单、平凡的生活中品悟出生活本质，参禅也是通过静思，从简凡中领悟人生的大道理。

3. 茶道与道家思想

长生不老的思想是道家理念在中国茶道中的体现。道教渴望羽化成仙，茶文化正是在这一点上与道家思想发生联系。南朝梁著名的医药家、文学家陶弘景在《杂录》中指出："苦茶轻身换骨，昔丹丘子（丹丘子为汉代"仙人"，茶文化中最早的道家人物）黄君服之。"在此，饮茶与道家的"长生不老"观念自然而然地联系到一起了。

茶人在品茶时，不仅讲究好茶、好器和好水，还讲究好的品茶环境、氛围和虚静的心境，表现在茶道中就是人对自然回归的渴望，正好迎合了道家"天人合一"的理念。茶的清雅、洁净、天然，就如同人性中的虚、静、雅。《茶经》把茶事升华为一种艺术，将茶人的精神和自然统一起来，从炙茶、碾末、取火、选水，到煮茶、斟茶等，每一个环节都反映了茶人利用自然服务于自己的内涵，充分体现了人与自然的和谐统一。

"一枪茶，二枪茶，休献机心名利家，无眠未作差。无为茶、自然茶，天赐休心与道家，无眠功行加。"茶是上天赐给道家的琼浆玉露，他们饮茶不同于某些热衷于名利的世俗之人，而是把茶当做忘却红尘烦恼、逍遥遁世的一大乐事。道家有贵生的思想，饮茶、品茗注重养生，对茶保健养生、怡情养生的作用非常重视。

正是因为道家"天人合一"的哲学思想融入了茶道的精神之中，中国的茶人才有回归自然、亲近自然的强烈渴望，才能领略到人与大自然达到"物我玄会"的绝妙感受。

茶道精神的内涵

中国茶道精神的内涵，即茶道四谛，可以概括为"和、静、怡、真"四个字。其中，"和"是中国茶道的核心灵魂，"静"是中国茶道修习的不二法则，"怡"是中国茶道修习的身心享受，"真"是中国茶道的终极追求。

1. 和——核心灵魂

中国茶道追求的"和"，源于《周易》中的"保合大和"，寓为世界万物皆由阴阳组成，只有阴阳协调，才能保全普利万物。"和"是中国文化的宝贵遗产，在中国传统文化中都有体现。《老子》中有"一生二，二生三，三生万物，万物负阴而抱阳，冲气以为和"，《中庸》则认为"和者也，天下之达道"……这些思想体现在茶道中，成为茶道的核心灵魂。而茶道中的"和"贯穿在制茶、泡茶以及品茶过程中，表现为人与自然、人与人、人与器具的和谐。

2. 静——不二法则

品茶之心应是"虚静"，虚静既包括心灵世界的虚静，也包括外界环境的虚静。老子说："至虚极，守静笃，万物并作，吾以观其复。"虚即虚无之谓。天地万物都是从虚无而来，正所谓"天下万物生于有，有生于无"。静源于虚，有虚才有静。庄子说："圣人之心，静，天地之鉴也，万物之镜。"道家的"虚静观复法"是人们修身养性、体悟人生的无上妙法，中国茶道正是通过茶事创造一种宁静的氛围和空灵虚静的心境。有了这样的心境，无论在幽静清雅的山林间，还是在熙熙攘攘的人群中，你都能品到一壶清雅的好茶。当你有了这样一颗"茶心"，就会觉得茶是有灵性的，泡开的茶舒张如落落君子，蜷缩似山中隐士，收如新月一勾，放则恣意不羁；深吸一口气，茶香氤氲，沁人心脾；轻品一口，味醇而微甘，回味香冽。静心凝神，细细领悟茶之色、香、味，在择器、选水、择伴、择境中体会茶道之美。只有进入虚静，心灵世界才能获得安宁，才能进入最高的精神境界和艺术境界。

乌龙茶茶艺表演中那道"焚香静凡心"就是给品茶者营造一个无比温馨祥和的氛围，让品茶者的心灵在静中显得空明，精神得以升华、净化，达到"天人合一"的"虚静"境界。

3. 怡——身心享受

不同地位、不同信仰、不同文化层次的人对茶道有不同的追求。古代的王公贵族讲茶道，他们重在"茶之珍"，意在炫耀富贵、附庸风雅；文人骚客讲茶道，重在"茶之韵"，托物寄怀、激扬文思、交朋结友；佛家讲茶道重在"茶之德"，意在去困提神、参禅悟道；普通老百姓讲茶道，重在"茶之味"，意在去腥除腻、享受人生……每位茶人都有自己的茶道，但殊途同归，品茶均能给予他们生理上的满足和精神上的愉悦，怡然自得，这就是中国茶道中的"怡"。

4. 真——终极追求

"真"是中国茶道的起点，也是中国茶道的终极追求。中国茶道所讲究的"真"，不仅包括茶应是真茶、真香、真味，用的器具最好也是真陶、真瓷、真竹、真木，环境最好是真山、真水，对客人要心真、敬客真、说话真、心境真。

综合上述，中国的茶道将日常的物质生活上升到精神文化层次，既是饮茶的艺术，也是生活的艺术，更是人生的艺术。茶如人生，人生如茶，乃是在饮茶、品茶中修炼身心，体悟人生。

乌龙茶茶艺表演之"焚香静凡心"

茶道美学

茶道美学是中国古典美学的组成部分，有着浓厚的文化积淀。中国茶道美学融合了儒释道三家的美学思想，主要体现在讲究自然、淡泊、简约、含蓄之美中。

1. 自然之美

道家"天人合一"的思想融入茶道之中，使得中国茶道看重自然，讲究自然之美。

老子认为"人法地，地法天，天法道，道法自然"，这是道家学说的精髓，也是其本质所在。自然即不经雕饰，率真朴素。未经人化的自然是美的极致，平淡之中蕴含着不平淡，率真之中有真美在，这在茶道中体现为茶道环境设计以自然简约为主，在茶具的选用上力求自然。自然之美赋予了中国茶道美学以无限的生命力和艺术魅力。

2. 淡泊之美

淡泊之美即不看重名利，追求闲适恬淡的生活，宛若和风微拂，隽永超逸，怡然自得。

道家大多归隐，不愿踏入仕途，相对于社会，更关注个人，重精神而不重外在，重玄想而不重务实。中国古代文人在艺术审美上也追求超脱的淡泊境界。这种清谈尚茶之风对中国茶道产生了深刻影响，使得淡泊之美成为中国茶道美学的一个重要组成部分。

3. 简约之美

简约，简即简易，约即俭约。品茶作为人们生活中的一种习惯，不仅仅是生理需要，更是文化需要。茶文化已经成为我国产同文化的一个重要组成部分。

品茶贵在简易、俭约，而非繁复、奢靡。自茶道产生以来，就以"简""俭"为原则，排斥繁文缛节，不提倡复杂的操作步骤，展示给世人一种雅俗共赏之美。陆羽在《茶经》中也曾说到"茶性俭"，即茶宜简朴、平易，越是简朴平易的茶越值得品味，越能令人从中领悟到人生真谛。

4. 含蓄之美

含蓄是指委婉而耐人寻味。含蓄的美学范畴最早是由唐代的司空图在其著作《诗品》中提出的。他形容含蓄之美是"不着一字，尽得风流"。就茶道而言，含蓄之美在于"此时无声胜有声"。

中国茶道美学深受儒释道三家的美学思想影响，建立在文人的主体意识之上，同时也需要深入社会、自然，从虚静中感知和领悟审美主体。茶道之美是在实践中体会人生的情感，并在精神上升华。茶道实践是为了实现自我和情感的升华，是"为无为，事无事，味无味"的道的范畴，是不含功利目的的。

激烈的竞争，紧张的生活节奏，人际关系的疏离使得人们在生活中难免出现烦躁、懒惰、颓废等消极情绪，这时清静、进取、振作变成了人们所追求的。茶简约、恬静、平和的特质恰好可以帮助人们消除负面情绪，茶道的淡泊、简约之美则可略却繁杂的庸扰，给人以心灵上的宁静，因而品茶成为人生旅途的栖息之所。茶香飘过，洗心涤烦，其乐融融。

学习茶道应知的茶书典籍

茶叶的百科全书 ——《茶经》

《茶经》是我国第一部茶书典籍，是我国古代的茶叶百科全书，是茶人们的必读经典，也是茶文化的基石和传承的衣钵。唐朝北方的回纥国曾以千匹良马换取《茶经》，从那以后，《茶经》传布于世界各地；一千二百多年以来屡经翻刻，现存藏本达170多种，散佚版本不计其数；日、韩、俄、美、英等国都有许多藏本和译本。

《茶经》分上、中、下三卷，其中包括茶的本源、制茶器具、茶的采制、煮茶方法等十章，约7000字。内容丰富详实，系统而全面地介绍了我国唐及唐以前茶业的发展演变，极具史料价值。

第一章茶之源，记述茶树的植物学性状，"茶"字的构造及其同义字，茶树生长的自然条件、栽培方法、采摘和制茶工艺等，还讲述了鲜叶品质的鉴别方法以及茶的效用等。

第二章茶之具，记述茶的采制工具，分采茶工具、蒸茶工具、成型工具、干燥工具和封藏工具等共19种。

第三章茶之造，记述了采茶的节令、选茶的标准和制茶的方法等。

第四章茶之器，列举煮茶和饮茶的24种用具，可看出陆羽对饮茶的实用性和艺术性是并重的。

第五章茶之煮，记述了饼茶炙烤、捣末、煮水、调制的方法，还评述了煮茶用水的选择。

第六章茶之饮，论述饮茶的沿革。在本章中，陆羽推崇的饮茶之法是清饮。

第七章茶之事，记述了从上古至唐代有关茶的历史资料48则，为后人研究茶的历史提供了很大方便。

第八章茶之出，记述唐代茶叶产地，具体列出产茶的8个道、43个州郡、44个县。

第九章茶之略，论述说在特定的时间、地点等条件下，对采制饼茶的工具和煮茶饮茶的器具，不必机械照搬照用，而可以适当省略。

第十章茶之图，说的是把《茶经》全文写在白绢上，挂起来，可一望而知，便于操作。

《茶经》承认自然的神奇伟大与美妙，感叹人类技能的有限与浅陋，真正的茶人应常怀对自然、生命、美的敬畏之心。在当今的茶艺中仍然保留着的一些独有程序、优美形式，其实可以理解为一种庄严的仪式，其核心正是一种情感敬畏。

《茶经》传承至今，已经成为一种文化符号，其呈现出来的理性探索、精雅审美、敬畏之心……各代茶人无不沐其恩泽。它作为茶人之圣经当之无愧。

茶经之后的著名茶典

1. 北宋蔡襄《茶录》

《茶录》是继《茶经》之后又一部有影响的茶学专著，由宋朝茶学家蔡襄作于宋皇佑年间（1049～1053年），后人称其为"稀世奇珍，永垂不朽"。

《茶录》全书分上下两篇。上篇主要从茶色、茶香、茶味、点茶以及保存方法等方面进行论述。蔡襄认为"茶色贵白"，而饼茶多以"珍膏油其面"，因此会有青黄紫黑不同的颜色。当时制作贡茶的人为了使茶叶的香气更加浓郁，往往在其中加入少量龙脑。在蔡襄看来，这样做不但无益于增添茶香，反而会"夺其真香"。依照这种说法，茶叶中不宜加入"真果香草"，否则会掩盖茶的真香。他对茶味的论述是"以甘润为上，苦涩为下"，并且从多方面论述了影响茶味道的因素，其中水是一个重要的因素，如果泡茶的水不够甘甜，就会影响茶的味道。储存茶叶的环境"宜温燥而忌湿冷"，这样茶叶才能保持其本来的色泽和味道。

下篇主要论述茶器，包括茶焙、茶碾、茶盏、拭盏布等。他认为茶盏"以雪白者为上，蓝白者不损茶色，次之"，饮茶前后，应该用细麻布擦拭茶盏，不宜用其他材质。

蔡襄的《茶录》问世后对福建茶业的推广起了巨大的作用，可以说，福建茶的闻名与他的这本《茶录》是密不可分的。

2. 北宋黄儒《品茶要录》

《品茶要录》是针对福建北苑茶风盛行后的弊端而作。因茶事兴盛，茶民、茶商为了个人利益，掺杂使假，混乱市场，导致茶品标准不一、色味难辨，正如黄儒在本书"后论"中所言："建安之茶，散天下者不为少，而得建安之精品不为多，盖有得之者亦不能辨，能辨矣，或不善于烹试，善烹试矣，或非其时，犹不善也。"

《品茶要录》成书于 1075 年前后，全书约 1900 字。作者提出了 10 种制茶技艺上的缺失：一是采造过时，则茶汤色泽不鲜白，及时采造的茶叶冲泡的茶汤色鲜白；二是白合盗叶，鳞片、鱼叶等掺入茶叶后会使茶味涩淡；三是入杂，阐述怎样鉴别掺入的其他叶片；四是蒸不熟；五是过熟；六是焦釜；七是压黄；八是渍膏；九是伤焙；十是辨，通过叙述相隔很近的壑源、沙溪两块茶园，其茶叶品质却相差很大，来说明自然环境对茶叶品质的影响。最后，作者提出：芽细如麦、鳞片未开、阳山砂地之茶为茶中精品。其中，此书在论及焙火过急、过焦对茶叶品质的损害等问题时尤为精辟，如"茶民不喜用实炭……欲速干以见售，故用火常带烟焰。烟焰既多，稍失看候，以故熏损茶饼。"这一论断至今仍是不刊之论。

3. 北宋赵佶《大观茶论》

《大观茶论》成书于大观元年（1107 年），共分二十篇，详细记载了北宋时期蒸青团茶的产地、采摘、制作、品质以及斗茶等情况，其中以"点茶"论述最为精辟。可以从中看出当时我国茶业的发展概况以及制茶技术的情况，是研究当时有关茶业的珍贵的历史文献。

4. 明代许次纾《茶疏》

《茶疏》全书约 6000 字，成书于万历二十五年（1597 年）。许次纾作为浙江人，对绿茶的产制非常熟悉，因而他在书中对炒青绿茶做了详细介绍，深入地论述了产茶和采制等方面的知识，与前人相比有很大进步。

《茶疏》中还对饮茶的境界做了相关论述。许次纾认为饮茶的境应该是"心手闲适"，作字、观剧时都不适合饮茶。品茗的天气应是"风日晴和"或是"轻阴微雨"，大雨雪的天气不适宜。"鼓琴看画，夜深共语，明窗净几，洞房阿阁，宾主款狎，佳客小姬，访友初归，小桥画舫，茂林修竹，课花责鸟，荷亭避暑，小院焚香，酒阑人散，儿辈斋馆，清幽寺观，名泉怪石"是最适宜品茗的境界。直至今天，人们都会按照许次纾的描述进行布置，足见其定义的中国式茶境对人们影响之深。

🫖 茶道在国外

日本茶道

1. 日本茶道精神

在日本茶道中，饮茶被视为是参究佛法、修行得道的艺术活动。日本茶号称是日本文化的代表和结晶。茶道四谛——"和、敬、清、寂"是茶道的规范与法则，是日本茶道精神最主要的思想理念。

（1）和——和谐和悦。"和"是支配整个茶事过程的精神，既表示"和谐"的和，又表示"和悦"的和。"和谐"对应的是茶道形式，"和悦"对应的是茶道内在的感情。"和"的精神构成了整个茶室的氛围，存在于茶事活动的每一项中。茶事进行的过程中，既有触觉、视觉上的和，也有嗅觉、听觉上的和。

（2）敬——心佛平等。禅宗认为所有的人都是平等的，"万物皆有佛心"。"敬"的精神便是在禅宗的"心佛平等"观基础上升华和提炼形成的。"敬"的精神在茶道中的"一座建立"上体现的最为明显。"一座"意为参与茶事的所有的人，"一座建立"就是说所有参与者都处于平等的地位，没世俗的贵贱之分。参与者应互相尊重，共同创造和谐的茶事氛围。在茶室中，宾主相敬相爱，情感自然流露。最初，茶室中设置有专门为贵宾设置的"贵人入口"，后来不论客人身份地位如何，一律从"小入口"出入。如果是武士进入茶室，必须将佩刀放在茶室外面，这些改进及规定都体现了茶道所提倡的"敬"的思想。

（3）清——物我合一。清是日本茶道精神之一，通常指清洁，尤指对灵魂的洗涤。有时也用来指整齐。清是备受日本人民推崇的修养要素。

（4）寂——本来无一物。寂作为日本茶道精神的第四个构成要素，是茶道存在的意义，也是其追求的最高境界。通过"寂"，禅与茶紧密地联系在一起。佛门用语中，"寂"指"静稳""静寂""平和"，还有"死""涅槃""无"的意思。在茶道中，这个词在意思上和"贫寡""至纯""孤绝"相近，即当修禅者或是茶人完成了对事物的否定之后，会进入一个"无"的世界，既没有声音，也没有色彩。"死"固然令俗人伤心，但不能否认的是，死比生更绝对，更有归属性、原始性，占用的时间也更长。死也被称作"无"，而"有生于无"，在艺术领域里，"无"被看作是艺术创作的源头。当一切固有的审美价值都被否定，原有的思想束缚被挣脱，一种新的艺术品、艺术表现形式就会应运而生。

2. 日本茶道礼仪

日本茶道的规矩比较讲究，客人到达时，主人在门口恭候；待宾客坐定后，主人先奉上点心，供客人品尝，然后开始备器、烧水、泡茶，依次给宾客分茶；宾客品茶时要吸气，并发出"咝咝"声音，声音越大，表示对主人的茶品越赞赏；茶汤饮尽，可用大拇指和洁净的纸擦干茶碗，仔细欣赏茶具，且边看边赞"好茶"，以表敬意；仪式结束，客人鞠躬告辞，主人跪坐门侧相送。

整个日本茶道无不体现出与佛教息息相通的特点，并保留着中国唐宋时期的文化气息，隐有浙江天台山、径山等地的佛家饮茶遗风。就连日本茶室也透露着深刻的禅意，比如日本茶室由茶室本身、水屋、门廊、露地等构成，外形上与草庵类似，使用的材料仅为土、砂、木、竹等，外表毫无修饰，有"空之屋"之称，禅意浓厚。再者，日本茶室还有许多独特的建筑设计，比如神龛，一个仅够跪行的小入口、不对称的结构，均可见禅院的模样。

韩国茶道

1. 韩国茶道精神

韩国茶道以"和静"为源头，"清虚"为传承，"中正"为精髓，在继承传统的基础上不断创新，处处体现着礼貌谦恭、友好善良等传统美德。

（1）和静——韩国茶道的源头。和静思想由新罗时代的高僧元晓大师提出，是韩国茶道精神的源头。和静精神注重与自然合为一体，而不是单纯的和合精神。其中最重要的是极寂的思想，也就是寂之寂。它是指回到寂的根源——静。在这一点上，元晓大师和老子是一致的。老子也曾提到过"各归其根，归根回静"的说法。

（2）清虚——韩国茶道的传承。高丽时期，唯物主义文学家李奎报对茶道精神进行了归纳整理，并多次写诗描述赞美茶道精神。他饮茶之后领悟了真空妙有的真理，写到"农深莲漏响丁东，三语烦君别异同。多劫头燃难自求，片时目击皆成空。厌闻韩子提双鸟，深喜庄生说二虫、活水香茶真味道、白云明月是家风。"诗句中提到的"三语"指的就是如来所说的三种语，即随自意语、随他意语、随自他意语，他完全沉浸在了清虚静寂的世界之中。

通过这首诗，茶的韵味被提高到了道的层面，也就是清虚之境。

（3）中正——韩国茶道的精髓。18世纪末19世纪初，韩国"茶圣"草衣禅师确立了韩国茶道的精神体系。

草衣禅师经过多年的探索，深深地体会了佛道两家的玄妙，在领悟元晓大师的思想之上提出了中正是茶道的精髓。中正即不偏不倚、众生平等、追思根源、回归自然等，表现在茶事活动中就是在茶桌旁人人平等，无身份地位的差别，茶杯可以从左往下传，且需要保证茶水均匀，这些都体现了中正的思想，以及在一杯茶前尊重每个人的韩国茶道内涵。

2. 韩国茶道礼仪

韩国茶礼从诞生、发展至今发生了不少变化，现如今的茶礼按照名茶类型可分为末茶法、饼茶法、钱茶法、叶茶法四大类。其中叶茶法较为多见，大致分为四个重要环节。

（1）迎宾：来宾需按照年龄高低依次随行；入座时要按照主在东、客在西的原则相对落座。

（2）温茶具：叠好的茶巾要放在茶具的左侧；茶壶要用烧开的水预热；温茶杯时，水要平均倒入。

（3）沏茶：取茶叶的标准姿势是左手持茶罐、右手持茶匙；茶冲泡好要按照从右至左的顺序分茶汤，茶汤要分三次注入茶杯。

（4）品茶：品茶时，要用清淡的食物搭配。

英国茶道

1. 英式茶道特点

英式茶道主要有以下两个特点：

一是不用太烫的开水泡茶。英国人会故意将刚煮沸的开水置于室温下冷却，再缓缓地冲入茶壶中，最后倒入杯中品饮，这时的茶水早已凉了。这样可避免滚烫开水将茶叶中的营养成分分解和破坏，也可避免过热的茶水刺激口腔而引起相关疾病。

二是不让茶水在茶壶中放置过久。英国人认为，浸泡时间过长的茶叶很可能会释放出对人体健康有害的物质，故他们会在热水冲入茶壶后的几分钟内马上将茶水倒入杯中品饮，使茶叶与茶水尽快分离，所喝的茶水也会清淡许多。

2. 英式下午茶

在英国，下午茶是招待邻居、朋友，甚至是商场会见朋友最理想的方式，是英国传统的精华所在。但英国下午茶并没有特别悠久的历史，饮茶风俗直到17世纪60年代英王查尔斯二世时期才开始兴盛起来。当时的人们用茶匙将茶叶投入茶壶中冲泡，然后倒入杯中，依据个人喜好加入牛奶和糖，搅拌均匀后即可饮用。最初女性们出于礼节需要使用碟子喝茶，后来改用无柄的小茶碗。之后瓷器工业日益发达，茶碗渐渐从无柄到有柄，于是演变成了茶杯，并设计了精美的装饰。这时茶具已经很齐全了，包括热水壶、茶壶、茶碗、茶杯、废水壶、茶托、奶杯、茶叶罐、糖罐、茶匙及其托盘、茶壶架十二件。

英国人品下午茶的茶具大多是陶瓷质地，样式精致典雅，并绘有精美的图案，通常为英国植物与花卉等，给人以轻松优雅的感觉。英式茶具通常都是成套并镶有金边的杯组，既美观高雅又具有收藏价值。下午茶一套完整的茶具包括茶杯、茶壶、茶匙、茶刀、热水壶、砂糖壶、茶巾、滤勺、广口瓶、饼干夹、放茶渣的碗、三层点心盘、保温面罩、茶叶罐以及托盘。有些讲究情趣的主人还会在托盘中间铺上一层蕾丝托盘垫，然后再放上一段优雅动听的轻音乐，每一处都体现着英国人对生活品质的浪漫追求。

在茶的选用上，大吉岭红茶、伯爵茶是英国人的首选，传统所用的火药绿茶或锡兰茶也会入选；点心则用三层瓷盘盛放，第一层多为三明治，第二层为传统英式烤饼，第三层则为蛋糕及水果。点心放置如此讲究，吃的时候也要遵循从下而上的顺序。在服饰上，男士会身穿燕尾服、头戴高帽、手持雨伞，尽显绅士风度；女士则穿长袍、戴帽子，尽显高贵优雅。可以想象，在芳香浓郁的古典氛围下尽情享用极品红茶和精致点心是何等的闲暇和美妙，这就是英国优雅悠闲"红茶文化"的精髓所在。

中国的茶德和茶俗

茶德

　　茶是纯洁、中和、美味的物质，中国的敬茶习俗表现了中国的茶德精神，即"康、乐、甘、香、和、清、敬、美"八德。茶德的概念自唐代从中国传播到日本、韩国后，便丰富了这些国家的茶文化内涵。

　　最能体现中国茶德的是客来敬茶的习俗，其意义有五：

　　（1）为客洗尘。"有朋自远方来不亦乐乎"，宾客临门，主人心情无限喜悦，于是赶紧给客人敬上一杯香茗，为风尘仆仆而来的客人接风洗尘，用唐代韦应物的诗句而言，就是"洁性不可污，为饮涤尘烦。"

　　（2）以表尊敬。饮酒因人而异，给不喜饮酒的宾客敬酒，会造成尴尬的局面。茶味清淡、纯洁、中和，人人皆宜。所以，"寒夜客来茶当酒"，通过隆重的仪式向宾客敬茶，表示了主人对来宾的尊敬和友好。

　　（3）叙情联谊。故友来访，重温旧事，其乐无穷；亲属、同学和同事登门，可以相互交流情况，相互学习；新友拜访，以茶引情，建立友谊。

　　（4）有福共享。鲁迅曾说："有好茶喝，会喝好茶，是一种清福。"欣赏茶叶的色、香、味、形，其乐融融，更能体现人情味。作家韩素音认为，茶香幽雅，给人以愉快之感，浅黄绿色的茶汤，映衬在精美的杯中，令人悦目，品饮中的妙趣更难形容。

　　（5）表示祝愿。茶有祛病延年之功效，给客人敬茶有祝愿客人身体康健、养生祛病的美好愿望。

茶俗

　　我国地域辽阔，人口众多，是个多民族的国家，自古以来就有客来敬茶、以茶待客、以茶会友等风俗。这些从古代流传下来的茶俗至今依然可见，形成了中国独特的茶文化。

　　就饮茶习俗来讲，各地大体可分为清饮法和调饮法。汉族人一般讲究清饮法，即追求茶之原味的饮茶习俗，比如清饮绿茶、乌龙茶、普洱茶、花茶等。而少数民族则多讲究调饮法，即在茶汤中加以佐料的饮茶习俗，比如藏族的酥油茶、蒙古族的咸奶茶、侗族的打油茶、回族的罐罐茶等。

1. 北京的大碗茶

　　"来了您呐，沏壶茶吧您呐！"不知何时，京城的前门一带又响起了那熟悉的吆喝声，把一些老北京人的思绪带到几十年前。

　　20世纪80年代，北京的大碗茶非常流行，大街上随处可见两分钱一大碗的大碗茶茶摊，每个碗里都盛好茶水，上面盖一片玻璃，等待过路口渴的行人。这些大碗茶虽然档次

不高，但喝的时候凉热合适，消暑解渴，还比较便宜，因此很受老百姓的欢迎。北京人出门在外，不管是出差，还是逛公园、逛商店，走得口干舌燥的时候，要是碰上卖大碗茶的，那就得猛灌一气，好生豪爽、自然。

　　茶摊上的大碗茶，是最基本的喝法，茶好不好、水好不好都在其次，就在于满足解渴的需要。大碗茶还有一种家里的喝法，就是自己用大把缸子泡高末（过去人们生活艰难，加工茶叶残余下的茶末舍不得丢，窖入茉莉花中，就变成了高末）。

　　时至今日，仍有很多老北京人习惯早清儿起来用大把缸子沏上一大缸子高末，端起大茶缸子喝上一口浓浓的花茶，透着那份惬意，那份自在。

　　白云过隙，时光流转，但大碗茶却始终如一地陪伴在北京人的身边。无论清贫富贵，无论人世变迁，北京人总能找出一种属于自己的文化。也许，这就是大碗茶的本性，是老北京人固有的几分洒脱和执著。

2．潮汕的功夫茶

李小龙在好莱坞刮起了一股中国功夫热，"kung fu"一词也由此响彻全球。中国功夫渗浸在华夏文化的每一个角落，中国的茶艺就有一套专门的功夫茶茶艺。功夫茶是一种泡茶的技法，因为这种茶艺操作起来需要一定的功夫，因此被称为功夫茶。"闽中茶品天下高，倾身事茶不知劳"，苏辙的名句就是对功夫茶最好的诠释。

功夫茶起源于潮汕，潮汕人爱喝茶，也懂茶。很多潮汕的家庭，都有一套甚至多套功夫茶的茶具，闲来无事，或者有朋友来了，来一壶功夫茶，边品茶、边话家常，或是一边喝茶、一边指头轻叩桌面听着文雅的潮剧。平淡的日子因为有了功夫茶而过得有滋有味，有声有色。

功夫茶就和大碗茶一样，有着自己的文化传承。虽然操作手法过于繁文缛节，但它也来自民间，同样表达一种平等、互相尊重的精神。

3．蒙古族的咸奶茶

咸奶茶是蒙古族的饮茶习俗。我们大多数人讲究"一日三餐饭"，但蒙古族的牧民却习惯于"一日三餐茶""一日一顿饭"。蒙古族的牧民，通常只在晚上放牧回家才正式用餐一次，但早、中、晚三次喝咸奶茶一般是不可缺少的。每日清晨，蒙古族的主妇第一件事就是先煮一锅咸奶茶，供全家整天享用。蒙古族喜欢喝热茶，早上，他们一边喝茶，一边吃炒米，然后将剩余的茶放在微火上暖着，以供随时取饮。

蒙古族的咸奶茶以砖茶、羊奶（或马奶）和酥油煮成，加盐调理，使味道偏咸。咸奶茶所用的茶叶多为青砖茶或黑砖茶，煮茶的器具是铁锅。因为砖茶含有丰富的维生素C、单宁、蛋白质、氨基酸、芳香油等人体必需的营养成分。奶茶的一般做法是先将砖茶捣碎，并将洗净的铁锅置于火上，水烧至刚沸腾，加入打碎的砖茶继续煮，煮到茶水较浓时，用漏勺捞去茶叶之后，再继续烧片刻，并边煮边用勺扬茶水，待其稍加浓缩之后，再加入适量鲜牛奶、盐巴，用勺扬至茶乳交融，再次开锅即成为馥郁芬芳的奶茶了。有经验的蒙古族主妇称，茶水必须得扬至少81下，才能令茶味充分释出。

要熬出一壶醇香沁人的咸奶茶，除茶叶本身的质量好坏外，水质、火候和茶乳也很重要。一般说来，可口的奶茶并不是奶子越多越好，应当是茶乳比例相当，既有茶的清香，又有奶的甘酥，二者哪一项偏多或偏少味道都不好。还有，咸奶茶煮好后，应即刻饮用或盛于热水壶中以备饮用，因在锅内放的时间长了，锅锈会影响奶茶的色、香、味。

蒙古族牧区有一句俗话是："宁可一日无食，不可一日无茶。"的确，蒙古族牧民的一天就是从喝奶茶开始的，而这种嗜好在蒙古族是作为一种历史文化表现延续至今。在蒙古高原吃早点时，大家一起拥壶而坐，一面细细品尝令人怡情清心的咸奶茶和富有蒙古民族特点的炒米，一面谈心，论世事，直到喝得鼻尖冒出了汗，正是"有茶之家何其美"的景象。

4. 藏族的酥油茶

藏族同胞生活的青藏高原，生存环境十分严酷，当地的人们常年以奶、肉为主食，而茶就是补充维生素的主要来源。藏民喝酥油茶如同吃饭，甚至比吃饭还重要，有"其腥肉之食，非茶不消；青稞之热，非茶不解"之说。和蒙古族的咸奶茶一样，藏族同胞也不可一日无茶，而这个茶不是咸奶茶，而是从牛、羊奶中提炼出来的酥油茶。

酥油茶是以茶为主料，并配合多种食材混合而成的液体。具体制作方法是先将砖茶用水久熬成浓汁，加入酥油和食盐，再倒入酥油茶桶中，用力将茶桶上下来回抽几十下，使油茶交融，然后倒进锅里加热，便成了喷香可口的酥油茶了。

传说，酥油茶是唐朝文成公主创制的。文成公主刚入藏时，对西藏的高寒气候和饮食习惯非常不适应，尤其是不习惯喝有腥味的牛奶、羊奶。一段时间后，聪明的文成公主想到一个好办法，就是早餐时，先喝半杯奶，然后再喝半杯茶，这样感觉会舒服一些。后来为了方便，就干脆将茶和奶放在一起喝。慢慢地，文成公主还在煮茶时加入松子仁、酥油等，并根据当地人们的喜好调入糖或盐巴，酥油茶由此而成，并传遍了藏族的每一片土地。

一杯浓郁的酥油茶，体现着藏族人民的生活习惯和民族风情，它是藏族人民每日必备的饮品。所以有人说，没喝过酥油茶，就等于没有到过青藏高原。寒冷的时候喝酥油茶可以驱寒，吃肉的时候喝酥油茶可以去腻，饥饿的时候喝酥油茶可以充饥，困乏的时候喝酥油茶可以解乏，瞌睡的时候喝酥油茶可以清醒头脑……

5. 傣族、拉祜族的竹筒香茶

竹筒香茶为傣族与拉祜族独有的一种茶饮料。因原料细嫩，又名"姑娘茶"，产于云南西双版纳傣族自治州的勐海县。其制法有两种：一种是采摘细嫩的一芽二叶、三叶，经杀青、揉捻，装入嫩甜竹筒内；另一种方法是将毛尖与糯米一起蒸，茶叶软化后倒入竹筒内。茶叶因此具有竹香、米香、茶香三味。

6. 白族的三道茶

白族主要居住在我国云南大理白族自治州。不论过节、寿诞、婚嫁，还是宾客来访主人都会以"一苦二甜三回味"的三道茶来款待。主人依次向宾客敬苦茶、甜茶和回味茶，象征人生的感悟。

7. 土家族的擂茶

土家族主要居住在我国的川、黔、鄂、湘四省交界地区。擂茶，又名"三生汤"，是用生叶、生姜、生米等三种原料加水煮成。擂茶有清热解毒、通经理肺的功能，土家族人视其为三餐不可或缺的饮品。

8. 回族的罐罐茶

回族主要居住在我国的大西北，回族的罐罐茶以中下等炒青绿茶为原料，加水煮而成。煮茶用的罐子不大，其质地主要用土陶烧制而成。煮茶的过程类似于煎熬中药的过程。

9. 其他

我国是茶的故乡，有几千年的饮茶、品茶历史，素有以茶代酒的饮茶之道。我国多民族的特点也造就了丰富多样的饮茶习俗，除了本书所阐述了饮茶习俗外，还有纳西族的龙虎斗、壮族的咸油茶、瑶族的打油茶等，风俗奇特，地域色彩浓烈，都为我国的茶饮风情涂上浓浓的一笔，彰显中华茶文化的无限魅力。

第二章　认识茶，了解茶

 ## 茶树的起源

茶树的起源时间

在植物分类学中，茶树属于被子植物，山茶科，山茶属。据植物学家研究，被子植物起源于中生代早期，于中生代中期繁盛。在中生代末期白垩纪的地层中发现了山茶科植物化石，而山茶属又是山茶科中较早的一个种群，出现于中生代末期至新生代早期。茶树又是山茶属中较为原始的一个物种，根据以上种种，植物学家推测茶树起源于6000万～7000万年前。

茶树的发源地

在考证了茶树起源的时间后，还需要追溯茶树的发源地。越来越多的资料证明中国是茶树的故乡。中国最早的解释词义的著作《尔雅》中便提到了野生大茶树。野生大茶树遍布中国10个省区，其中云南省内直径在1米以上的大茶树有10多株，其中一株的树龄更是在1700年左右。

无论是从时间、数量，还是分布、形状上，我国的野生大茶树均处于世界首位。经考证，印度发现的野生茶树是从我国引入的茶树的变种，这就进一步证明茶树是起源于中国。

🫖 茶树的形态

茶树是多年生木本常绿植物，类型有乔木型、小乔木型、灌木型。人工栽培的茶树多为灌木型，树高在1～3米之间，无明显主干；小乔木型茶树主要分布于亚热带或热带茶区，植株较高大，从植株基部至中部主干明显，植株上部主干则不明显，分枝较少；乔木茶树是较原始的茶树类型，分布于我国热带或亚热带地区，植株高大，从植株基部到上部，均有明显的主干，呈总状分枝，分枝部位高，枝叶稀疏。

不管是哪种类型的茶树，都是由地上部分的茎、芽、叶、花、果以及地下部分根组成，它们既有各自的形态和功能，又是不可分割的一部分，互相联系，相互作用。

根

茶树根系由主根、侧根和须根组成。主根、侧根起固定茶树的作用，并可运输水分和养分；须根用来吸取土壤中的水分和矿物质营养，合成部分有机物质。茶树根系的形态分布主要与树龄相关，幼年期茶树，主根生长迅速，根系主要向土壤深层发展，根长往往大于根幅；待茶树成年以后，主根生长便会受到阻碍，促使侧根生长和主根分支，使茶树根系由直根系逐渐向分枝根系发展，以此来固定茶树的根基；茶树衰老以后，根系又开始由外向内衰亡，特别是须根，相对集中于土壤表层。此外，茶树根系的形态分布，还与繁殖方式、土壤条件、品种特性等有关。

茎

茶树的茎由树干和众多的枝条组成，其主要功能是将根部吸收来的水分和矿物质输送到芽叶中。同时将叶片中光合作用合成的有机物质输送到根部贮藏起来。

主干上分出侧枝，侧枝又多级分支，形成了茶树丛状树冠。没有采摘过的茶树，分支较少，呈塔状分布；经采摘过的茶树，由于不断地采摘和修剪，所以抑制了茶树向上生长，促使其横向发展，呈圆弧形。

芽

茶树的芽是枝、叶、花的原生体，位于枝条顶端的称顶芽，位于枝条叶腋间的称腋芽。顶芽和腋芽生长而成的新梢，是人们用来加工茶的原料，是最有利用价值的部位。

叶

叶是茶树进行光合作用、制造养分的重要营养器官，也是人们采收利用的主要对象。

茶树叶片是单叶互生，边缘有锯齿，末端有短柄，面上有叶脉。形状有披针形、椭圆形、长椭圆形、卵形、圆形等，但是以椭圆形和卵形居多。茶树的叶脉多为

8～12对，沿主脉分出支脉，脉至叶缘2/3处向上弯曲，呈弧形与上方支脉相连，这是茶树的特征之一，也是茶树叶片与其他植物叶片的重要区别。

茶树叶的分类性状为叶片大小，主要以成熟叶片长度并兼顾其宽度而定。叶长在14厘米以上，叶宽5厘米以上为特大叶；叶长在10～14厘米，叶宽在4～5厘米为大叶；叶长在7～10厘米，叶宽在3～4厘米为中叶；叶长7厘米以下，叶宽在3厘米以下的为小叶。

嫩叶片上的茸毛是茶树叶片形态的又一特征。而叶片上茸毛的多少，则与茶树品种、生长季节和生态环境有关。位于主脉处生长的茸毛，其基部较长，弯曲度小，而位于叶脉间生长的茸毛，基部较短，弯曲度较大，多呈45°～75°角，也有呈90°角的。

花

茶树的花为两性花，开花较多，常为白色，少数也有淡黄或粉红色，由花柄、花萼、花瓣、雄蕊、雌蕊等组成，大多数在10～11月开花。花的大小也不一致，大的直径5～5.5厘米，小的直径2～2.5厘米。

果

茶树的果为蒴果，果实一般为三室，少有四室、五室，每室1～2粒种子，每室1粒的呈球形，2粒的呈半球形，通常以二球果或三球果居多。种子呈黑褐色，少有光泽，富有弹性。此外，茶籽可以榨油。

茶树之花

茶树之芽

茶树之叶

茶树之茎

茶树之果

茶树之根

茶树的种植条件

土壤

茶树适宜种植在排水良好的酸性红黄壤土中，有机质含量1%～2%以上，通气性、透水性或蓄水性能好，pH值4.5～6.5为宜，以花岗岩、片麻岩等母岩形成的砂质土壤最好。

气候

茶树适宜在年平均气温在15～25℃之间的地区栽培，最低不能低于-10℃，最高不超过35℃，35℃以上，茶树生长会受到抑制。光照是茶树生存的首要条件，不能太强也不能太弱，对紫外线有特殊嗜好。"高山出好茶"，这是因为高山云遮雾罩，太阳的直射光被云雾散射成漫射光，而漫射光有促进茶树体内含氮化合物代谢的作用，因此高山茶品质较高。降水量全年均衡，并在1500毫米以上。

地形

茶树喜高山也宜丘陵平地。不过随着海拔的升高，气温和湿度都有明显的变化，在一定高度的山区，雨量充沛，云雾多，空气湿度大，漫射光强，这些都是茶树生长的有利条件，但并不是愈高愈好，海拔在1000米以上，会有冻害。一般选择偏南坡为好，坡度不宜太大，一般要求30°以下。

 # 茶叶的规格

茶叶的鲜叶规格有：芽、一芽一叶、一芽二叶、一芽三叶、一芽四叶。依叶子展开程度不同，有一芽一叶初展、一芽二叶初展、一芽三叶初展。开面叶是指嫩梢生长成熟，出现驻芽的鲜叶，分为小开面、中开面和大开面三种。

（1）小开面：第一叶为第二叶面积的 1/2。

（2）中开面：第一叶为第二叶面积的 2/3。

（3）大开面：第一叶长到与第二叶面积相当。

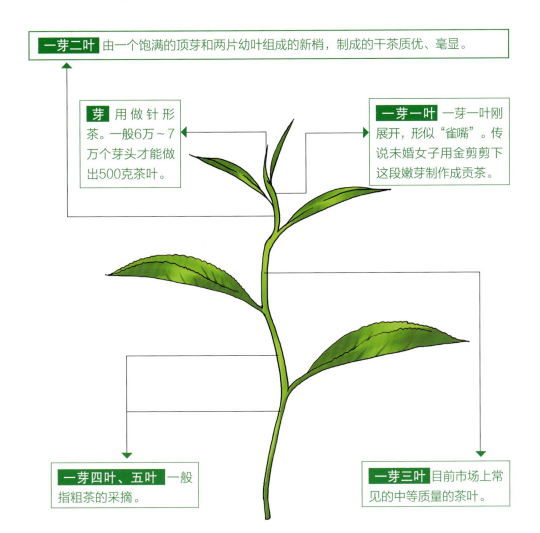

一芽二叶 由一个饱满的顶芽和两片幼叶组成的新梢，制成的干茶质优、毫显。

芽 用做针形茶。一般6万～7万个芽头才能做出500克茶叶。

一芽一叶 一芽一叶刚展开，形似"雀嘴"。传说未婚女子用金剪剪下这段嫩芽制作成贡茶。

一芽四叶、五叶 一般指粗茶的采摘。

一芽三叶 目前市场上常见的中等质量的茶叶。

现代制茶工艺流程

 采茶

1. 天时——采收的时间

（1）采收季节。茶叶随着自然条件的变化也会有差异，如我国台湾四季如春，茶每年可采收 4 ~ 5 期，即春茶、夏茶、大小暑茶、秋茶、冬茶等。虽然可采收五季，但因每季质量不同，茶叶中所含的成分也不同。

春季温度适中，雨量充沛，再加上茶树经过冬季的休养生息，使得芽叶肥硕、色泽翠绿、叶质柔软，特别是各种营养物质含量丰富，不但使茶滋味鲜活，香气扑鼻，同时还有保健作用。夏季天气炎热，茶树新芽叶生长迅速，使得能溶解茶汤的水浸出物含量相对减少，特别是氨基酸及全氮量的减少，使得茶汤滋味、香气多不如春茶强烈。秋季气候条件介于春夏之间，茶树经春夏二季生长、摘采，新芽内含物质相对减少，叶片大小不一，叶底发脆，叶色发黄，滋味、香气比较平和。待秋茶采完，气候逐渐转凉，冬茶新芽生长缓慢，内含物质逐渐堆积，滋味醇厚，香气浓烈。

因此，好茶的采收季节至关重要。采茶的节气，每年都依 24 个节气进行，即立春、雨水、惊蛰、春分、清明、谷雨、立夏、小满、芒种、夏至、小暑、大暑、立秋、处暑、白露、秋分、寒露、霜降、立冬、小雪、大雪、冬至、小寒、大寒，每一个节气 15 天。

春茶依时日又可分早春、晚春、清明前、清明后、谷雨前、谷雨后等茶，其中以清明、谷雨之间采的茶最佳。第一次夏茶采摘时间在 5 月下旬至 6 月下旬；第二次夏茶俗称六月白、大小暑茶、二水夏仔，采摘时间在 7 月上旬至 8 月中旬。第一次秋茶采摘在 8 月下旬至 9 月中旬；第二次秋茶亦称白露笋在 9 月下旬至 10 月下旬采摘。冬茶在每年的 11 月下旬至 12 月上旬采摘，立冬前后采的茶尤为佳品。

好茶一般均采自春、冬两季，但并非每种茶都以春茶最优，如乌龙茶、红茶就以夏茶为优，因夏季气温高，茶叶中的儿茶素等含量较多，茶芽肥大，白毫浓厚，茶香扑鼻。

（2）采收天气。制茶人常说："好茶之制造，必须三才俱备"，这里所谓的"三才"即天、地、人。天代表好茶采茶当天的气候，天气既要晴朗而气温又不能太高，一般不得超过 25℃，以天气晴朗、气温凉爽、微风拂面最好。

如果采茶时阳光太强，气温太高，茶青易被闷熟，成品茶就会不香，汤色混浊。如果在采收季节阴雨绵绵，就会影响茶的质量，因茶芽成长到某一个程度时一定要采收，否则过老，制不出顶尖的好茶。所以说，好茶来得太不容易，不但要靠人的努力，还要看老天爷的"脸色"。

2. 地利——好茶出深山

所谓地利是指茶园种植的地理环境，海拔的高度，土壤的本质，地理位置等因素。一般以向阳的坡地为最佳。

要想制造出好茶，茶园种植的地点也很重要。从古至今，我国历代的贡茶、名茶、优质茶，大多是出自高山。如蜚声全国的"黄山毛峰""庐山云雾茶"等著名绿茶都产于海拔500~1000米的高山上。

那么，高山所产的茶为什么品质好呢？这是因为高山重叠，岗峦起伏，溪水纵横，林木密布，形成了其独特的生态条件。在这里，气温适中，变化均匀，雨量充沛，土壤深厚肥沃，峡谷中终年云雾缭绕，相对湿度大，日照时间短，漫射光多，茶树常年生长在荫蔽高湿这种得天独厚的环境中，使得所产的茶色泽翠绿，条索肥硕，白毫显露，鲜嫩度较好，由此加工而成的茶叶，往往具有特殊的香气，而且香气悠长持久，滋味醇厚爽口，耐冲泡。

3. 人和——制茶师傅的手艺

所谓人和，是指制茶人的技术和精神。若想制造出顶级乌龙茶，从采青到成茶大约需要30个小时，在这期间，茶农基本上都是不眠不休。不过除了体力上的要求外，对制茶师傅的技术要求也是相当高的，需要不时地用鼻子闻来控制发酵的程度，只有这样才可能制造出清香好茶。

制茶师傅的手艺，包括制茶师傅的技术、精神、体力等。因为制造出来的茶香不香，全靠制茶师傅的鼻子灵不灵，制茶师傅的精神好不好。通常好茶制造的过程，从早上的采青到杀青的香气定味，一般超过16个小时，而在这个过程中几乎没有一点休息时间，所以在制造过程中控制是否得宜，关键要看制茶师傅的技术和精力，而制造出来的茶叶的茶汤是否醇厚，还得靠制茶师傅用体力去压揉。

在夜半人静之时，就是每一个制茶师傅集中精力判断茶叶的香气、控制温度、调整火候的时机。制茶的过程是漫长的，从采青到炒青、揉捻、初步干燥后，已经是第二天清晨三四点钟，再用布巾包裹揉成团球，在这期间还有3小时等待茶性回软稳定，而这个阶段也是制茶师傅一天中最宝贵的休息时间，待这3小时一过，制茶师傅紧接着就要解块加温，反复团揉，把茶汁揉出来，并将茶叶揉成一粒一粒小球状，直到这时整个胚茶制程才算完成，而此时已经是次日下午三四点钟。所以，顶级好茶之制造，胚茶制程就需要32个小时左右。

等完成胚茶之后，要堆放几天后再进行拣枝和烘焙等精制、调味工作，这样才算是真正茶的成品。鲜茶叶的季节性很强，前后仅有十几天的时间，如果错过新芽就会变老，就没有了采摘的价值，因此，制茶人必须在期限内抢收、抢制，而这段时间也是对制茶人精力、体力、耐力的极大考验。

香气、甘味是上等好茶的重要因素。其实刚从茶园里采摘回来的茶青并没有香味、甘味。成品茶叶的香味、甘味都是在经过后期的萎凋、发酵、杀青之后产生的化学变化而产生的，所以在这期间要小心翼翼地控制，使香气恰到好处，如果过早杀青，茶汤中仍含有臭青味，太晚杀青则香气消失。而这段时间在整个制茶过程中往往是半夜时分，正是人体疲劳欲睡之时，如果此时制茶师傅精神不佳，就会失去制造好茶的良机，茶叶失去香气，就不能算上等好茶了。

所以，制造上等好茶，制茶师傅的技术、精神和体力皆要齐备。

高档铁观音的制茶过程

工序名称	具体操作
选芽采青	采茶时间以中午12点至下午15点较佳，不能在下雨天及阴天采摘，否则将很难形成甘醇之味及香气。茶叶的鲜嫩度要适中，不同的茶要求采摘部位也不同，有的采一个顶芽和芽旁的第一片叶子叫一芽一叶；有的多采一叶叫一芽二叶，也有一芽三叶，如铁观音一般选一芽三叶；还有一芽四、五叶
茶笼运送	茶青采摘后，要将其从茶园运回工厂进行萎凋，在这个过程中为了使茶青不受损伤，需要用茶笼进行装卸。如果茶青在萎凋静置时，水分不能完全蒸发，就会带有苦涩味，所以茶青在运输过程中也要精心照顾
日光萎凋	采摘下来的茶青须在日光下摊晒，或利用热风使茶青水分适度蒸散，降低水分含量及活性。日光萎凋也称晒青，时间以午后16点阳光柔和时为宜，时间5～30分钟不等，以叶子失去原有光泽，叶色转暗，手摸叶子柔软，顶叶下垂，失重6%～9%为适度。晒青的形式有多种，有的是直接摊铺在地上进行；有的在地上铺上竹筛进行。晒青的目的一是先使借助光热叶子水分快速蒸发；二是促进鲜叶内含物质的物理、化学变化，为摇青作准备
室内静置	青叶经过晒青后，放入室内静置，借着茶青进行日光萎凋的余温，静置时产生发酵功能，为了不使茶青发酵太快，无法控制香气，常做翻动茶青的动作，一方面是蒸发水分，另一方面是为了香气的发展
摇青	当青叶静置后，根据青叶的水分变化情况，就可以决定是否摇青了。可在竹萎里多次翻动、搅拌、缓缓蒸发水分，这个过程就是摇青。同时，摇青与静置是反复多次交替进行的，摇青与静置合称做青。这是形成茶叶品质最关键的环节
杀青	杀青是茶青经萎凋静置发酵到适宜程度，利用高温迅速破坏酶的活性，中断茶青继续发酵，稳定茶叶的香气，巩固已形成的品质
揉捻	揉捻是在杀青后，在揉捻中挤出潮湿的茶青的汁液，然后经多次缓慢干燥，使茶汁附着在茶叶的表面，在冲泡时便可很容易地溶解于茶汤之中，从而增加茶汤的浓度。不同的茶，其揉捻程度也不一样

工序名称	具体操作
初步干燥	就是等把茶汁揉捻出来之后，把茶青进行八分干燥，蒸发大部分水分，然后取出回潮，等待进行第二次的干燥
团揉	团揉是把初干的茶青装进特制的布袋中揉捻成一团茶，然后静置4小时，以固定茶形
解块	解块就是把静置后的茶团解开、打散、准备烘热、再团揉。解块、加温回软、团揉要反复多次，目的：一是为了使茶叶条索稍伸展，形状紧结美观；二是发散一部分水汽与热气，使茶叶不致红变
加温回软	是将一团一团的茶干解块后，再加温回软准备再揉，经反复多次成半球形或成颗粒状茶干
布包成团	布包成团是为了揉捻时，不伤茶叶叶片，而能挤出茶汁
机械团揉	由于茶叶越来越干燥，水分越来越少，从而变得比较坚硬，此时人工不宜进行团揉，必须借机械动力团揉
再解块	团揉、解块、加温、团揉，是在制茶过程中反复多次进行的工序，直到茶叶成颗粒状为止，再进行干燥处理
再加温	在进行干燥的同时，稍含微温，茶叶质软较易揉捻
再布包→再团揉→再解块→再加温→再布包	如此反复进行多次，茶干才能渐成半球形
再解块	再将团揉在一起的茶团进行解散
干燥	最后解块之后，经履带式干燥，即完成初胚的成茶
精制拣枝	胚茶必须再精制才能制造出顶尖的好茶，在这个过程中必须把较长的茶枝挑出来，这样茶叶才会整齐美观
精焙调味	精焙是调整口味的重要步骤，有的用烤箱烘焙，有些遵循古法用炭焙。焙火轻重也会造成不同的风味，焙火轻者喝来感觉比较生，焙火重者喝来感觉比较熟。经过调味的烘焙，同时充分的干燥固定口味，即是成品，再做储存与包装

茶叶的分类

茶叶的基本分类

1. 绿茶

绿茶的杀青方式有热蒸汽杀青和锅炒加热杀青两种，以热蒸汽杀青法制作的绿茶称为"蒸青绿茶"，以炒锅加热杀青法制作的绿茶有三种干燥方式，根据其干燥方式分为炒青绿茶、烘青绿茶和晒青绿茶。

2. 红茶

红茶按制造方法的不同，可分为小种红茶、工夫红茶和红碎茶三类。其中小种红茶有正山小种和外山小种之分，工夫红茶又分为大叶工夫和小叶工夫，而红碎茶又分为叶茶、碎茶、片茶、末茶等四个品种。

3. 乌龙茶（青茶）

乌龙茶主产于福建、广东、台湾三省，因品种品质上存在着一些差异，乌龙茶可分为闽北乌龙、闽南乌龙、广东乌龙和台湾乌龙四类。闽北乌龙主要有武夷岩茶、闽北水仙、肉桂、闽北乌龙等。

4. 白茶

白茶因茶树品种、原料采摘的标准不同有芽茶和叶茶之分。单芽制成的称"银针"，叶片制成的称"寿眉"，芽叶不分离的称"白牡丹"。

5. 黄茶

黄茶依原料芽叶的嫩度和大小可分为黄芽茶、黄小茶和黄大茶三类。黄大茶是采摘一芽二、三叶甚至一芽四、五叶为原料制作而成的；黄小茶是采摘细嫩芽叶加工而成的，主要包括北港毛尖、沩山毛尖、平阳黄汤等；黄芽茶是采摘细嫩的单芽或一芽一叶为原料制作而成的，主要包括君山银针、蒙顶黄芽、霍山黄芽等。

6. 黑茶

黑茶按产区分有湖南黑茶、湖北老青茶、四川边茶、云南黑茶、广西黑茶等；按品种分，黑茶的种类有三尖、花砖、茯砖、黑砖四个品种，其中三尖是指用一级黑毛茶压制而成的天尖，用二级黑毛茶压制而成的贡尖及用三级黑毛茶压制而成的生尖。

7. 花茶

（1）窨制花茶：以红茶、绿茶或乌龙茶作为茶坯，配以能够吐香的鲜花作为原料，采用窨制工艺制作而成的茶叶，如茉莉花茶、桂花花茶等，其中以茉莉花茶最具代表性。

（2）工艺花茶：用茶叶和干花手工捆制造型后干燥制成的造型花茶，其最大的特点就是它们在水中可以绽放出美丽的花型，鲜花在水中摇曳生姿，灵动娇美，极具观赏性。

（3）花草茶：直接用干花泡饮的花茶。确切地讲，这类花茶不是茶，而是花草，但我国习惯把用开水冲泡的植物称之为茶，所以就称其为花草茶。花草茶一般都具有一定的美容或保健功效，因此备受女性朋友青睐，如玫瑰花茶、菊花茶等。

8. 再加工茶

（1）袋泡茶：根据所采用的特种长纤维种类的不同，可分为热封性和冷封型两种；根据原料不同，可分为袋泡绿茶、红茶、乌龙茶、保健茶等。

（2）速溶茶：可分为速溶红茶、速溶绿茶、速溶柠檬茶、速溶果味茶。

（3）茶饮料：茶饮料按其原辅料不同，可分为纯茶软饮料和调味茶软饮料两种。纯茶软饮料是指红茶水饮料、绿茶水饮料、乌龙茶水饮料等；调味茶软饮料根据添加成分不同可以分为果味茶饮料、果汁茶饮料、碳酸茶饮料、奶味茶饮料等。

再加工茶

🌿 按茶树分类

1. 按茶树的繁殖方式

可分为有性品种和无性品种两类。

2. 按茶树成熟叶片大小

可分为特大叶品种、大叶品种、中叶品种和小叶品种四类。

按烘焙温度分类

1. 生茶

烘焙温度低，主要是为了保留胚茶原有的清香口味。

2. 半熟茶

烘焙温度较高，烘焙的茶为浓香口味。

3. 熟茶

长时间高温烘焙，以改变部分茶性，其口味为熟果香。

按发酵程度分类

1. 不发酵茶

0%的发酵率，绿茶类，如龙井、碧螺春、信阳毛尖等。

2. 半发酵茶

15%～70%的发酵率，乌龙茶类，如安溪铁观音、武夷大红袍、凤凰单枞、冻顶乌龙等。

3. 全发酵茶

100%的发酵率，红茶类。

4. 后发酵茶

是指茶叶在高温杀青或高温干燥之后进行增湿堆积发酵的过程，也就是渥堆，如普洱熟茶类。

按茶叶形态分类

各种茶叶不仅有优雅别致的名称，还有千姿百态的外形。那么按外形茶叶可分为长条形茶、卷曲条形茶、扁形茶、针形茶、圆形茶、螺钉形茶、片形茶、尖形茶、颗粒形茶、花朵形茶、团块形茶等。

按采收季节分类

1. 春茶

采茶时间在每年春天，惊蛰、春分、清明、谷雨四个节气之间采收的茶。

2. 夏茶

采茶时间在每年夏天，立夏、小满、芒种、夏至、小暑、大暑六个节气之间采收的茶。

3. 秋茶

采茶时间在每年秋天，立秋、处暑、白露、秋分四个节气之间采收的茶。

4. 冬茶

采茶时间在每年冬天，寒露、霜降、立冬、小雪四个节气之间采收的茶。

其他分类方法

1. 散茶与团茶

（1）散茶：指一叶一叶散开的茶，一般常饮的绿茶、红茶、乌龙茶等，皆属散茶。

（2）团茶：指紧压茶，如饼茶、砖茶、沱茶等。

散茶

团茶

2. 高山茶与平地茶

（1）高山茶：指种植在高山上的茶。其芽叶肥硕，颜色青绿，茸毛多，加工后的茶叶条索紧结，香馥韵美，滋味甘醇，耐冲泡。

（2）平地茶：指种植在平地里的茶。其芽叶较小，叶薄而平，色泽黄绿欠光润，加工后的茶叶条索较细瘦，骨身轻，香气低，滋味淡。

3. 明前茶与雨前茶

（1）明前茶：指第五个节气"清明"前几天采的茶。

（2）雨前茶：指在农历二十四节气的立春、雨水、惊蛰、春分、清明、谷雨六个节气，即"谷雨"前采的茶，而不是下雨以前采的茶。

茶叶的选购和保存

茶叶的选购

要想泡一壶好茶，茶叶的选择是关键。目前，茶叶种类繁多，消费者可以根据自己的喜好、需要以及饮茶习惯选购茶叶。但是不论根据什么标准选购茶叶，都必须从其色、香、味、形几个方面进行，充分调动视觉、嗅觉、触觉、味觉才能买到好茶。

1. 根据个人喜好需要选购

在选购茶叶时，消费者可以根据自己的需求和经济承受能力进行购买。如果想要补充营养，可选择绿茶，因为绿茶中维生素、茶多酚含量较高，能够满足人体多种营养需求。同时还可以根据自己的购买能力选择价格低廉，滋味浓厚耐泡的普通绿茶；也可选择价格较高的名优绿茶。如果是为了养生保健，可选择乌龙茶，因为此茶有降血脂、减肥的功效。如果是为了驱寒暖胃可选择红茶，因为红茶性温，能减少对肠胃的刺激。如果日常饮食结构较为油腻，可选择黑茶，因其茶性温润，去油腻、降血脂、减肥功效较显著。

2. 根据茶叶的品质特征选购

茶叶的外形虽然不是茶叶品质的决定要素，但是好的外形能使人产生视觉的快感。名优茶的外形或浑圆如珍珠，或扁细挺秀像雀舌，或挺直如松针，都会给人一种

窨制花茶的选购

窨制花茶是采用烘青茶叶为茶坯，配以花香窨制而成。花茶经窨制后要进行提花，将已经失去花香的花干筛剔除，除碧潭飘雪外，花茶中很少混有香花的片末，只有一些低级的窨制花茶为增色才人为地掺杂少量花干，但它并不能提高花茶的香气。所以，只有窨花茶才能称花茶，拌花茶实则是一种假冒花茶。

要区分这两种茶首先要看干茶，窨花茶中无干花；其次闻香气，用力吸一下茶叶的气味，窨花茶花香鲜灵，拌花茶花香气味闷浊。

愉悦的美感。总之，好的茶叶
外形匀净，无梗、片等其他杂
物，色泽油润鲜活有光泽。嗅
干茶，香气浓郁高长，纯鲜，
没有其他异味、烟味、霉味
等味。

好茶的外形匀整，无梗、无杂质。

选购茶叶除了从外形上观
察之外，还要看茶叶的含水
量，这是因为如果茶叶含水量太高，容易变质，所以在购买茶叶时一定要选择含水量
低的茶叶。具体方法可用手直接捻干茶，若呈粉末状，比较干燥，可以购买；若只能
捻成片状或片末状，说明该茶含水量较高，不能长久保存。

茶叶的保存

苏东坡曾说："从来佳茗似佳人"，豪放派词人尚对佳茗有如此温婉的情愫，何
况我等"食色性也"的凡夫俗子？佳茗同佳人一样娇贵，只有居住在舒适、高雅的
"房间"里，才能保持她独有的气质和韵味。一般来讲，为佳茗准备的"房间"以锡
质、瓷质、有色玻璃瓶为最佳，其次是铁听、木盒、竹盒等，塑料袋、纸盒最次。

1. 茶叶罐贮存法

茶叶罐贮存是常用的贮茶方法。一般家庭少量用茶，用锡罐、铁罐、有色玻璃瓶
或陶质茶叶罐贮存即可。

装有茶叶的茶叶罐必须放置在干燥、阴凉的地方，不可放在阳光下直晒，也不能
放置在潮湿、有异味的地方，以免加快茶叶的氧化或陈化速度。用茶叶罐贮存茶叶虽
然简单易行，但存放时间不宜太久。此外，存放茶叶的茶叶罐也不宜太大，以免影响
密封情况。

2. 冰箱贮存法

研究发现，如果温度控制在5℃以下，保存茶叶的质量较好，一般可保持一年以
上风味不变。家庭可以把茶叶用铁听、纸盒包装好，然后再在外面套一个干净的塑料
袋扎紧，直接放入冰箱内贮存。需要注意的是贮存茶叶的专用冷藏最好要避免与其他
食物一起冷藏，以免茶叶吸附异味。

3. 真空贮存法

如果茶叶数量较多，又需要长期贮藏，可采用真空贮藏法。将茶叶装入铁皮罐

内，抽去罐内的空气，密封后放在阴凉干燥的地方，这样可以保证茶叶在贮存一年半仍可保持原味。

4. 干燥剂贮存法

使用干燥剂，可使茶叶的贮存时间延长到一年左右。但是不同种类的茶叶要选择不同种类的干燥剂，如贮存绿茶可用块状未潮解的石灰，贮存红茶和花茶可用干燥的木炭。

5. 抽气充氮包装贮存法

抽气充氮的方法多用于小包装的茶，选用的包装材料必须是阻气性能好的铝箔或其他复合膜材料，而且茶的含水量要低，确保在5%左右，以免茶叶变潮。

具体做法是将茶叶放入容器内，然后在抽出容器内空气的同时冲入氮气，然后迅速密封好，以免与空气接触发生氧化。在常温状态下可保存半年品质不变。

6. 暖水瓶贮存法

保温性能好的暖水瓶、保温瓶均可用来贮存茶叶，而且效果良好，一般可保持茶叶的色香味一年不变。

具体是把散装的茶叶放入新的暖水瓶或保温瓶中，要装实装足，尽量减少瓶内空气的留存量，然后用软木塞盖紧，外缘用白蜡涂口密封即可。

遍布祖国大江南北的产茶区

中国的四大茶区

1. 江北茶区

江北茶区位于长江中、下游北岸,包括鄂北、豫南、皖北、苏北、鲁东南等地,是我国最北的茶区。江北茶区的茶树大多为灌木型中叶种和小叶种,主要生产绿茶,如六安瓜片、信阳毛尖等。

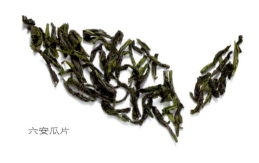

六安瓜片

2. 江南茶区

江南茶区位于中国长江中、下游南部,包括粤北、闽中北、桂北、湘、浙、赣、鄂南、苏南等地。江南茶区种植的茶树大多为灌木型中叶种和小叶种,以及少部分小乔木型中叶种和大叶种,主要出产绿茶、乌龙茶、花茶以及名特茶,如西湖龙井、黄山毛峰、洞庭碧螺春、君山银针、庐山云雾等。

3. 西南茶区

西南茶区位于我国西南部,包括云南、贵州、四川三省以及西藏东南部,是中国最古老的茶区。茶树品种资源丰富,有灌木型、小乔木型、乔木型茶树等,主要生产红茶、绿茶、紧压茶和普洱茶等,是中国发展大叶种红碎茶的主要基地之一。

4. 华南茶区

华南茶区位于中国南部,包括闽中南、台、粤中南、海南、桂南、滇南等地,降水量是中国茶区之最,是中国最适宜茶树生长的地区。华南茶区有乔木、小乔木、灌木等各种类型的茶树品种,主要生产红茶、乌龙茶、花茶、白茶和六堡茶等,所产大叶种红碎茶,茶汤浓度较大。

按省分布的中国茶区

我国现有的茶区分布在北纬18°~37°,东经94°~122°的广阔范围内,占地面积110万公顷(110亿平方米),共有浙江、湖南、湖北、安徽、四川、福建、云南、广东、广西、贵州、江苏、江西、陕西、河南、台湾、山东、西藏、甘肃、海南等省市、自治区的近千个县、市。

1. 浙江省

西湖龙井、径山茶、双龙银针、顾渚紫笋、雁荡毛峰、天目青顶、千岛玉叶、建德苞茶、雪水云绿、开化龙顶、江山绿牡丹、温州黄汤、安吉白片、松阳银猴、越红工夫等。

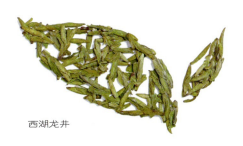

西湖龙井

2. 安徽省

霍山黄芽、黄山毛峰、黄山银芽、黄山情侣茶、老竹大方、六安瓜片、六安碧毫、太平猴魁、华山银毫、敬亭绿雪、舒城兰花茶、祁门红茶、皖西黄大茶、珠兰花茶等。

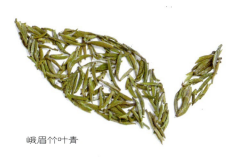

峨眉竹叶青

3. 四川省

竹叶青、峨嵋毛峰、蒙顶黄芽、蒙顶甘露、石花茶、川红工夫、南路边茶、西路边茶、康砖茶、金尖茶、方包茶等。

4. 江苏省

南京雨花茶、太湖翠竹、无锡毫茶、阳羡雪芽、南山寿眉、荆溪雪片、金坛雀舌、花果山云雾茶、天池茗毫等。

5. 江西省

狗牯脑茶、庐山云针茶、庐山云雾茶、上饶白眉、信川龙翠、井冈翠绿、仙茶、福寿茶、婺源婺绿、婺源茗眉、山谷翠绿、龙须茶等。

庐山云雾

6. 福建省

莲心绿茶、白毫银针、白牡丹、白琳工夫、天山绿茶、政和大毫银针、安溪铁观音、安溪色种、永春佛手、永春水仙、黄金桂、水金龟、铁罗汉、武夷岩茶、闽北水仙、闽北肉桂、正山小种、白鸡冠、福州茉莉花茶等。

武夷大红袍

7. 湖南省

君山银针、屈原茗、安化松针、南岳云雾茶、高桥银针、湖红工夫、湖南黑茶、安化黑砖、安化千两茶、茉莉花茶、速溶绿茶、速溶红茶等。

君山银针

8. 广东省

乐山白毛茶、高鹤古老茶、凤凰水仙、凤凰乌龙、凤凰单枞、饶平乌龙、石古坪乌龙、西岩乌龙、英德红茶、荔枝红茶、玫瑰红茶、粤红、广东大叶青等。

9. 湖北省

恩施玉露、仙人掌茶、金星茗毫、碧叶青、松峰茶、玉露茗、湖北老青茶等。

10. 广西壮族自治区

南山白毛茶、凌云白毫、桂林毛尖、桂平西山茶、象棋云雾、桂花茶、广西红碎茶、六堡茶、大苗山粑粑茶等。

11. 云南省

苍山绿雪、勐海佛香茶、思茅绿海银毫、滇红工夫、云南红碎茶、云南沱茶、普洱茶、竹筒香茶、七子饼茶等。

普洱茶

12. 贵州省

湄江翠片、羊艾毛峰、都匀毛尖、遵义毛峰、梵净山雪芽、青山翠芽、大方海马宫茶等。

13. 海南省

海南大白毫、五指山绿茶、白沙绿茶、中国香兰茶、海南红碎茶等。

14. 河南省

信阳毛尖、固始仰天雪绿、桐柏太白银毫、金银花茶等。

15. 台湾省

冻顶乌龙、文山包种、阿里山乌龙、白毫乌龙、海山龙井等。

冻顶乌龙

解析普洱茶

普洱茶的历史渊源

"香陈九畹芳兰气，品尽千年普洱情。"道出了普洱茶类最大的特点——"越陈越香"。在普洱茶的起源地——云南，有"爷爷的茶，孙子卖"的俗语。普洱茶是以云南原产地的大叶种晒青茶及其再加工而成两个系列，即直接再加工为成品的生普洱茶和经过人工速成发酵后再加工而成的熟普洱茶，型制上又分散茶和紧压茶两类。成品后都还持续进行着自然陈化过程，具有越陈越香的独特品质。

曾在明清时期，以云南普洱为中心向国内外辐射出五条"茶马古道"，直到今天，云南省内还保留着很多完整的茶马古道遗址。而就是这一条条的茶马古道不仅使普洱茶行销国内各省区，而且远销东南亚各国以及英国、日本等国，在海内外享有盛誉。

普洱茶历史悠久，曾在三千多年前的青铜时代已有种植，到了唐代，普洱茶开始大规模种植生产，始称"普茶"，到了宋代，普洱茶逐渐被认识并在当时的经济贸易中占据着重要地位。而到了清代，普洱茶的生茶发展几乎达到鼎盛时期，并被列入贡茶，一度成为国礼而赐给外国使者，因此有"宫廷普洱礼茶"之称。抗日战争爆发后，因云南茶业整体萧条，普洱茶陷入沉寂时代，直到 1975 年，云南才重新开始普洱茶的生产，并开发了普洱熟茶的生产工艺。由于其强大的保健功能和醇厚的口感，近年来受到人们的热捧。

普洱茶的分类

1. 依制法分类

（1）生茶：采摘后以自然方式发酵，茶性较刺激，放多年后茶性会转温和，冲泡后汤色青绿。

（2）熟茶：以科学方法人工发酵使茶性温和，熟茶冲泡后汤色呈金红色。

左边是普洱生茶，干茶色泽为青褐色；右边是普洱熟茶，干茶色泽为深褐色。

2. 依存放方式分类

（1）干仓普洱茶：指存放于通风、干燥及清洁的仓库，使茶叶自然发酵，一般陈化 10 ~ 20 年为佳。

（2）湿仓普洱茶：通常放置于较潮湿的地方，以加快其发酵速度。由于湿仓普洱陈化速度快，所以茶叶内的物质破坏较多，常有泥土味或霉味，而且容易产生霉变，对人体健康不利。

3. 依外形分类

（1）饼茶：外形呈扁平圆盘状，其中七子饼茶每块净重 357 克。

（2）沱茶：外形跟饭碗一般大小，每个净重 100 克或 250 克。

（3）砖茶：外形呈长方形或正方形，以每块 250 ~ 1000 克居多。

（4）金瓜贡茶：压制成大小不等的半瓜形，从 100 克到数千克均有。

（5）千两茶：压制成大小不等的紧压条型，每条茶条重量都比较重。

（6）散茶：制茶过程中未经过紧压成型，茶叶状为散条型的普洱茶。

普洱茶的选购

在选购普洱茶时，首先要根据自己的收藏爱好、收藏目的、收藏时限来选择茶叶，如果想长期收藏，等待茶叶升值，最好是选购生普洱茶。这是因为生茶可以转变为熟茶，而这个时间需要10年左右。如果是想近期饮用，可选购熟茶。

其次，选购时一定要认准产地和厂家，以保证茶叶的品质，最好是选用生态有机茶，以古茶园所产茶最为上品。

再次，选购时要认真品鉴茶的年限、品质，以确定收购价格。

1. 鉴外形

不管是饼茶、沱茶、砖茶，还是其他各种外形的普洱茶，首先要看的就是外形，主要从匀整度、松紧度、色泽、嫩度、匀净度等方面鉴别，看其形态是否端正，棱角是否整齐，条索是否清晰等。普洱茶老叶较大，嫩叶较小。若一块茶饼的外观看不出明显的纹路，显得细碎，就不是好茶。其次要看茶叶的颜色，主要从颜色的深浅、光泽度鉴别。好的普洱茶熟茶的颜色是猪肝色，基本放5年以上的普洱茶会呈现出这种颜色。

2. 看包装

近年来，随着"普洱茶热"的兴起，市场上的普洱茶琳琅满目，难免会出现假茶。买普洱茶第一映入眼帘的肯定是包装，所以不妨先从包装上入手鉴别茶的好坏。

一般包装普洱茶的材料有绵纸、笋叶、竹篮和捆扎用的麻绳等，但不管普洱茶的包装材料是什么，都要求其清洁无异味，包装结实牢固，而且外包装的大小与茶身紧密贴近。

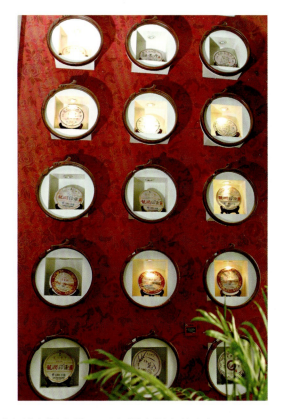

3. 闻香气

一般来说，熟茶在3年以内还残留冲鼻子的土味，5年以上的已基本没有。对于生茶，新茶清香气重，火烟味也会比老茶重，老茶则有一种陈香味。

4. 观汤色

好的普洱茶，泡出的茶汤是红润透亮的，在茶汤面上还可以隐隐约约地看到有油珠形的膜。而品质不好的普洱茶，茶汤发黑，接近发乌。一般3年内的普洱茶较浑浊，越老的汤色越透亮。熟茶越来越由棕变红，生茶越来越由绿变黄，10年以上则由黄变红。

5. 辨叶底

普洱生茶叶底呈栗色至深栗色，叶条质地饱满柔软，看起来很新鲜。普洱熟茶的叶底多半呈现暗栗或黑色，叶条质地干瘦老硬，如果是发酵较重的，会有明显炭化，像被烈火烧过一样。而且有些较老的叶子，叶面破裂，叶脉分离。不过，如果渥堆时间不是很长，发酵程度不重，叶底就会接近生茶叶底。而有些生茶如果在制作过程中，茶青揉捻后没有立即进行干燥，叶底就会呈现深褐色，汤色也比较浓暗。

普洱茶的贮存

普洱茶特有的品质和陈香都是在存放过程中发酵形成的，这是由于经过一段时间，普洱茶中的主要成分发生了化学或物理变化，使其汤色和香味呈现出其特有的品质。但是，如果贮存条件不当，会对其品质的形成产生很大的影响，所以科学贮存是普洱茶品质的关键保证。

1. 干燥通风

俗话说："茶喜蒻叶而畏香药，喜温燥而忌冷湿。"贮存普洱茶一定要选择通风干燥的地方，以免茶叶受潮而加快变质的速度。此外，普洱茶应贮存在干净没有异味的地方，因为茶叶的吸附性很强，很容易吸附空气中的异味。

2. 竹箬包装

用传统的竹箬包装普洱茶，不仅有利于普洱茶的后发酵，还具有过滤杂味，确保茶叶清洁的效果。普洱茶不宜用塑料袋密封起来进行包装，这是因为如果气候比较潮湿，很容易发生霉变和产生异味，破坏普洱茶的原味。

普洱茶的营养价值

千百年来，普洱茶深受广大消费者青睐，皆因茶质优良。在一些古籍中都有关于普洱茶解毒、治病的记载，近年来，国内外对普洱茶的生理、药理都进行了深入的研究，对普洱茶的功效有了更进一步的了解。经分析鉴定普洱茶中所含化合物多达500多种，而且这些化合物中有些是人体所必需的成分，如维生素、蛋白质、氨基酸、脂类、糖类及矿物质元素等，它们对人体有较高的营养价值。还有部分化合物是对人体有保健和药效作用，如茶多酚、咖啡碱、脂多糖等。饮用普洱茶可以补充人体需要的多种维生素，每100克普洱茶含维生素100~200毫克，比柠檬、柑橘等水果含量还高。饮普洱茶可以补充人体所需的蛋白质和氨基酸。普洱茶中所含的氨基酸多达25种以上，可作为人体日需量不足的补充。

茶 闻 轶 事

普洱茶真有减肥功效吗？

普洱茶确有降脂减肥的功效，尤其是普洱熟茶在发酵过程中形成的多种有益菌，可以减少小肠对甘油三酯和糖的吸收、提高酵素分解腰腹部脂肪。但普洱茶毕竟不是减肥药，其效果也因人而异。普洱茶减肥的作用主要是靠调理肠胃，从而增强对脂肪的消化、吸收，进而消耗脂肪，也就是通常说的刮油。但对于实际并不胖仅仅是自己感觉胖的情况，普洱茶自然无能为力了。而且喝普洱茶要长期坚持，不会短期内就有明显效果的，所以不要轻易就认为无效而放弃。

第三章 **精致茶具配名茶**

 **茶具览胜**

陶制茶具

陶器是新石器时代的重要发明。质地坚硬，表面可无釉、可上釉，常见的陶器茶具有紫砂陶、硬陶等。紫砂陶是陶器的一种，用紫砂陶制作的紫砂壶是茶人的最爱。

瓷制茶具

瓷器发明之后，陶质茶具就逐渐为瓷质茶具所代替。瓷器茶具又可分为白瓷茶具、青瓷茶具和黑瓷茶具等。

白瓷茶具主要产于江西景德镇、福建德化、河北唐山等地。用白瓷茶具泡茶，更能衬托出茶叶的本汤、本色。

青瓷茶具瓷质细腻、造型优美、线条流畅、釉层饱满，以浙江龙泉青瓷茶具最为有名。目前在日本、韩国使用较为广泛。

黑瓷茶具烧制于唐代，在宋代黑瓷茶盏被推崇。

玻璃茶具

玻璃茶具一般是用含石英的砂子、石灰石、纯碱等混合后，在高温下熔化、成形，再经冷却后制成。玻璃茶具有很多种，如水晶玻璃、无色玻璃、玉色玻璃、金星玻璃、乳浊玻璃茶具等。玻璃茶具是目前最为大众化的茶具。

金属茶具

金属茶具是指由金、银、铜、铁、锡等金属材料制作而成的器具，常见的金属茶具有铜水壶、随手泡、消毒锅等。尤其是锡做的用来储茶的茶器，具有很多的优点。锡罐贮茶器多制成小口长颈，其盖为圆桶状，密封性较好。

天然植物茶具

天然植物茶具一般是用木、竹、葫芦等加工而成。常见的有茶盘、茶道组合等。

茶人必备茶具

随手

> **功用** 随手泡是用来烧水的茶具，可随时加热烧水。

> **材质** 不锈钢、铁、陶等质地，多为电磁炉式或电热炉式等。

> **选购** ◎选购知名品牌的的电水壶，确保产品质量和售后服务。

◎选购具有温控功能的电水壶，水开后会自动断电，可有效防止因无人看管而造成的干烧，避免引发事故。

◎一般来讲，陶壶和铁壶可与炭炉搭配使用；玻璃壶可与酒精炉搭配使用；不锈钢壶可与电磁炉搭配使用。

> **使用** ◎先用随水泡冲泡茶叶，再用来温壶洁具，同时在泡茶过程中，壶嘴不宜面向客人。

◎新壶在使用前，应加水煮开后浸泡一段时间，可除去壶中的异味。

茶壶

> **功用** 也称泡茶的泡壶，是用来泡茶和斟茶的茶具。

> **材质** 茶壶的质地很多，主要有紫砂壶、瓷壶及玻璃壶等。

> **选购** ◎选壶的标准：茶壶讲究"三山齐"，这是品评壶好坏的最重要标准。可以把茶壶放在很平的桌子或玻璃上，如果壶柄、壶纽、壶嘴三件都平行在一条直线上，就是"三山齐"了。

◎材质的选择：紫砂壶是茶人的首选茶具，因为紫砂壶吸水性好且不透光，外形较瓷器亲和，在上面题款也别具韵味。

品茗杯

功用 品茗杯也称茶杯，用来品饮茶汤。

材质 品茗杯有瓷器、紫砂、玻璃等质地。有大小两个种类，款式也多种多样，其中用玻璃杯直接冲泡茶叶，有极高的观赏性。

选购 ◎瓷质、陶质或紫砂品茗杯宜杯底较浅，杯口较广，透光性较高。
◎品赏绿茶宜用高档的玻璃品茗杯，最基本的要求就是要耐高温。

使用 ◎男士拿品茗杯手要收拢，以示大权在握。
◎女士拿品茗杯可以轻翘兰花指，显得仪态优美、端庄。

闻香杯

功用 闻香杯是用来嗅闻杯底留香的器具。

材质 多为瓷器材质，也有内施白釉的紫砂质地的闻香杯。

选购 ◎闻香杯一般用的瓷质比较好，因为如果是紫砂质地的话，香气会被吸附在紫砂里面。闻香杯是用于闻香气的，所以最好用瓷的。
◎闻香杯常与品茗杯搭配使用。

水盂

功用 又名茶盂，用来存放泡茶过程中的废水、茶渣。

材质 主要有瓷器、陶器等质地。

选购 在没有茶盘、废水桶时，使用水盂来盛接废水和茶渣，简单方便。一般茶友有了茶盘或废水桶，可以不用单独购买水盂。

使用 ◎水盂用来盛接凉了的茶汤和废水，相当于废水桶、茶盘。
◎水盂容积小，倒水时尽量轻、慢，以免废水溢溅到茶桌上，并要及时清理废水。

盖碗

〖 **功用** 〗 盖碗用来泡茶，也可以当作品茗杯使用。

〖 **材质** 〗 盖碗有紫砂、瓷质、玻璃等质地，以各种花色的瓷质盖碗为多。

〖 **选购** 〗 ◎容量大小：盖碗容量大小对于茶叶的冲泡质量起着非常重要的作用。一般泡 6 克的茶叶，盖碗容量为 90 毫升；泡 7 克的茶叶，盖碗容量为 110 毫升；泡 8 克的茶叶，盖碗容量为 130 毫升。

◎做工精致程度：质量上乘的盖碗，轮廓线条很标准，方是正方，圆是正圆，不会出现椭圆等不标准的轮廓。

◎厚胎和薄胎：高品质的盖碗多为薄胎，因为薄胎在冲泡时吸热少，茶叶温度就会高，更易激发茶香。

◎外翻程度：盖碗杯口的外翻弧度越大就越容易拿取，并且不易烫手。

〖 **使用** 〗 ◎用盖碗品茶时，碗盖、碗身、碗托三者不应分开使用，否则既不礼貌也不美观。

◎用盖碗品茶时，揭开碗盖，先嗅盖香，再闻茶香。

过滤网和滤网架

〖 **功用** 〗 过滤网是用来过滤茶渣的，不用时则放回滤网架上。滤网架是用来放置过滤网的器具。

〖 **材质** 〗 多为不锈钢、瓷、陶、竹、木、葫芦瓢等材质。

〖 **选购** 〗 ◎过滤网和滤网架经常沾水，宜选购不锈钢材质的过滤网和滤网架。

◎滤网架的款式品种繁多，有动物形状、人手形状等，比较有装饰效果。

◎如果想节约成本，可以不买滤网架，而将过滤网放在小盘或盖置上。

◎过滤网的材质很多，老茶人一般喜欢购买葫芦瓢材质的。

〖 **使用** 〗 ◎过滤网用来过滤茶渣，用时放在公道杯的杯口，并注意过滤网的"柄"要与公道杯的"柄耳"相平行。

◎滤网架用来放置过滤网。

◎用过的过滤网要及时进行清洗。

茶叶罐

功用 用来储存茶叶的罐子。

材质 从质地上分，一般有磁罐、铁罐、锡罐、玻璃罐、纸罐、木罐等。

选购 ◎瓷罐宜选购名品茶叶罐，选不裂、不糙、密封性能好的。

◎铁罐是最普通的茶叶罐，要选择表面不粗糙，不划手，没有油漆等异味的；锡罐注意不要含铅，建议去正规厂家购买锡罐，因为这些大厂家的产品都经过国家层层检验，符合国际餐具卫生；木罐要选择不裂，没有异味的。

◎茶叶罐的罐体不宜太大。因为茶叶不宜久存，太大的罐体不符合实用性，而且还占地方。

茶盘

功用 茶盘是用来盛放茶具、盛接凉了茶水或废水的浅底器皿。

材质 以竹质、木质、金属为主，偶有瓷质、紫砂或石质茶盘。茶盘样式有大有小，形状可方、可圆、可呈扇形，可以是单层也可以是夹层的，还可以是抽屉式的。

选购 ◎材质的选择：虽然茶盘的材质多，但最常见、最实用的还是竹质及木质，不仅经济适用，还符合环保理念。但木有优劣之分，最常见适合做茶盘的木料有花梨木、黑檀木、鸡翅木、绿檀木等。

◎大小的选择：喝茶的人少或者空间小，一般使用小点的茶盘即可。资深茶友或者茶具很多，可买大点的茶盘。

◎类型的选择：茶盘的排水方式一般分为盛水型和接管型两种类型。不经常喝茶的朋友或一般茶友购买盛水型茶盘就够了，既满足了要求，又节省空间；接管型的茶盘，适合泡茶量大或经常喝茶的茶友。

使用 ◎用茶盘盛放茶具时，茶具最好摆放整齐。

◎端茶盘时，一定要将盘上的茶壶、茶杯、公道杯拿下，以免失手滑落打碎。

◎茶盘常被用来盛接凉了的茶汤或废水，用完后不要让废水长时间留在茶盘内，最好用干布将其擦拭干。

功用 公道杯是用来盛放泡好的茶汤，均匀茶汤，给品茗杯分茶的茶具。

材质 有瓷质、紫砂和玻璃质地等，最常使用的是瓷质或玻璃公道杯。有的无把柄，有的有把柄，有的带过滤网，大多数公道杯不带过滤网。

选购 ◎公道杯的容积大小要与壶或盖碗相配，通常公道杯稍大于壶和盖碗。

◎为了操作方便，宜购买带把柄的公道杯。

◎公道杯的材质很多，建议大家购买玻璃材质的公道杯。因为玻璃是透明的，便于主人和客人观察到杯中茶汤的多少和颜色。

使用 ◎泡茶时，为了保证正常的冲泡次数中所冲泡的茶汤滋味和颜色大体一致，避免茶叶长时间浸在水里，使茶汤太苦太浓，应将泡好的茶汤倒入公道杯内，以均匀茶汤，随时分饮。

◎用公道杯给品茗杯分茶时，每个品茗杯应该斟七分满，不可过满。

功用 赏茶荷也称茶荷，是在茶艺表演过程中用来让客人鉴赏干茶的茶具。

材质 瓷质、木质、竹质或石质，多数以瓷器制作而成。

选购 ◎赏茶荷最好买白瓷的，更能衬托茶叶的品相、色泽。

◎如果家庭饮茶没有赏茶荷时，可用质地较硬的厚纸板折成茶荷形状代替茶荷使用。

使用 ◎用赏茶荷盛放茶叶时，泡茶者的手不能碰到赏茶荷的缺口部位，以示茶叶洁净卫生。

◎手拿赏茶荷时，拇指和其余四指分别捏住茶荷两侧，放在虎口处，另一只手拖住茶荷底部。

养壶笔

功用 养壶笔是用来养紫砂壶及护理高档茶盘的专用之笔。此外，养壶笔也可以用来清洗和养护紫砂壶宠。

材质 养壶笔的笔头是用动物的毛制成，笔杆用牛角、木、竹等材质制成，最常见的为木质养壶笔。

选购 ◎养壶笔是养紫砂壶的专用之笔，用于刷洗和保养紫砂茶具。所以，养壶笔一定不要有异味，笔头的动物毛不要易脱落。

◎宜选购竹或木质地的养壶笔。

使用 ◎用养壶笔将茶汤均匀地刷在壶的外壁，使壶任何一个面都能接受到茶汤的亲密"洗礼"，让壶的外壁油润、光亮，壶养得均匀、美观。

◎用养壶笔来养护紫砂茶宠，也是现在很多茶人的风尚之一。

◎养壶笔多是竹或木质地，极易受潮，因此每次使用完之后，需要及时晾干。

茶巾

功用 茶巾是用来擦拭在泡茶过程中残留在茶具外壁的水渍、茶渍的用具。

材质 茶巾多为棉、麻质地。

选购 ◎购买时可以先让店员拿样品来试用，要选择吸水性好的棉、麻质地的茶巾。

◎茶巾有素色和花色之分，可根据个人喜好或茶桌来进行选择。

使用 ◎茶巾只能擦拭茶具外面，不能用来擦拭茶具内部。

◎茶巾的使用示范：一只手拿着茶具，另一只手的拇指在上，其余四指在下托起茶巾，用茶巾擦拭水渍、茶渍。

◎茶巾不宜暴晒，以免变硬。

普洱茶针

功用 用于撬取普洱饼茶、砖茶、沱茶等紧压茶的器具。

材质 有金属、牛角、骨等材质。

选购 普洱茶针最好选择不那么锋利的，可以避免弄碎紧压茶的条索。

使用 ◎普洱茶针的使用方法：先将普洱茶针横插进茶饼中，然后用力慢慢向上撬起，用拇指按住撬起的茶叶取茶即可。

◎小心使用：紧压茶一般较紧、硬，撬取茶叶时要小心，以免被茶针刺到手。

◎不同形状普洱茶的撬取顺序：撬茶砖时，普洱茶针从茶砖的侧面入针；撬茶饼时，普洱茶刀从饼茶背中心的凹陷处开始；撬沱茶时，沿沱茶条索撬起。

◎不宜用手掰紧压茶：即使是比较松散的紧压茶，也不建议大家用手掰，因为手掰下来都是一块一块的，既不容易泡开，又容易掰碎。

茶道组合

功用 茶道组合也称茶道六用，是茶筒归拢的茶则、茶匙、茶漏、茶针、茶夹等泡茶工具的合称。

◎茶则：用来量取茶叶，即从茶叶罐中取出茶叶。

◎茶匙：用来向茶壶或盖碗中拨导茶叶。

◎茶漏：向茶壶中投放茶叶时，将茶漏放在壶口，可扩大壶口面积，防止茶叶外漏。

◎茶针：用来疏通被茶渣堵塞的壶嘴。

◎茶夹：温杯过程中，用来夹取品茗杯和闻香杯。

◎茶筒：用来盛放茶则、茶导、茶漏、茶针和茶夹五种茶具的容器。

材质 有竹质、木质等。

选购 在选择茶道组合时可根据个人喜好进行选择。

杯垫

功用 杯垫又称杯托，是用来放置品茗杯、闻香杯的器具。

材质 有木质、塑胶、磁质、紫砂、陶质等。

选购 ◎与品茗杯（或品茗杯和闻香杯）配套使用，亦可随意搭配。所以选购时，自己感觉与品茗杯和闻香杯搭配相宜即可。

◎杯托（即小茶盘）一般与茶道组合一起成套制作，大家成套购买即可，不用单独购买闻香杯和品茗杯。

◎资深茶人可以单独购买一种有把柄的茶杯托，也有人称为奉茶夹。茶友小聚时，显得卫生、高雅。

使用 ◎杯垫用来放置闻香杯与品茗杯。

◎使用杯垫给客人奉茶，显得卫生、洁雅。

◎使用后的杯垫要及时清洗，如果是竹、木等质地，则应通风晾干。

茶宠

【功用】 也称为茶玩，用来装点和美化茶桌，是茶具发烧友必备的爱物。

【材质】 茶宠有瓷质、竹质、木质、石质等质地。

【选购】 ◎茶宠有猴头、小狗、弥勒佛等各种造型，主人可以根据自己的爱好来选择自己喜欢的茶宠。

◎茶宠的选择，要与茶桌、茶具、环境等相配。

◎茶人一般选择紫砂质地的茶宠，因为紫砂茶具越养越有灵性。

【使用】 ◎泡茶、品茶时，和茶桌上的茶宠一起分享甘醇的茶汤，别有一番情趣。

◎紫砂茶宠可以用清水、温水直接清洗，也可以用养壶笔进行辅助清洗。

万般茶具，情钟紫砂

壶为茶之父

"水为茶之母，壶为茶之父。"沏一壶好茶，不仅要求好水，还需讲究好器。假如把茶叶比作孩子，把水比作母亲的话，她们都被包容在被喻为父亲的紫砂壶的怀抱中。父爱是无声的，是深沉的，他默默地用自己宽广的胸襟拥抱着妻儿，茶在父亲的怀抱中散发着悠悠茶香，水在爱人的滋润下慢慢流淌。就如妻儿是父亲灵魂中最重要的部分，茶汤的味也早已浸透到紫砂壶的血液里、灵魂里、生命里。于是，紫砂壶越养越亮，越久越有灵性。

紫砂壶是爱茶人士的首选

翻开中华民族五千年的文明史卷，几乎每一页都可以嗅到茶香，而紫砂壶中的茶香，则深入到茶壶的骨髓中，叙说着自己独特的魅力。因紫砂壶的原产地在江苏宜兴，故又名宜兴紫砂壶。爱茶人都爱紫砂壶，有"人间珠宝何足取，宜兴紫砂最要得"的说法。那么，为什么茶人都爱紫砂壶呢？

1. 造型美观，风格多样

紫砂壶的种类繁多，标准各异，单造型就有"方非一式，圆不一相"之说。传统意义上将紫砂壶分为几何造型、自然造型和筋纹造型三类。

2. 透气性好

紫砂壶的透气性好，使用其泡茶不易变味，暑天越宿不馊。即使久置不用，也不会有宿杂气，只要用时先满贮沸水，立刻倾出，再浸入冷水中冲洗，元气即可恢复，泡茶仍得原味。紫砂是一种双重气孔结构的多孔性材质，气孔微细，密度高。用紫砂壶沏茶，不失原味，且香气不涣散，可得茶之真香、真味。

3. 紫砂壶能吸收茶汁

紫砂壶有吸附性，每次沏茶后，茶壶都会吸附茶汤和茶气，壶内壁就积聚很多"茶锈"。这些"茶锈"不用刷，不仅沏茶时没有异味，反而会增添茶的香气，茶香氤氲，令人神往。紫砂壶这种独有的品质，和其材质的透气性大有关联。

4. 紫砂壶冷热急变性能好

紫砂壶的砂质传热缓慢，无论提抚，还是握拿，均不烫手。同时，紫砂壶还具有很好的冷热急变性能。将紫砂壶置于小火上烹烧加温，不会因受火而裂，也不会因为温度突变而胀裂。

5. 紫砂壶越养越有灵性

很多用具都是越用越旧，过一段时间就不能使用了。但是紫砂壶却是使用越久，壶身色泽越发光亮照人，越发气韵温雅。

6. 紫砂壶具有收藏价值

紫砂壶既是泡茶的用具，也是一种工艺品。紫砂壶从选料、制坯、绘画，再到入窑烧制，每一道工序都精挑细选，精心培制，只有这样才可能烧出一把好壶，才能孕育出芬芳飘香的好茶。现在很多茶人朋友对于紫砂壶的喜爱不再局限于单纯的使用，更偏向于对紫砂壶的珍藏。紫砂壶和大家喜爱的书画一样，不仅有观赏价值，更有投资价值。

如何选购紫砂壶

好茶与好器，犹似红花绿叶，相映生辉。几乎每个人都知道茶壶属紫砂壶最好，但却不是每个人都知道如何选购一把上好的紫砂壶。其实，选购紫砂壶并没有高深的学问，只要学会下面几点，你就可以不被茶器老板忽悠，买到物有所值的紫砂壶。

紫砂的泥料主要分为紫泥、黄泥、灰泥、绿泥和红泥等，其中以紫泥为最上品，所以称为紫砂陶。虽然以绿泥、红泥为原料也不错，如果想购买调砂的紫砂壶，最好不要购买过分鲜艳的紫砂壶，因为里面加了化工元素，对人体有害。上品紫砂壶，手感就如摸豆沙，细而不腻，十分舒服。

紫泥　　　　　本山绿泥　　　　　朱泥

红泥　　　　　黑泥

好的紫砂壶，壶身端正，圆是正圆，方是正方，不歪不斜，非常端正。壶盖和壶体之间的松紧合适，口盖严谨，晃动略有松动。圆壶要能旋转滑顺无碍；方壶四个边都要试试，以接缝平直不变形为准；筋纹器更要达到面面俱到的"通转"地步。

判断壶盖与壶体的松紧度是否一致，可以用一张细纸试验。在壶口上放上一张细纸后，轻摇壶盖，如果壶盖没有晃动，则说明壶盖和壶身松紧合适。

试水。好的紫砂壶倾倒茶水，茶水是呈水束状向外喷射，如果水是顺着壶嘴倒流在壶体上，则为次。

还有一种方法就是茶壶盛满水，用手指或胶条堵住壶盖上的透气孔，壶嘴朝下倾倒茶水但倒不出来，说明壶盖的密封性很好，是好壶。

只要壶的质地好，并不一定是名家壶。第一次去茶器店买茶具的人，很容易被店主所忽悠，然后花巨额买了所谓的"名家紫砂壶"。但你想一想，那么好的名家壶，怎么就那么巧让你一个外行人买到了？真正的茶器店老板，一般不会把名家壶随意卖给一个不懂壶的人。

如何使用和保养紫砂壶

紫砂壶是有灵性的，就宛如一块璞玉，只有主人好好呵护雕刻，才会成为真正的宝玉。一把本来灵性十足的紫砂壶，若没有被细心养护，或者说被错误地使用，其价值也会随着时间的流逝而大打折扣。

紫砂壶要养，养壶就如养性，日子久了，才会见到效果。

1. 紫砂壶的使用

新购买回的紫砂壶在使用之前，需要进行一番处理，才能使用，而这个过程就叫开壶。开壶有两种方法。

第一种，在茶壶中放置半壶茶叶，用开水冲泡，盖上壶盖，放置一天。第二天倒掉茶汤，用壶内的湿茶叶用力擦拭壶体的内壁与外壁，以去掉新茶壶自带的泥土味。擦拭完后，和第一天一样，再投入茶叶，开水冲泡，浸泡一天……如此操作，一共做三次即可。

第二种，在茶壶内放置半壶茶叶，用开水冲泡，然后用皮筋把壶盖勒紧备用。用大火烧一锅开水，改为小火，然后将备好茶汤的茶壶放入锅内慢慢煮。两个小时后，取出茶壶，倒掉茶汤，用壶内的湿茶叶用力擦拭壶体的内壁与外壁，以去掉新茶壶自带的泥土味。

擦拭完后，重新投入茶叶，用开水冲泡，然后放置一天，第二天倒掉茶汤，用壶内的湿茶叶用力擦拭壶体的内壁与外壁就可以了。

新壶开壶后，每天用新壶沏茶，用废的茶汤浇淋茶壶。大约半年后，养壶会初见成效。用紫砂壶倾倒茶汤时，注意用食指轻按茶盖，以免壶盖滑落，摔伤破损。

2. 紫砂壶的保养

很多人说用一种茶叶养一把壶，而且名器要用名茶养。这种方法固然不错，但一把名壶只能泡一种茶叶，好像有点太"浪费"。其实用一类茶叶养一把壶，效果还是蛮不错的。

清洗紫砂壶用清水清洗即可，切忌用洗洁精等化学用剂清洗紫砂壶。不得用砂纸或者洗碗布擦拭壶体，只能用非常细软的专用茶巾来擦拭。

不要用手上或脸上的油去养壶，而应该用茶汤本身去养壶，这样养出来的壶才能光润透亮。

紫砂壶切忌沾上油污，若沾上需马上清洗，否则会留下油痕。

在冲泡的过程中，先用沸水浇壶身外壁，然后再往壶里冲水，也就是常说的润壶，这不仅有利于激发茶性，还有利于养壶。

不论新壶旧壶，用开水沏茶后，壶体表面温度都会较高，此时可用湿茶巾擦抹壶体。

每次使用完紫砂壶后，要及时用清水和养壶笔进行清洗。紫砂壶长期不用，应及时将茶渣倒出，以免发生霉变或产生异味。

好茶需用妙器配

茶台与环境的妙配

茶台的材质不同，所呈现出的风格迥异。老榆木茶桌厚重天然，硬木明式案几俊美飘逸，欧美风格的拼装家具简约现代。这些茶台与茶具组合起来各有韵味。

需要注意的是，茶台上摆放的茶具宜少不宜多，不需要的茶具可以收入柜中，随用随取，但一定要保证洁净整齐。

按泡茶习惯选配茶具

喝茶并不是越贵的茶具越好，要合适的茶具，方可品味其真正的滋味。因此，人们应该按照自己的泡茶习惯选配茶具。

如果习惯于杯泡，则只需备齐随手泡、泡饮用茶杯、水盂、茶叶罐、杯托等器具即可。

如果是壶泡分饮，则应备齐随手泡、茶叶、壶（或盖碗）、公道杯、品茗杯、茶盘及各种辅助茶具等。

其中，最基本的茶具是茶壶、茶杯，其他根据具体情况可繁可简。

茶具间协调

可以直接选择成套茶具，相同材质的茶具显得整齐，同时会有少许刻板，非居家饮茶更多选择套装茶具，如办公场所、茶艺馆或者作为礼品赠送。

喜欢喝茶的人大多喜欢经常到茶叶市场淘换茶具，成对购买品杯，碰到合意的紫砂壶更爱不释手。

建议喜欢玩赏特色茶具者选购一套六个品茗杯，招待长辈、贵宾或与朋友初次见面时，杯具至少整齐有序，以示恭敬。成套购买的品茗杯以实用、造型经典、素色、价格适中为原则，万一失手打碎还可以重新组配，不会太心疼。

家人自用或同龄挚友则以自选或固定特色品茗杯奉茶，喝茶间大家一起评茶论具，不亦乐乎！

茶具之间搭配无特殊规矩。高朋在座，每人选不同款型的品茗杯也未见不妥。因为茶具主人对茶具品种有不同的喜好，因此选购的茶具风格非常花哨，比如有人偏爱青瓷，多选仿汝窑茶具和龙泉窑茶具，有人喜欢青花茶具，则觉得青花类更素雅宜人，有人喜欢陶器，所以选购茶具的色、款不同，却见内在的统一和谐，用起来自然会感到协调舒服。

茶具色泽的选配

茶具色泽的选择主要是外观颜色的选择搭配。其原则是要与茶叶相配。饮具内壁以白色为好，能真实反映茶汤的色泽与明亮度，并应注意主茶具中壶、盅、杯的色彩搭配，再辅以船、托、盖，力求浑然一体，天衣无缝。最后以主茶具的色泽为基准，配以辅助用品。

茶具因人而异

茶具是品茶人在日常生活中不可或缺的用品，自然要根据品茶人自己不同的审美观点、品饮习惯、职业、年龄、性别、性格等来挑选出最合自己心意，使用起来最得心应手的茶具。

对于喜爱古典文化的饮者，古色古香的紫砂器具自然最受青睐。紫砂壶造型古朴，色泽典雅，看上去稳重而不张扬，泡出的茶叶茶香味浓，贵在味道，适合中老年人选用。仿古造型的瓷器也能为茶平添几分古典韵味。

年轻人以茶会友，要求茶叶香清味醇，重于精神品赏，宜用高身瓷壶、瓷杯，或直筒玻璃杯沏茶，看上去简练快捷，更富现代气息。男人习惯于用较大素净的壶或杯斟茶；女人爱用小巧精致的壶或杯冲茶。脑力劳动者崇尚雅致的壶或杯细品缓啜；体力劳动者常选用大杯或大碗。

第四章 泡茶

茶的烹煮方式的演变

煮茶法：源于西汉，盛于初唐

煮茶，即直接采集茶树的生叶或干茶，投于水中煮好饮用，是我国唐代以前最普通的饮茶法。此法源于人们将新鲜茶叶和黑芝麻、桃仁、瓜子仁等配料，加盐一并煮粥或将新鲜茶叶与椒、姜、桂、薄荷或陈皮等配料，一并煮汤。因此，最初的饮茶确实是将茶"青菜不当萝卜"，将茶叶煮煮，和煮菜汤差不多。

之后由于一批文人饮茶，使饮茶有了文化的色彩，饮茶渐渐走向时尚，走向高雅，使得茶和菜汤划清了界限。唐代时，茶叶制作工艺日渐发展，饼茶、散茶的品种越来越多，并成了馈赠他人的佳品。于是人们在煮茶时不再加香料，而是先将茶叶置于火上烤热，等到晾凉后再捣碎磨成粉末。与此同时煮水，等到水将要开的时候放入少许盐，用筷子搅拌并放入茶末，然后将一瓢热水倒入阻止其沸腾，这时粗渣沉淀，细末浮于上面，保持茶之香气。浮在水面的细末称为"华"，即茶之精华，就喝此精华与茶汤。另外，当时还出现了用蒸青法捣焙加工制成的紧压固形绿茶，使茶叶的香气及品质都得到了改善。

煮茶法在唐代之后就不再是主要的烹茶方法了，仅盛行于少数民族地区。直到今天，藏族、蒙古族、维吾尔族、回族等少数民族仍然在使用煮茶法。

煎茶法：盛行于中晚唐

到了中晚唐时期，煮茶法这种粗放式的煮饮法逐渐被淘汰，取而代之的是陆羽在《茶经》里极力提倡的煎茶法，他的煎茶法不但合乎茶性、茶理，而且具有一定的文化内涵，一经推出，立刻在文人雅士甚至王公朝士间得到了广泛响应，成为中晚唐时期主要的烹茶方法，也是我国茶艺

唐代以前，人们通常都采用煮茶法。

83

的最初形式。因此，煎茶法也叫"陆羽式煎茶法"。这种烹茶方法后来传至日本、韩国等地区，在茶艺发展史上，其影响重大而深远。

点茶法：流行于南宋

点茶法源自晚唐，经由五代至北宋，逐步流行起来，是中国古代茶艺的代表之一。

点茶法来源于煎茶法，但步骤却比煎茶法更为精细、严密。宋朝人点茶之前先要碾茶，具体方法是：首先，将用纸包好的饼茶捶碎；然后，将捶碎的茶放于茶碾之上碾成粉末；最后，将粉末用茶罗过筛。由于茶末放置久了会变色，会影响茶汤的品质，所以要随用随碾。

点茶法和唐代的煮茶法最大的不同之处就是不再将茶末放到锅里去煮，而是放在茶盏里，用瓷瓶烧开水注入，再加以击拂，具体操作方法是一边用手平稳地点入沸水，一边用"茶筅"（用老竹制成，状似小扫把的工具）慢慢地搅动茶膏。当茶汤表面浮起乳沫时再饮用。为保持茶叶的原味，点茶法是不加盐的。点茶法直到元代还一直盛行，只是不用饼茶，而直接用备好的干茶碾末。点茶法从宋代开始传入日本，流传至今。现在日本茶道中的抹茶道采用的就是点茶法。

泡茶法：流传至今

泡茶法自明清之后开始流行，并沿用至今，是中华茶艺最具代表性的形式之一，对日本的煎茶道、朝鲜茶礼及亚洲、非洲、欧美国家的茶文化都有深远的影响。

泡茶法简便易行，只需将茶叶放置在茶壶或茶盏中，用沸水冲泡即可。这和唐宋那种类似"贵族游戏"的茶道截然不同，这一切都源于明代开国皇帝朱元璋的一纸诏

泡茶法是中华茶艺最具代表性的形式之一，一直沿用至今。

书。朱元璋继位后下令停止生产龙凤团茶，点茶法随之衰落，但随着散装茶叶快速发展，中国的茶道由碾末而饮的唐煮宋点饮法发展到了以沸水冲泡叶茶的泡茶法，品饮艺术也发生了划时代的变化。

由于泡茶法的简便，茶叶从此便走进了寻常巷陌、百姓人家，成为我们今天日常生活中的重要内容。

泡茶择水有讲究

清水出茶心——水之鉴

国人自古就注重饮茶择水，清代张大复于《梅花草堂笔谈》说："茶性必发于水。八分之茶，遇水十分，茶亦十分矣；八分之水，试茶十分，茶只八分耳！"茶色、茶香、茶味都通过水来体现，所以有"清水出茶心"的说法。水有天水、地水、软水、硬水等区别，选择好水才能泡出好茶。

1. 天水

在茶道中，大自然的雨水、雪水、露水等被称为天水，自古以来就是泡茶的上乘之水。唐代大诗人白居易有"融雪煎香茗"的美句。但古时大气没受到污染，雨水、雪水要比现代洁净得多，因此现在用雨水、雪水煮水烹茶已经不太适宜了。

2. 地水

地水指的是山泉水、溪水、江河湖海水、地下水等。茶圣陆羽曾在《茶经》中指出："其水，用山水上，江水中，井水下。其山水，拣乳泉、石池浸流者上……其江水，取去人远者。"陆羽认为，山泉水是最适合泡茶的美水，"泉自石出清宜洌"，山泉水含有益于人体的矿物质，为水中上品。江河湖海水等均为地表水，因长年流动、所含矿物质不多、受污染较重而不适宜沏茶，只有远离人烟、污染物较少的江河湖海水经过澄清后才可作为泡茶好水。但现在水污染情况较为严重，大部分江河水及地下水都易受周围环境污染，用来沏茶恐有损茶味。

3. 软水

所谓软水，是指每 1000 毫升水中钙离子和镁离子的含量不到 10 毫克。科学分析证明，一般在无污染的情况下，自然界中只有雪水、雨水和露水（即天水）才称得上是天然软水。软水中含其他溶质少，茶叶有效成分的溶解度高，故茶味浓，汤色清明，香气高雅，滋味鲜爽。

4. 硬水

所谓硬水，是指每 1000 毫升水中钙离子和镁离子的含量超过了 10 毫克，江水、河水、湖水和井水等都属于硬水。硬水中含有较多的钙离子、镁离子和矿物质，茶叶有效成分的溶解度低，茶味会变淡或变苦涩，所以泡茶效果就会差些。

5. 酸性水与碱性水

只有弱酸性水才最适合泡茶。而且，没有哪种茶汤是碱性的，茶叶泡出的茶汤都是酸性的，如绿茶 pH 值约为 6，红茶、普洱茶 pH 值为 4.6 ~ 4.9。若用碱性水泡茶，水中的碱会使茶叶中的茶多酚分解，使茶色变深，若用酸性水泡茶，会破坏茶叶中茶红素，使茶变黑。中国人几千年来养成的良好饮茶习惯证明，饮用弱酸性水冲泡的茶有益于养生保健，益寿延年。

佳茗配美泉——水之美

泡茶时若要体现出茶的真味，唯有佳茗配美泉。现代茶道认为，具备"清、轻、甘、冽、活"五项指标的水，才称得上宜茶美水。

清：水清则无杂、无色、透明、无沉淀物，才能体现茶汤本色。

轻：各种金属矿物质都可导致茶汤滋味或浓或淡，甚至含有毒性。水的比重越大，溶解的矿物质越多，所以水以轻为美。

甘：水入口后，舌尖顿时感觉甜滋滋，吞咽下去，喉中也觉甜爽，用这样的水泡茶，品后会顿感甘甜。

冽：古人有"冽则茶味独全"的说法，寒冽之水多源于地层深处的泉脉之中，未被污染，泡出的茶汤滋味更纯正。

活：流水不腐，细菌不易繁殖，且其中的氧气和二氧化碳等气体含量较高，因而泡出的茶汤特别鲜爽可口。

水甘茶串香——水之试

煮试：古时常用，为现代所沿用。即将水在净器中煮熟后倒入白瓷器中，等澄清之后观察：好水煮沸速度快；沙土沉于水底者水质较差；少或没有沙土者水质较好。

日试：古时常用，为现代所沿用。即将水放在白瓷器中，放于日光下直射，透过日光观察水面，若尘埃氤氲且水气飘忽，则水质较差；若澄澈见底，则水质较好。

味试：即嗅尝水的气味。没有气味和异味是优良水质的必备特点，其他的异味都是从外界混合而来的。所以，试水时以淡而无味者为上品，味道甜者次之，味难闻且令人厌者为最差。

秤试：通过秤量水的重量来分辨水质的好坏，古时常用，现代很少使用。一种说法认为，用同一件器皿分别盛不同的水上秤称量，较轻者水质较好，较重者水质较差。传说乾隆皇帝曾以斗量来评定水质的好坏，结果发现，北京西山的玉泉山泉水比其他地方的泉水均轻，所以将玉泉定为"天下第一泉"。但明代田艺蘅在《煮泉小品》中则认为："源泉水必重，而泉水之佳者尤重"。所以，究竟是水轻质佳还是水重质更佳，尚难定论。

丝帛试：即通过白色的丝绵纸或绢帛来评定水质的优劣，古人试水时较多使用，现代已经废弃。其方法十分简单：取用纯白色的丝绵纸或绢帛一张，将水浸润其上，晾干之后观察，若丝绵纸或绢帛有污迹者水质较差。反之，则水清澈、无杂质，为上品。

精茗借水发——水之养

1. 古代养水方法

古代茶人十分重视泡茶用水，取自江、河、泉、井的水，在用来烹茶之前都要经过搅拌、沉淀、取舍、贮存，这个过程被称为"养水"。这是从实践中得来的自然之法，可以保持水质的天然，又不破坏水中的成分。

此外，古人不但对于贮存泡茶用水十分讲究，对容器的选择及贮存环境也很注意。一般来说，大量贮存水时要用大瓮，用水箸封口，但一般不用新瓮，因为新瓮还残留着火气，易使水味败坏，且易生虫。养水也不宜用木桶，因为木桶对水有吸收和污染的作用，也易破坏水味。

2. 现代养水方法

现代人的饮用水和泡茶用水以自来水最为常见，虽然自来水已经严格加工处理，可以安全饮用，但因氯的含量较高，气味较重，若直接用来泡茶，也会严重影响茶汤品质，所以用自来水来泡茶也需要"养水"。可以将自来水倒入清洁的容器中，放置一夜后再用来泡茶，或者将自来水煮沸后打开壶盖，继续煮 2 ~ 3 分钟，也可以有效地去除氯味并杀菌。

但要注意，水不能煮得太老，否则会降低活性，泡茶时会失去鲜爽的味道。

不可不知的泡茶三要素

泡茶水温和冲泡时间

　　水为茶之母，好茶不仅需要好的水品、水质，还需要合宜的水温。水温的高低影响茶叶水溶物质的溶出比例和香气的挥发程度。水温太低，茶中的有益成分不能充分溶出，茶叶的香味也不能充分散发出来；水温太高，会破坏茶叶中的有益菌，还会影响茶叶的鲜嫩口味。不同类型的茶对水温有着不同的要求。

茶的种类	泡茶水温	冲泡时间
绿茶	75～85℃	30秒～1分钟
红茶	95～100℃	30秒～1分钟
乌龙茶	85～95℃	30秒
白茶	75～80℃	30秒～1分钟
黄茶	75～85℃	30秒～1分钟
黑茶	100℃	1～2分钟

投茶量

　　投茶量就是指茶的用量，换句话说，就是茶叶与水的比例。投茶量的多少与饮茶习惯、冲泡方法、茶叶的性质有着密切的关系，富于变化。一般杯泡时，茶叶与水的比例为1：50，冲水以七八分满为宜，如果茶杯的容积为200毫升，只要投3克左右的茶叶即可。当用壶泡时，就要根据茶叶种类的不同进行投茶，如冲泡铁观音一般投茶量为壶容积的1/4～1/3；冲泡武夷岩茶时，投茶量一般为壶容积的1/2～2/3；冲泡普洱饼茶时，投茶量控制在1/5～1/4即可。

冲泡时间和次数

　　茶叶冲泡的时间和次数，与茶叶种类、泡茶水温、投茶量和饮茶习惯等都有关系。如果茶叶细嫩，一般不耐冲泡，而茶叶粗老，则比较耐冲泡。如杯泡细嫩绿茶，一般2～3分钟即可饮用，冲泡2～3次后就不能再饮用了；如果是壶泡原料比较粗老的黑茶、乌龙茶，一般冲泡3～5次后仍有茶香、茶味。茶叶冲泡时间一般随着冲泡次数逐渐延长，如用小型紫砂壶冲泡普洱茶时，第一泡1分钟即可，第二泡1分15秒，第三泡1分40秒，第四泡2分15秒，也就是从第二泡开始，就要逐渐增加冲泡时间，这样泡出来的茶汤浓度才均匀。

🫖 常用泡茶技艺

醒茶

　　醒茶就是使茶叶苏醒，焕发起茶的本质以便于冲泡饮用。由于各种茶的品质不同，因此醒茶的方法也不尽相同。冲泡黑茶、乌龙茶、红茶时，将其放入冲泡器皿中，用100℃的沸水来醒茶；而对于嫩度较好的绿茶、白茶、黄茶时将其放入高温烫过的冲泡器皿中，再用85℃左右的开水醒茶。

浸润茶

　　用杯泡茶时，先在杯中加入少量的热水，然后将茶叶投入浸泡，等到芽叶舒展，片刻后再冲水至七八分满。

　　上投法、中投法、下投法是指绿茶的三种投茶方式，主要是根据茶叶的老嫩程度来选择不同的冲泡方法。

　　上投法：先向杯中注入热水，约七分满，然后再投茶。适用于特别细嫩、紧致的茶，如碧螺春。外形松散的茶叶忌用上投法冲泡。

　　中投法：先向杯中注入 1/5 ～ 1/3 的热水，再投茶，15 秒左右后，再次向杯中注水七分满，名优细嫩绿茶，一般都用中投法进行冲泡。

　　下投法：先将茶叶投入杯中，再向杯中注入 1/5 ～ 1/3 的热水浸润茶，约 15 秒钟左右后，再向杯中注入开水至七分满处，稍候即可品茶。适合于茶条松展的茶。

淋壶

　　淋壶，正泡冲水后，再在壶的外壁回旋淋浇，以提高壶的温度，也称"内外攻击"，选用紫砂壶、陶壶等泡茶时，淋壶是必不可少的环节。

高冲水，低斟茶

　　高冲水，即将水壶提高，向盖碗内冲水，水流不间断，不外溢，使碗内的茶叶随水浪翻滚，起到用开水洗茶的作用。低斟茶，即出汤、分茶时，茶壶、公道杯等宜低不宜高，以略高过杯沿即可。

高冲水

泡茶、奉茶中的礼仪

泡茶中的礼仪

1. 泡茶中的肢体语汇

泡茶中的肢体语言，主要包括行走、站立、坐姿、跪姿、行礼等。传统的茶艺表演者行走方式为双手交叉于小腹前行走；站立要符合表演身份的最佳站立姿势，也应注意面部表情与观众亲切交流，将美好、真诚的目光传递给观众；坐姿，是指曲腿端坐的姿态；跪姿，是指双膝触地，臀部坐于自己小腿上的姿态；行礼主要表现为鞠躬，鞠躬要低头、弯腰，慢慢地深深一鞠，以表示深厚、真诚的敬意。

2. 泡茶中的动作规范

泡茶时，茶艺表演者或泡茶者的身体要坐正，腰干要挺直，保持美丽、优雅的姿势。两臂与肩膀不要因为持壶、倒茶、冲水而不自觉地抬得太高，甚至身体倾斜。

泡茶过程中，茶艺表演者或泡茶者尽量不要说话。因为口气会影响到茶气，影响茶性的挥发。

泡茶过程中，茶艺表演者或泡茶者的手不可以碰到茶叶、壶嘴等。

泡茶过程中，壶嘴不能朝向客人，只能面向茶艺表演者本人，以示对客人的尊重。

倒茶过程中，茶艺表演者的动作幅度不宜太大，比如手心朝上就会给人一种不雅的感觉，因此倒茶时不宜手心朝上。

奉茶中的礼仪

1. 奉茶的方法

一般的奉茶方法是用右手拇指和食指扶住杯身，放在茶巾上擦拭杯底后，再用左手拇指和中指捏住杯托两侧中部，将杯托放在茶巾上，然后放上品茗杯，双手递至客人面前，左边用左手端茶奉上，用右手势伸掌作请的姿势，表示"请用茶"，客人同样用右手势进行对答，表示"谢谢"。

若同时有两位或多位宾客时，奉上的茶水一定要色泽均匀，并且要用茶盘端出，左手捧茶盘底部，右手扶着茶盘的边缘。上茶时应用右手端茶从宾客的右边奉上。

2. 奉茶的顺序

奉茶应讲究先后顺序，一般顺序为：其一，先为客人上茶，后为主人上茶；其二，先为主宾上茶，后为次宾上茶；其三，先为女士上茶，后为男士上茶；其四，先为长辈上茶，后为晚辈上茶。

3. 续水的礼仪

为宾客奉上的第一杯茶，通常不宜过满，应当斟到杯深的2/3处即可。在主人以茶待客的过程中，要为客人勤斟茶，勤续水。一般情况下，等客人喝过几口茶之后，即应为之续上，千万不可让杯中的茶叶见底。寓意"茶水不尽，慢慢饮来，慢慢叙。"需要注意的是，在续水时一定要讲究主随客便，不能无限制地续水。

在为客人续水斟茶时，最好不要在客人面前操作，而且续水不能过满，也不要让自己的手指、茶壶弄脏茶杯。

4. 奉茶需要注意的几点原则

（1）距离。在奉茶时，茶盘既不要离客人太近，也不能离客人太远。若客人拿杯时，弯曲手臂的角度低于90°时，表示太近了；手臂伸直方可拿到杯子，表示过远了。

（2）高度。奉茶时，茶盘端得不宜过高，也不宜过低。过高客人拿取费劲，过低自己的身体弯曲得过于厉害。让客人以45°俯角见到茶汤为适当的高度。

（3）稳度。奉茶时，一定要端稳奉茶盘，这样会给客人一种安全感；另外，当客人把茶杯拿稳之后，方可移动茶盘，以免打翻杯子。

精彩的茶艺展示

玻璃杯茶艺展示

1. 备器：茶盘、随手泡、玻璃杯、赏茶荷、茶叶和茶道组合。

2. 赏茶：在这里，我们用西湖龙井给大家演示茶叶的玻璃杯泡饮法。

3. 温杯洁具：向玻璃杯中倒入少许热水，用热水烫洗本来就干净的玻璃杯，既起到洁净、消毒的作用，又提高了杯温，利于茶性更好地发挥。

4. 投水：西湖龙井茶属于细嫩炒青，在此采取中投法进行冲泡。首先向玻璃杯内投入 1/3 的水。

5. 置茶：用茶匙轻轻拨取适量西湖龙井茶，使其落入玻璃杯中。

6. 浸润茶：轻轻摇动杯身，以浸润茶，孕育茶香。

7. 正式冲水：采用高冲水的方式冲泡茶叶，加水至七分满即可。

8. 赏茶：静等1分钟，茶芽在热水的浸泡中慢慢舒展开来。

9. 闻香：将玻璃杯从左向右滑过鼻端下，嗅闻西湖龙井茶的茶香。

10 品茶：品茶时可先轻轻吹动浮在茶杯上的茶叶，然后优雅品饮。

93

1. 备器：茶盘、随手泡、赏茶荷、盖碗、公道杯、品茗杯、杯垫、过滤网和滤网架、茶道组合和茶叶。

2. 赏茶：在这里，我们用安溪铁观音来演示茶叶的盖碗泡饮法。

3. 温杯洁具：用热水温盖碗、公道杯和品茗杯，然后将温杯的废水倒入茶盘。

4. 置茶：用茶匙轻轻拨取茶叶，使其落入盖碗内。

5. 正式冲水：将开水倒入盛干茶的盖碗中，以唤醒茶叶。

6. 洗茶：乌龙茶的第一道水是不喝的。用碗盖轻轻刮去浮在碗面上的泡沫，然后将洗茶之水倒入茶盘。

7. 第二次注水。

8. 分茶：用公道杯给品茗杯分茶。

9. 闻香：用盖碗品茶时，要先闻盖香，再闻茶香。

10. 赏汤色。

11. 品茶。

1.备器：茶盘、随手泡、紫砂壶、赏茶荷、公道杯、品茗杯、过滤网和滤网架、茶道组合、茶巾和茶叶。

2.赏茶：在此，我们用陈年熟普洱茶给大家演示茶叶的紫砂壶泡饮法。

4.置茶：将茶漏放在茶壶口上，以扩大壶口面积，然后用茶匙轻轻拨取茶叶，落入紫砂壶内。

3.淋壶：用开水浇淋紫砂壶，以提高壶温。

5.正式冲水：向紫砂壶中冲入沸水。

7.**分茶**：将茶壶中的茶汤倒入公道杯，然后用公道杯给品茗杯分茶。

6.**洗茶**：冲泡普洱茶的第一道水要倒掉，称之为"洗茶"。

8.**赏汤色**。

9.**闻香**：闻普洱的陈香。

10.**品茶**：女士品茶可轻翘兰花指。

1.备器：茶盘、随手泡、公道杯、品茗杯、瓷壶、茶道组合、赏茶荷和茶叶。

2.赏茶：在这里，我们用玫瑰花、玫瑰茄和干菊花的混合花草茶来演示茶叶的瓷壶泡饮法。

3.淋壶：用热水浇壶体，以提高壶温，有利于茶性更好地被激发。

4.置茶：用茶匙轻轻拨取茶叶，使其落入瓷壶内。

5.正式冲水：提起壶对准瓷壶冲入开水。

6.分茶：用公道杯给品茗杯分茶。

7.观汤色。

8.闻香：闻一闻这沁人心脾的花草茶的茶香。

9.品茶。

鉴茶与品茶

 茶的外形评鉴

形状

茶叶外形千姿百态，常见的有卷曲形的、长条形的、圆形的、扁形的、针形的、雀舌形的等，但不论茶叶的形状如何，若从其外形上判断其品质的好坏，一般都是从茶叶的条索、老嫩、粗细、轻重、整齐度和干湿度等方面进行。

1. 条索

（1）松紧。条索纤细，空隙小，体积小，为条紧；条索粗大，空隙大，体积较大，为条松。

（2）弯直。将茶叶装入一个干净的盘内筛转，看茶叶平伏程度，不翘的为直，反之则弯。

（3）圆扁。茶叶的圆扁主要是指长度比宽度大若干倍的条形，其横切面近圆形的称为"圆"，否则为扁。

（4）壮瘦。芽头肥壮、叶肉肥厚的茶叶有效成分含量多，制成的茶叶条索紧结壮实、比较重。

2. 嫩度

嫩度是决定茶叶品质的基本条件，是外形鉴别的重要因素。嫩度主要看芽头嫩叶比例与叶质老嫩，有无锋苗和毫毛及条索的光糙度。

（1）芽头嫩叶比例。芽头通过精制后称为芽尖，其嫩度的好坏是指芽头嫩叶比例大，含量比较多。在鉴评时，要从整体的茶叶进行比较，而不能从单个茶叶去比较，这是因为芽头与嫩叶还有长短、大小、薄厚的区别。如果茶叶的所有茶芽及嫩叶比例相近，芽壮身骨重，叶质厚实的品质就好；如果老嫩不均，看起来外形不匀整，品质就比较差。

（2）锋苗和毫毛。锋苗指芽叶紧卷做成条的锐度。茶叶条索紧结、芽头匀整锋利并显露，说明嫩度好，制作精细；条索完整，但是没有锋锐，说明茶叶嫩度差，品质就次。芽上的茸毛称毫毛，毫毛多、长而粗的为好。不过芽的多少，毫的疏密，常因品种、茶季、茶类、加工方式等不同而不同，不能一概而论。

（3）光糙度。如果采摘的茶芽嫩，因其柔软且胶质多，易揉成条，而且条索光滑丰润。如果是老叶，质地较硬，条索不易揉紧，而且条索表面凸凹不平，有褶皱，干茶外形较粗糙。

3. 粗细

在一般情况下，茶叶细的比粗的好，小的比大的好。乌龙茶、绿茶、红茶要求颗粒细小、条索紧实；如龙井茶以叶片扁尖细小为上，武夷岩茶、安溪铁观音、贡熙、黑毛茶等，其形状稍可粗大。特级乌龙茶和白毛猴银针，注重茶芽，而白牡丹、寿眉等茶由老嫩与芽头多少来决定品质优劣。

4. 轻重

一般来说，重的茶精制率高，汤浓耐泡，易贮藏不变质；而茶叶粗老或加工粗放，味淡薄或水味重。条状茶要求重如铁线；球状茶要求重如钢球；圆珠形茶比颗粒的松紧、匀整、轻重、空实，以颗粒圆紧、重实、匀整为好，扁松、轻空为差。

色泽

干茶的色泽主要从色度和光泽度两方面去鉴别。各类茶叶均有其一定的色泽要求，如红茶以乌黑油润为好，黑褐、红褐次之，棕红最次；绿茶以翠绿、深绿光润为好，绿中带黄或黄绿不匀者较次，枯黄花杂者差；乌龙茶则以青绿光润呈宝色的较好，黄绿欠匀者次之，枯暗死红者最差；黑毛茶以油黑色为好，黄绿色或铁板色都为差。

整碎

整碎指茶叶外形的匀整程度。毛茶基本上要求保持茶叶的自然形态，完整的为好，断碎的为差。精茶的整碎主要评比各孔茶的拼配比例是否恰当，要求筛档匀称不脱档，面张茶平伏，下盘茶含量不超标，上、中、下三段茶互相衔接。

1. 整齐度

主要看"目的形状"占总体比例的大小。一般名茶、精茶、成品茶都很重视整齐度。

2. 干湿度

各类毛茶的含水量为6%～7%，品质较稳定，含水量超过8%的茶叶易陈化，超过12%易霉变。 测定茶叶的干湿度除了用仪器精测外，还可通过手测。在用手测茶叶的含水量时，可概括为六个字：抓、握、压、捏、捻、折，并结合看、听、嗅，因为不同含水量的茶叶，其外观表现和感觉是不同的。

净度

净度是指茶叶中含夹杂物程度。茶叶夹杂物有茶类夹杂物和非茶类夹杂物之分。

1. 茶类夹杂物

茶类夹杂物又称为副茶，指粗茶、轻片、茶梗、茶籽、茶朴、茶末、毛衣等；除去夹杂物的净茶称为正身茶，一般条紧、身骨重。

2. 非茶类夹杂物

非茶类夹杂物分为有意物和无意物两类。无意物指采摘、制作、存放、运输过程中无意混入茶叶中的杂物，如石子、杂草等。有意物指人为有目的性地故意添加的夹杂物，如茶叶固形用的粉浆物、胶质物、滑石粉等。

 **茶的内质评鉴**

观汤色

汤色是指茶叶在冲泡后茶汤所呈现的色泽。汤色的鉴评主要从色度、亮度和混浊度三方面进行。

1. 色度

色度主要是指茶汤的颜色。可从正常色、劣变色、陈变色三个方面进行辨别。

（1）正常色。正常采制条件下制成的茶，冲泡后所呈现出的汤色。如绿茶绿汤，绿中带黄；红茶红汤，红艳明亮；黑茶橙红或红浓等。

（2）劣变色。由于鲜叶采运、摊放或初制不当等造成变质，汤色不正。

（3）陈变色。如果杀青后不及时揉捻，揉捻后不及时干燥，会使新茶制成陈茶色。绿茶的新茶汤色绿而鲜明，陈茶则黄褐或灰暗。

2. 亮度

亮度指茶汤的明亮程度。通常情况下，茶汤亮度好的品质就好。茶汤比较暗的品质就差。

3. 浑浊度

浑浊度指茶汤清澈和浑浊程度。清澈指汤色纯净透明，无混杂清澈见底。浑浊是指茶汤不清，视线不易透过汤层。一般劣变茶或陈变茶的茶汤，浑浊不清。

嗅香气

茶叶的香气因茶树品种、产地、季节、采制方法等因素的不同，而使各类茶的香气各具风格，各有各的特色。而且即使是同一类茶，也会因为产地的不同而出现不同的香气。

1. 香气高低

（1）纯：香气纯正，没有其他异味。

（2）浓：香气高长，浓烈。

（3）鲜：香气清鲜，有醒神爽快之感。

（4）清：清爽新鲜之感。

（5）平：香气平淡，无杂异气味。

（6）粗：感觉糙鼻，有时感到辛涩，属老叶粗气。

2. 持久时间

是指香气时间的长短或持久程度。不论是嗅茶汤还是嗅干茶都能长时间地嗅到香气，则表明香气长，反之则短。茶叶的香气以高长、鲜爽馥郁为好，高而短次之，低而粗为差。

🍵 品滋味

滋味是饮茶后人的口感反应。纯正的滋味有浓淡、强弱、鲜、爽、醇、和。不纯正的滋味有苦、涩、粗、异。

1. 纯正

指品质正常的茶类应有的滋味。

（1）浓淡：浓指茶水内含物丰富，有黏厚的感觉；淡则内含物少，淡薄无味。

（2）强弱：强指饮茶汤后口中收敛性强，吐出茶汤短时间内味感增强；弱则入口刺激性弱，吐出茶汤口中味平淡。

（3）鲜与爽：鲜感觉爽快；爽指爽口。

（4）醇与和：醇表示茶味尚浓，回味也爽，茶汤刺激性小；和表示茶味平淡，内含物质少，基本没有刺激性。

2. 不纯正

指滋味不正或变质有异味。茶汤滋味与香气关系密切，一般香气好，滋味就好。

（1）苦：茶汤先微苦后回甘，为好茶；先微苦后不苦也不甜者次之；先微苦后也苦者又次之；先苦后更苦者最差。

（2）涩：茶汤入口后有麻嘴、紧舌之感。先有涩感后不涩属于茶汤味的特点，不属于味涩。如果吐出茶汤后仍有涩味，才属真正的涩味。

（3）粗：粗老茶汤味在舌面感觉粗糙，且味淡薄，稍带滞钝、涩口感。

（4）异：如酸、馊、霉、焦味等异味。

评叶底

叶底是茶叶在冲泡后剩下的茶渣。叶底可以直接反映出茶叶的老嫩、色泽、匀度及鲜叶加工合理与否等诸多问题。看叶底主要通过观察其嫩度、色泽和匀度。

1. 嫩度

叶底的嫩度主要以芽及嫩叶含量比例和叶质老嫩来衡量。芽以含量多、粗而长的为好，细而短的为差。但是不能一概而论，如碧螺春细嫩多芽，其芽细而短、茸毛多。

2. 色泽

主要看色度和亮度。在鉴评叶底时应先掌握该茶类应有的色泽和新茶的正常色泽。新茶色泽新鲜明亮，若有爆点或焦糊点明显的容易辨别；陈茶呈黄褐色或暗黑色、反光率差，若有爆点或焦糊点模糊、不易辨别。

3. 匀度

匀度主要看茶叶的老嫩、大小、厚薄、色泽和整碎等因素的一致性。若这些因素都比较接近、一致匀称的即匀度好，反之则差。

慧眼识茶分高下

真茶与假茶的鉴别

假茶多以类似茶叶外形的树叶等制成的，目前在市场上发现的假茶大多数是用金银花叶、蒿叶、嫩柳叶、榆叶、冬青树叶、毛榉树叶、山楂叶等做成类似茶叶的样子，再冒充真茶出售，其中有的全部是假茶，有的是在真茶中掺入部分假茶。

其实，无论是真茶与假茶，对于那些对茶有一定经验的人来说，只要稍加区别就不难辨认。但是对于那些把假茶和真茶混合在一起加工的就增加了辨认的难度。那么怎样才能鉴别真茶还是假茶呢？一般可以通过对茶叶的几个基本特征进行检查和比较。

1. 从茶叶的组织形态鉴别

这种鉴别方法较为简便快捷，具体做法是将可疑的茶叶按茶叶开汤审评方法冲泡两次，每次10分钟，等到叶片全部展开后，放入盘子内仔细观察是否有茶叶的植物学特征。

（1）真茶的叶边缘锯齿一般为 16 ～ 32 对，而且叶片的锯齿都是上部密而深，下部稀而浅，近叶柄处平滑无锯齿。同时，锯齿呈钩状，锯齿上有腺毛。而假茶的四周布满锯齿，或者无锯齿。

（2）茶叶的叶背、叶脉凸起，主脉明显，并向两侧发出 7 ~ 10 对侧脉。侧脉延伸至离叶缘 1/3 处向上弯曲呈弧形，与上方侧脉相连，构成封闭形的网脉系统，芽及嫩叶背面有显著的银白色茸毛。

2. 从茶叶的品质特质鉴别

（1）外形鉴别。真茶有明显的网状脉，支脉与支脉间彼此相互联系，呈鱼背状而不呈放射状。有 2/3 的地方向上弯曲，连上一支叶脉，形成波浪形，叶内隆起。叶边有明显的锯齿，接近于叶柄处逐渐平滑而无锯齿。假茶叶脉不明显，一般为羽状脉，叶脉呈放射状至叶片边缘，叶肉平滑。叶侧边缘有的有锯，银齿一般粗大锐利或细小平钝；也有的无锯齿，叶缘平滑。

（2）色泽鉴别。真红茶色泽呈乌黑或黑褐色而油润；假红茶色泽墨黑无光，无油润。真绿茶色泽碧绿或深绿而油润；假绿茶一般都呈墨绿或青色。

（3）香味鉴别。真茶含有茶素和芳香油，闻时有清鲜的茶香；刚沏的茶汤，茶叶显露，饮之爽口。假茶无茶香气，有一股青草味或有其他杂味。

新茶与陈茶的鉴别

"饮茶要新，喝酒要陈"。在一般情况下，新茶确实要比陈茶好，但是并不是所有的新茶都是好茶，而所有的陈茶是不好的茶。有些刚加工出的新茶不宜现饮，需要放一段时间钝化，饮后才不易上火；保鲜茶色香味品质都好，是可以饮用的；还有一些茶，如广西六堡茶、湖南黑茶、武夷岩茶等则是存放时间越久，香气越馥郁，滋味就越醇厚。所以只要陈茶贮藏条件良好，没有霉味就都可饮用。那么如何鉴别新茶和陈茶呢？可从以下几个方面进行。

1. 观色泽

新茶色泽新鲜，条索匀称而疏松。而陈茶在贮存过程中由于空气的氧化，会使构成茶叶的一些色素物质缓慢分解，从而会对茶的色泽产生影响，一般陈茶色泽灰暗，如绿茶经分解后色泽会由青翠绿色渐变成枯灰黄绿色；而红茶经过氧化也会由原来的乌润变成灰褐色。

2. 品滋味

冲泡后，新茶清香扑鼻，茶叶舒展，汤色清澈，有强劲的浓郁口感，而陈茶由于茶叶中酯类物质经氧化后产生一种易挥发的醛类物质，或不溶于水的缩合物，结果使可溶于水的有效成分减少，从而使茶叶滋味由醇厚变得淡薄，甚至还会伴有轻微的青草味、苦涩味、酸味等异味。

3. 嗅香气

新茶香气浓郁，芳香，而陈茶由于构成香气的醇类、醛类、脂类物质发生氧化、缩合或挥发，使茶叶的香气由清香变得低浊，若保存不当还可能带有霉味或其他异味。

六星福鼎白牡丹新茶　　　　陈年白牡丹茶

4. 揉干茶

新茶含水量一般在2%～3%之间，手感干燥，若用大拇指和食指轻轻一捏，便会成粉末，茶梗容易折断；而陈茶由于储放时间较长，含水量较高，茶质湿软，手感松软、潮湿，一般不易捏破、捻碎，茶梗色枯暗，若折断，断面呈枯黑色。

次品茶与劣变茶的鉴别

1. 梗叶

若绿茶中红梗、红叶程度严重，干茶色泽花杂，湿看红梗红叶多，汤色泛红的，为次品茶。这是因为在复炒时火温过高或翻拌不匀。茶条上有白色或黄色爆点，称为泡花茶，可根据爆点的多少与颜色的深浅，结合香味判断是次品茶还是劣变茶。

对于红茶，花青程度较重，干看外形色泽带暗青色，湿看叶底花青叶较多，为次品茶。

2. 气味

红茶或是绿茶，有烟气、高火气、焦糊气，经过短期存放后，能基本消失的，为次品茶。干嗅或开汤嗅，都有烟气、焦气，久久不能消失的，为劣变茶。凡热嗅略有酸馊气，冷嗅则没有，或闻至有馊气，而尝之没有馊味，经过复火后馊气能消除的，为次品茶。若热嗅、冷嗅以及品尝均有酸馊味，虽经补火也无法消除的，则是劣变茶。

太阳晒干后条索松扁，色泽枯滞，叶底黄暗，滋味淡薄，并带有日晒气的茶叫做日晒茶，为次品茶。如果有严重的日晒气，就成为劣变茶。

3. 霉变

霉变初期，干嗅没有茶香，呵气嗅有霉气，经加工补火后可以消除的，为次品茶。霉变程度严重，干嗅即有霉气，开汤更加明显，绿茶汤色泛红浑浊，红茶汤色发暗的，为劣变茶。

春茶、夏茶与秋茶的鉴别

"春茶苦，夏茶涩，要好喝，秋白露（指秋茶）"，这是人们对季节茶自然品质的概括。下面是春茶、夏茶和秋茶的品质特征，可供参考。

1. 看干茶

主要从茶叶的外形、色泽、香气上鉴别。不论是红茶，还是绿茶，只要条索紧结，红茶色泽乌润，绿茶色泽绿润，茶叶肥壮重实，或有较多毫毛，且又香气馥郁者，则为春茶。

条索松散，珠茶颗粒松泡；红茶色泽红润，绿茶色泽灰暗或乌黑；茶叶轻飘宽大，嫩梗瘦长；香气略带粗老者，则是夏茶。

凡是茶叶大小不一，叶张轻薄瘦小，绿茶色泽黄绿，红茶色泽暗红；且茶叶香气平和者，则是秋茶。

2. 观湿茶

就是进行开汤审评，通过闻香、尝味、看叶底来鉴别。

在冲泡时茶叶下沉较快，香气浓烈持久，滋味醇厚；绿茶汤色绿中透黄，红茶汤色红艳显金圈；叶底柔软厚实，正常芽叶多，叶张脉络细密，叶缘锯齿不明显者，为春茶。

冲泡时茶叶下沉较慢，香气欠高；绿茶滋味苦涩，汤色青绿，叶底中夹有铜绿色芽叶；红茶滋味欠厚带涩，汤色红暗，叶底较红亮，叶底均显得薄而较硬，叶缘锯齿明显，此为夏茶。

凡是香气不高，滋味淡薄，叶底夹有铜绿色芽叶，叶张大小不一，对夹叶多，叶缘锯齿明显的，则是秋茶。

品茶是一种意境

　　品茶不仅是对色、香、味、形的鉴赏，同时也是一种心灵的感受，是一种对充满诗情画意的精神境界的追求，是一种超然幽雅的生活态度，是一种精神上的寄托。

　　品茶，啜的是一种心境，品的是一份情调。几片绿叶，一碗清汤，却能观其沉浮，感悟人生。所以说，品茶是一种意境。

　　品茶可分为三种境界："一饮涤昏寐，情来朗爽满天地"，此乃第一境界。寓意饮茶可以使人清醒，远离昏沉，达到澄明之境。"再饮清我神，忽如飞雨洒轻尘"，此乃第二境界。这是一种精神上的享受，可除去世俗的污尘，使人的心灵得到净化，显得空灵澄明。"三饮便得道，何须苦心破烦恼"，此乃第三境界。这可以说是品茶的最高境界，不仅超脱尘世，同时也得到了最大的审美愉悦，是一种极高的人生享受，在千百年来的文人墨客中，也许只有陶渊明才能达到如此境界。

　　茶乃大自然的精灵，质朴无华，自然天成。品茶更是一种高雅的艺术享受。

　　品茶不仅要有好的意境，同时还需要有一个绝佳的环境。品茶的大环境讲究山林野趣，回归自然，展现自我。唐代诗僧灵一禅师在《与亢居士青山潭饮茶》中云："野泉烟火白云间，坐饮香茶爱此山。"描述的就是品茶人对自然环境的一种追求和向往。明代茶人张源《茶录》中写道："饮茶以客少为贵。故曰独品得神，对啜得趣。"因此饮茶品茗，人不宜太多，只有这样才可修身养性，品茗如品味人生的境界。

品茶要找一个好时机

品茗需要与之相适宜的心境。所以说，有心细啜则为品，无意豪饮则为喝。品茶是为快慰心境，涵养性情。喝茶是为解一时之渴，除一时之乏。因而，品茶需要找一个绝佳的好时机，这样才能品出茶的真正韵味。

品茗有五忌之说：地点不对，环境嘈杂不品；地点不雅，五味杂陈不品；时机不当，有他人捣乱不品；遇见外行，不礼貌人不品；事情不顺，与人有争执时不品。可见，品茶不仅是一种消遣，还是一种生活，一种享受。

品茶需清净

这里所指的清净不仅是指品茶的环境要清净幽雅，更是指品茶人内心的清净。在品茶中保持环境的清净是必要的。在茶道中的"外露地"，就是指清美如画的外部环境。茶道中的"内露地"，就是指茶室内部环境。只有外部环境与内部环境的结合才能心静神清，才能做到"天地之鉴，万物之镜"，才能在品茶的过程中领悟人生，陶冶人格，净化心灵。道家的"虚静观复法"在中国的茶道中演化为"茶宜静品"的理论实践，赵佶在《大观茶论》中写道："茶之为物……冲淡闲洁，韵高致静。"品茶就是需要清净心，禅茶首先要"静"然后再进入"净"。这正是通过品茶来创造一种宁静的氛围和一个空灵虚静的心境，将品茶人的灵魂与大自然融为一体。

品茶要禅定

茶文化在我国的历史源远流长。茶，不但蕴含着禅、道、儒的思想真谛，还凝聚着中华民族的智慧与人生哲理。茶道与禅道意境相融，随缘而生。

佛教讲究"禅定"，禅是静虑之意，定是指心专注一境而不散乱。坐禅要半跏趺而坐，头背正直，不动不摇，不委不倚，且"过午不食"。茶叶性淡，具有醒脑提神的作用，特别有利于佛教修练禅定。所以佛家把茶叶称为"神物"，历来倡导饮茶，以期止息杂虑，安静沉思，静心自悟。所以，只有用心品茶的人，才能品出茶的真谛和情趣。

品茶需好伴

孔子曰："有朋自远方来，不亦乐乎？"可见，不管干什么只要有了佳客，心情就自然而然愉悦起来，品茶也是如此。品茶是志同道合、爱茶同好、知心朋友清淡论事、加深友谊和共享美好时光的最佳方法。所以品茶讲究"清静和乐"，品茶人数宜少不宜多。"一人独饮曰幽，二人曰胜，三、四人曰趣，五、六人曰汛，七、八人曰施。"意思就是五、六人就已经太多了。

品茶要品"色、香、味、韵"

色

　　色是指干茶的色泽与茶汤的颜色。这种色泽因茶而异，即使是同一种茶类，也会有不同的色泽。一般情况下，绿茶的色泽基本要求是翠绿，但也有黄绿或灰绿色。而对茶汤的色泽要求是黄绿而明亮；红茶干茶的色泽常呈黑褐色，而茶汤则红艳明亮；乌龙茶的干茶通常为青褐色，茶汤黄亮浓艳。

香

　　香指香气，茶的品质和韵味多半是来自茶的香气，而各种茶叶的香气取决于所含的各种香气化合物，这些不同香气化合物的不同比例及组合构成了各种茶叶的特殊香味。一杯优雅清香的绿茶，一杯浓郁醇香的红茶，一杯花香飘逸的乌龙茶，闻之令人心清气爽，品之让人回味无穷。

　　品茶之前先闻香，优质的茶叶品种，香气清雅幽香，纯正鲜美，或各种花香、果香、蜜香扑鼻而来，给人一种嗅觉上的满足和享受。

味

　　味指茶叶的滋味。在各种茶叶中都含有甜、酸、苦、鲜、涩各种滋味物质。茶叶中鲜味的主要成分是氨基酸类物质，所呈现出的苦味物质是咖啡碱，涩味物质是多酚类，甜味物质是可溶性糖，酸味物质主要是多种有机酸。啜一口茶汤，细品其味，顿觉绿茶的鲜爽，红茶的甘浓，乌龙茶的醇厚。

韵

　　好茶一入口，便会开始一段茶与味蕾的缠绵，而韵就存在于甘苦一线间，若能由苦转甘者为佳品；反之，则为劣品。品茶不仅是要观其色，闻其味，品其香，更重要的是要品出茶中的韵味，如品铁观音品的是音韵，品大红袍品的是岩韵，品冻顶乌龙品的是喉韵，这才是品茶的最高追求和美的艺术享受。"韵"来自茶的真味，需要品茶人动用口中各部的触觉去慢慢感受，才能深刻地领会到茶"韵"之美。

品茶中的礼仪

品玻璃杯茶的礼仪

　　品绿茶或果茶需用高筒的直式通明玻璃杯。先把花果或茶叶放入玻璃杯内，用80℃热开水冲泡，水面距杯口1.5厘米左右，使用勺或搅棒轻轻搅动。搅动时，杯子放在桌上，用一手轻触杯身，一手大拇指和中指（或食指）轻捏勺柄，缓缓地按顺时针方向搅动，轻搅几圈后，茶水变色，色泽透明晶莹，带有浅浅的花果颜色，清香溢出。

　　另外，在别人给我们斟茶的时候，右手食指、中指前部弯曲，在桌面上轻扣两下，以示谢意。

品盖碗茶的礼仪

　　品盖碗茶时的标准姿势是一手持杯，一手持盖，把碗端至胸前，头缓缓低下，手缓缓上抬。持盖的手是用大拇指与中指持盖顶，再将碗盖略斜，使靠近自己一侧的盖边向下轻轻划过茶水水面，借碗盖边在水面的划动，把碗里漂在上面的药材、茶叶拨到一边。如果茶水很烫，品茶者可以用嘴轻轻地吹，帮助冷却。但用嘴吹时，嘴型要小而扁，不可发出声音。用盖碗品饮佳茗时，宜先闻盖香，然后再闻杯香、赏汤色、品佳饮，一边品，一边嗅，才能更好地领略到盖碗泡饮法无比美妙的茶韵。

品瓷碗茶的礼仪

　　品红茶需用瓷杯，茶叶放入杯中以后，只能注水七分满，否则不仅不符合红茶的礼仪，如果茶水不小心溢了，还容易烫伤自己或客人。端茶时，男士拿品茗杯手要收拢，表示大权在握；女士则可以轻翘兰花指，漂亮而优雅。自己喝茶与别人喝茶时，端茶、接茶都应如此。

第六章 茶与健康

喝茶就是喝健康

茶为健康饮料

　　如果在若干年前喝咖啡才能显示出你的时尚，那么现在喝茶已经成为一种有内涵的表现。如今茶叶之所以受人欢迎，除了它是一种自然健康的饮料外，还因为它对人体能起到一定的保健和辅疗作用。古人认为茶是养生之仙药，延年之妙术。正如宋代诗人苏轼所云："何须魏帝一丸药，且尽卢仝七碗茶。"卢仝是酷爱喝茶的唐代文人，而苏轼认为经常饮茶能胜过服药。所以，民间提倡多饮茶，少喝酒，不吸烟。鲁迅先生认为有好茶饮，饮好茶，实是一种清福。

　　近代科学已鉴定出茶叶中所含的化学成分达500多种，其中有机化合物在450种以上，无机矿物质素不少于20种。经过现代生物化学和医学的研究，充分证明茶叶既有营养价值，又有药理作用，它与人们的健康关系十分密切，所有的有机饮料、无机饮料或人工合成的功能性饮料都是无法替代茶饮料在饮料界的健康地位。

　　虽然茶叶和咖啡都具有提神的功效，但茶叶相比较咖啡而言，上瘾的概率很小，这是因为茶叶中的咖啡因含量比咖啡中所含的量要低，使中枢神经兴奋的作用更小。经测定，一杯茶中的咖啡因含量在30～75毫克，而一杯咖啡中含咖啡因80～100毫克。此外，由于茶叶中的咖啡因析出比较缓慢，一般要经过4～5次冲泡才能较多的析出，所以，在日常生活中不必担心饮茶会上瘾。

　　不过，需要注意的是，不要长期喝浓茶，这是因为茶叶中的咖啡因成分有一定的耐受性，如果超过了这个限度，就会出现因咖啡因刺激中枢神经系统和心肌而引起心动过速、心律不齐及血压升高等症状，对身体健康不利。

　　根据茶的性质以及季节变化，可选择不同的茶，如春季喝香气浓郁的花茶，其芳香物质可帮助散发冬天积在体内的寒邪，促进人体阳气生发；夏季喝清凉爽口的绿茶，有消暑降温作用；秋季喝乌龙茶，不寒不热，既能清除余热，又能恢复津液；冬季饮用味甘性温的红茶，可养人体的阳气。

茶的主要成分及保健功效

主要成分	保健功效
茶多酚及其氧化产物	抗氧化、清除自由基；调节血脂代谢，抗动脉粥样硬化，抑制血小板聚集；防癌抗癌及抗突变；抗菌、抗病毒及杀菌；消炎、解毒及抗过敏；抗辐射
茶皂苷	抗炎症与抗氧化作用；抑制酒精吸收和保护肠胃作用；抑制和杀灭流感病毒作用；止咳、化痰作用
咖啡因	提神醒脑、兴奋中枢神经；利尿、助消化；强心解痉、松弛平滑肌
脂多糖	抑制血糖上升，抗凝血和抗血栓作用；升高血液中的白血球，防止白血球减少症
维生素 C	抗氧化，延缓衰老的作用；增强抵抗力，防止坏血病、辅助抗癌
维生素 E	抗氧化、护肤美容、防癌抗癌作用
B 族维生素	具有维持神经系统、消化系统、心血管系统的功能
胡萝卜素	抗氧化、防癌、增强免疫力
氨基酸	防止早衰、促进生长和智力发育，增强造血功能作用；具有降低血氨，辅助治疗肝昏迷的功效；蛋氨酸能够调整脂肪代谢
矿物质	包括钾、钠、铝、镁、锌、铁、磷、硫、氟等多种微量元素。其中的氟具有预防龋齿的作用，锌可以防止免疫力低下、预防皮肤炎；硒和猛有抗氧化、防癌的作用

喝茶对人体健康好处多多

1. 提神健脑，利尿解乏

当你伏案疾书、头昏目眩、四肢疲倦之时，泡饮一杯浓茶，会顿觉神清气爽，倦怠渐消；当你长途奔波、汗流浃背、疲乏不堪之际，喝上一壶香茗，会感到暑气全消，身心俱爽。这就是饮茶能提神益思、消除疲劳的功效。茶叶中的咖啡碱具有刺激人体中枢神经系统的作用，可令处于迟钝状态下的大脑皮层转为兴奋状态，起到清醒头脑、提神益智的作用。此外，人体脑细胞和肌肉在代谢过程中会产生很多乳酸，可令脑细胞的活动和思维降低，而茶叶中的咖啡碱可刺激肾脏，使尿液迅速排出体外，减少有害物质在肾脏中的停留时间，同时还可以将乳酸快速排出体外，帮助人体尽快消除疲劳。

2. 降脂减肥，助消化

早在唐代的《本草拾遗》中对茶的功效就有"久食令人瘦，去人脂"的记载。这是因为茶叶中的类黄酮、芳香物质、生物碱等有效成分能够降低胆固醇的含量和血脂浓度，对脂肪具有很强的分解作用，从而起到降脂减肥的功效。同时，茶叶中的咖啡碱能增加胃液的分泌量，可以促进消化，所以在中国边疆少数民族地区有"不可一日无茶"之说。

3. 抗癌，抗辐射

茶叶中的茶多酚物质具有阻断致癌物质亚硝基化合物在体内合成、直接杀伤癌细胞和提高肌体免疫能力的功效。根据相关资料显示，茶叶中的儿茶素类化合物对胃癌、肠癌等多种癌症有预防和辅助治疗的作用；而茶叶中的维生素也能阻断致癌物质亚硝胺的合成。

在人的生命活动中，人体在新陈代谢的过程中会不断地产生对人体有害的自由基，受外界辐射的影响，自由基代谢会失去平衡，过量自由基的产生、积累，会削弱和破坏细胞的正常功能，影响体内正常代谢，从而引起各种疾病。而茶叶中的茶多酚及氧化物质，可吸收放射性物质，减少其对人体的毒害。与此同时，茶多酚还能阻挡紫外线和清除紫外线诱导的自由基，从而保护黑色素细胞的正常功能，抑制黑色素的形成，起到保护机体的作用。因此，茶多酚被称为天然的紫外线过滤器。

4. 护齿，明目

茶叶中含氟量较高，每100克干茶中含氟量为10～15毫克，且80%为水溶性成分。若每天饮茶叶10克，则可吸收水溶性氟1～1.5毫克，而且茶叶是碱性饮料，可抑制人体钙质的流失，这对预防龋齿、护齿、坚齿，都是有益的。

若能够经常饮茶或用茶水漱口，对预防龋齿是非常有益的。此外，茶叶中含大量的类胡萝卜素，具有明目效果，可预防白内障的发生；茶叶中的维生素B_1是维持视神经的重要物质，可预防因患视神经炎而引起的视力模糊和眼睛干涩；维生素B_2对防治角膜炎有效；维生素C是人眼晶体的重要营养物质，能降低眼睛晶体混浊度，所以经常饮茶，对减少眼疾、护眼明目均有积极的作用。

5. 延年益寿，延缓衰老

现代医学研究表明，人体衰老与体内不饱和脂肪酸的过度氧化有着直接的关系，而利用有效的抗氧化剂则可以延缓人体衰老的进程，提高生命的活力。茶叶中的多酚类化合物、咖啡碱及维生素C、维生素E有阻断脂质过氧化反应，清除活性酶的作用，从而起到了延缓机体衰老的作用。

茶叶中含有很多对人体有益的成分，饮茶有益于人体健康。

6. 抑菌抗病毒

茶多酚有较强的收敛作用，对病原菌、病毒有明显的抑制和杀灭作用，有助于抑制和抵抗病毒菌，对消炎止泻有明显效果。我国和美国、日本医学界已经有了茶叶提取液能阻止流感病毒侵袭的报道，而且我国已有不少医疗单位应用茶叶制剂治疗急性和慢性痢疾、阿米巴痢疾、流感，治愈率达90%左右。

7. 生津止渴

在高温环境下工作的人，由于肌体热负荷增加，新陈代谢加快，能量消耗增多，易产生疲劳，而肌体散热主要依赖出汗功能，如果大量出汗或代谢受阻，易致水电平衡紊乱。而饮茶首先能补充肌体失去的水分，调节新陈代谢，维护心脏、胃肠、肝肾等脏器的体液平衡。茶叶中富含多种维生素、矿物质、微量元素、氨基酸等活性物质，可以补充出汗丢失的营养成分，维持高代谢状态的生理功能。

8. 增加营养，强健体魄

茶叶中含有成千上百种人体所必须的营养物质，如蛋白质、茶多酚、生物碱、氨基酸、碳水化合物、矿物质、维生素、色素、脂肪和芳香物质等。这些成分不仅形成了茶叶的色、香、味，同时为人体提供了丰富的营养物质，具有很高的保健作用。尤其是茶叶中所含的多种维生素和矿物质，都是人体不可缺少的营养物质。

维生素C既是人体不能自身合成的物质，又是生成结缔组织的必要成分，它能维持牙齿、骨骼、血管、肌肉的正常生理机能，促进外伤愈合。人体若缺少维生素C，就会患坏血病，或者齿龈流血，毛细血管脆弱，皮下出血等；维生素P与维生素C有重要的协同作用，可减少脑溢血发生的概率；维生素B_1能帮助血细胞生长；维生素B$_2$对防治角膜炎、肺炎等都有一定的作用。因此，经常饮茶不但能补充营养，而且能强健体魄。

9. 预防心脑血管疾病

临床试验表明，茶叶能降低血液黏稠度和血液高凝状态，防止血栓形成，还能增加血管壁的韧性，对心血管疾病有一定的防治作用。这是因为茶叶中的茶多酚，尤其是茶多酚中的儿茶素及其氧化产物茶黄素等，有助于使这种斑状增生受到抑制，使形成血凝黏度增强的纤维蛋白原降低，凝血变清，从而抑制动脉粥样硬化。

找到专属你的那款茶

1. 根据茶类来选茶

不同茶类，由于其有效化学成分及制法的不同而茶效及作用也有很大的不同。我国的茶类品种很多，如果自身各方面条件允许完全可以按照季节的不同选择不同的茶类。一般认为，春季饮花茶，夏季饮绿茶或白茶，秋季饮乌龙茶，冬季饮红茶、黄茶、黑茶。当然还要根据个人的嗜好选择不同的茶叶，就茶叶的品质而言，绿茶、黄茶、乌龙茶、黑茶、白茶、红茶、花茶等茶的色香味各具特色，如有人喜欢绿茶的清爽，有人喜欢红茶的浓郁，而有人则喜欢黑茶的醇厚。

饮茶对人体产生热量的多少与茶叶的加工方式有着很密切的关系，乌龙茶或红茶在制造过程中，以受热或火热为主导，引起内质变化，生产热性的物质，即红茶作热，乌龙茶作暖；绿茶虽然也经过炒热或烘热，但主要的内含物变化不大，白茶是晾

根据身心需求来选茶。

118

干而不吸热的制成品，茶汤中的火热较少，所以绿茶是寒性的，白茶是冷性的。花茶的原料是绿茶，但在窨花过程中受到物理和化学的湿热作用，属暖性饮料。

此外，还可以根据自己的身体状况进行选择。如肠胃不好的人可选择饮用红茶、乌龙茶、普洱茶；肥胖者及想减肥的人可以饮用乌龙茶、普洱茶、花茶；而绿茶营养物质较丰富，适合大多数人饮用。

因此，在饮茶时可以根据季节的变化，茶叶的品质及性质以及个人的生理需求和生活习惯进行选择，合理饮茶。

2. 根据肤质来选茶

人类最健康的饮料是茶，女人最经典的饮品是花，所以古人有"上品饮茶，极品饮花"之说。而现代亦有"男人品茶，女人饮花"之词。花草茶如此受女性朋友的热捧，不仅是因为其自然的清香，更是因为其神奇的美容功效。许多花草茶可以有效地抑制和淡化脸上的斑点，延缓皮肤衰老，起到养颜护肤的作用，可以说花草茶是专门为女性设计的一款茶，它们色彩缤纷，香馨沁人，让女性的美丽在杯中绽放。在这里我们根据不同的肤质，为女性朋友们推荐不同的花草茶，让你的肌肤在茶饮中展现出鲜花一样的美丽娇嫩。

（1）干性皮肤。干性皮肤缺少水分，如过于干燥而得不到有效地滋润，皮肤容易衰老，所以属于干性皮肤的女性一定要注意皮肤的保湿，日常可选用一些保湿滋润效果好的化妆品。同时还要注意多喝水，补充体内水分。这里为大家推荐的花草茶有以下几种。

桂花茶：桂花茶具有排毒养颜、美白肌肤、调节内分泌的作用。在秋冬季节空气湿度低，比较干燥，皮肤也会跟着缺乏水分，此时饮用桂花茶可起到缓解皮肤干燥的问题。桂花茶可以单独饮用，也可以与牛奶一起冲泡饮用，茶汤清香宜人，芬芳可口。

紫合花茶：紫合花茶富含抗氧化成分维生素 C 和维生素 E，能有效帮助清除体内自由基，有助于使干燥的肌肤变得细腻有光泽，同时能起到延缓肌肤衰老的作用。

（2）油性肤质。油性肤质的人皮肤油脂分泌较多，一般不会出现干燥的情况，即使是刚洗完脸，没过多长时间就会"油光满面"，经常会被痘痘、粉刺困扰。但是油性肤质比其他肤质衰老速度要慢。在日常生活中要注意控油和补水。在这里我们向油性肤质的女性推荐几款花草茶。

柠檬草茶：柠檬草茶具有调节油脂分泌的作用，可以减少油脂的分泌量。此外，还可以用柠檬汁加水洗脸，起清洁皮肤的作用。孕妇忌服。

苦瓜茶：把苦瓜洗净，切成片，晒干之后泡茶饮用。苦瓜茶味道比较苦，在饮用时可以适量调入一些蜂蜜。苦瓜茶具有清热凉血，解毒散痛的作用，对辅助治疗面部痤疮有一定效果。需注意的是，寒性体质的人不宜长期饮用。

梅花茶：取梅花 3 ~ 5 朵，放入杯中加适量沸水，然后闷 5 分钟左右即可，也可加白糖或与玫瑰花调饮，风味别具一格。具有改善痘痘、粉刺的效果。

金银花茶：金银花茶一般与绿茶、菊花等一起泡饮，具有清热解毒、疏散风热、凉血止痢的功效，可改善面部痤疮问题。

（3）敏感肤质。敏感肤质的人的皮肤会因季节的变化而呈现出不稳定的状态，易受冷风、食物、水质、紫外线、香味、色素等外部环境或物质影响。在这里向大家推荐几款适宜这种肤质饮用的花草茶。

红玫瑰茶：红玫瑰茶是全世界最受女性欢迎的花草茶，不仅是因其外形优美娇艳，更在于其驻颜美容的神奇功效。红玫瑰的主要作用是理气和血、舒肝解郁、降脂减肥、润肤养颜，其性质温和，很适合敏感皮肤的人饮用。

玉兰花茶：玉兰花茶可与绿茶冲泡饮用，具有抑菌消炎、消肿止痛、活血化淤，改善敏感肌肤的作用，可使脸色红润有光泽，皮肤细腻滑嫩。

（4）衰老性肌肤。有些女性的肌肤较薄，很容易出现皱纹，失去弹性，使肌肤过早出现老化现象。所以这种肤质的女性一定要格外注意肌肤的保养问题，进行全方位的护理，在选择护肤品时要有针对性，不能随便乱用。推荐这类肤质的女性饮用以下几款花草茶。

玉蝴蝶茶：玉蝴蝶茶可以美白肌肤、降压减肥，促进机体新陈代谢，延缓细胞衰老，提高免疫机能，适用于因各种原因引起的肌肤老化现象。玉蝴蝶茶主要摘取玉蝴蝶种子进行冲泡，适宜搭配三七花、人参花、桂花等饮用。冲泡时取 1 茶匙叶片，用 1 杯开水冲泡，闷约 10 分钟即可，可酌加红糖或蜂蜜饮用。

红巧梅茶：红巧梅又叫妃子红，因其产量稀少，而十分珍贵。具有降火消炎、排毒养颜、延缓衰老的功效，对内分泌失调引起的黄褐斑、雀斑、色斑、暗疮等有显著疗效。

3. 根据体质来选茶

中医认为人的体质有燥热、虚寒之别，而茶叶经过不同制作工艺也有凉性和温性之分，所以饮茶也要看体质，这样才能使茶疗养生事半功倍。一般而言，绿茶和乌龙茶中的铁观音由于发酵程度较低，属于凉性茶；乌龙茶、红茶属于中性茶；普洱茶属于温性茶。

（1）寒性体质。寒性体质的人主要表现为经常觉得精神虚弱且易疲劳，脸色发白，唇色淡，舌头呈淡红色，怕冷怕风，喜欢喝热饮、吃热食，小便颜色淡，女性月经常常延迟，血块多，手脚冰凉，关节疼痛，对疾病的抵抗力较差。针对寒性体质的人可选择一些性温，具有驱寒暖胃作用的茶疗方，如当归茶、黄芪茶、山楂茶、生姜茶、桂圆茶、杏仁茶、红茶、乌龙茶等，而不宜饮用性寒的茶，如苦丁茶、夏枯草茶、绿茶等。

（2）热性体质。热性体质的人身体代谢活动过于旺盛，常表现为喜欢吃冷食或喝冷饮，口干舌燥，易上火，脸色通红，脾气差且容易心烦气躁，全身经常发热又怕热，经常便秘或粪便干燥，尿较少且偏黄。因此，针对上述表现热性体质的人适合饮用性凉或性寒凉的绿茶或铁观音茶；同时还可以饮用一些具有清热祛火的花草茶，如西洋参茶、决明子茶、苦丁茶、菊花茶、薄荷茶、金银花茶等，而不适合饮用性热的茶。

（3）虚性体质。虚性体质的人常表现为面色淡白或萎黄，精神萎靡，身疲乏力，心悸气短，形寒肢冷，盗汗，口干舌燥，说话有气无力，声音微小，生病不易恢复，舌苔少、脉象无力。虚性体质又分为气虚、血虚、阴虚、阳虚四种。

气虚：气虚的主要表现是少气懒言、全身疲倦乏力，声音低沉，动则气短，易出汗，头晕心悸，面色萎黄，食欲不振，虚热盗汗，脉弱。气虚的人可以选用一些具有补气作用的茶疗，如人参茶、黄芪茶、党参茶等，一般不适合饮用性凉的茶。

血虚：血虚的主要表现是面色萎黄苍白，头晕乏力，眼花心悸，失眠多梦，大便干燥，女性月经量少色淡，舌质淡，苔滑少津，脉细弱。宜选用具有补血、养血、生血之效的茶疗，如当归茶、阿胶茶、桑葚茶等。

 闻 轶 事

什么茶不可饮用

冷茶：茶宜温热饮用，冷茶有滞寒聚痰之弊。

烫茶：茶一般都要用高温水冲泡，但是不能在过热时饮用，以免对肠胃不利。

隔夜茶：茶叶隔夜后就会因泡得时间太长而变质，所含的碳水化合物及蛋白质会滋生细菌和霉菌，对健康不利。

焦味茶：茶叶在制作过程中由于烘烤过度而产生焦味，焦味茶中含有较多的致癌物质，不利于健康。

久泡茶：茶叶泡得过久，不仅失去其应有的香味，同时茶叶中富含的营养物质也会被氧化，使其营养价值降低。

阴虚：阴虚的主要表现为怕热、手脚心烦热，口干咽痛，小便短赤或黄，大便干燥，夜间盗汗等。宜选用具有补阴、滋阴、养阴等功效的药物进行泡茶，如麦冬、玉竹、银耳等，但是不可饮用具有单纯泻火作用的药材泡茶。

阳虚：阳虚又称阳虚火衰，是气虚的进一步发展，阳虚体质除有气虚的表现外，还表现为体温偏低，怕冷，腰酸腿软，小腹冷痛，精神萎靡乏力等。宜选用具有补阳、益阳的药物，如红参、鹿茸、杜仲、冬虫夏草、肉桂等来泡茶。

（4）实性体质。实性体质的人常表现为体力充沛而无汗，经常便秘，尿少，活动量大，声音洪亮，身体强壮，精神佳，脾气较差易烦躁。实性体质的人适合喝苦寒属性的茶，如薏仁茶、绿豆茶、仙草茶等。不适合喝热属性的茶，如桂圆茶、生姜茶等。

（5）湿性体质。湿性体质的人常表现为身体虚胖浮肿，血压偏高，经常腹泻，咳嗽多痰，女性白带多等。湿性体质的人在茶疗上应选择一些具有消肿利水的材料，如冬瓜、紫苏、薏仁等。

（6）燥性体质。燥性体质的人通常表现为口干舌燥，皮肤干燥无光，经常便秘，咳嗽无痰，女性月经量少等。选用茶疗调理时可以多饮一些水果茶，如橙子茶、苹果茶、甘蔗茶、柳丁茶等，也可以饮用蜂蜜、牛奶等补充水分。不宜饮用具有利水消肿的蒲公英茶、紫花地丁茶等。

不同人群的保健茶饮

学生的益智茶

状元茶

红枣

配方 蚕茧 10 个，红枣 5 颗，红茶 5 克，冰糖适量。

泡饮之法 ① 将蚕茧煮熟，加入红茶、红枣，用小火焖煮 30 分钟。

② 根据个人口味加入适量冰糖，搅拌至冰糖溶化，即可倒出饮用。

茶疗功效 蚕茧有祛风健脾、补肝益智的功效；红枣可护胃养血；红茶暖胃；冰糖润肺。四者结合，可以润肺保肝、补脾开胃、安神益气，且性味平和，适合学生四季饮用，因此冠名为"状元"茶。

健脑强记茶

配方 熟地黄、麦冬、红枣各 30 克，远志 6 克。

泡饮之法 上述材料一起放入锅内煎煮，代茶饮。

茶疗功效 熟地黄有滋阴养血之功能；麦冬能益胃润肺、清心除烦；红枣可补血安神；远志具有安神益智、祛痰解郁等功效。因此本品可补肾健脑、增强学生的记忆力。

老师的润喉茶

观音罗汉果茶

配方 铁观音 5 克，罗汉果 1 颗。

泡饮之法 ① 罗汉果洗净，拍烂切碎，加入水，用慢火煲约 1 小时。

② 铁观音用滚水迅速洗茶，把水倒掉。

③ 用罗汉果水泡铁观音茶，约 2 分钟后即可饮用。

茶疗功效 清热润肺、化痰止咳，有效缓解慢性咽炎。

橄榄海蜜茶

配方 胖大海 3 颗，橄榄 3 克，绿茶 5 克，蜂蜜 1 茶匙。

泡饮之法 先将橄榄放入清水中煮片刻，然后冲泡胖大海及绿茶，闷盖片刻，加入蜂蜜调匀，徐徐饮之。每日 1 ~ 2 剂。

茶疗功效 清热解毒，利咽润喉。

醒酒茶

茶，直接用开水冲泡一大把枸杞也可以。眼睛干涩时，也可以加几朵菊花。

菟丝子茶

配方 菟丝子10克，红糖30克。

泡饮之法 ① 将菟丝子洗净，捣碎。② 加入红糖，沸水冲泡。

茶疗功效 补肾益精、养肝明目。尤其适合肾虚体弱者和脑力劳动者饮用。

桂圆茉莉茶

配方 桂圆肉12克，茉莉花10克。

泡饮之法 将桂圆肉和茉莉花用沸水冲泡10分钟后即可饮用。代茶频饮，喝完茶后还可以把桂圆肉吃下去。

茶疗功效 利水消肿，温气补肾。

杜仲茶

配方 杜仲6克，绿茶适量。

泡饮之法 ① 将杜仲研末。② 将杜仲末与绿茶一同放入茶杯中，用沸水冲泡。每晚临睡前饮用一杯。

茶疗功效 具有补肝肾、强筋骨、降血压、降血脂的功效，适合因坐立时间太长而腰酸背痛的男性饮用。

醒酒茶

配方 薄荷2克，香蜂草1克，鲜柠檬片5～8片，甜叶菊5片。

泡饮之法 沸水冲泡，加盖闷5分钟后即可饮用。

茶疗功效 提振精神、醒酒、安抚情绪。

普洱枸杞茶

配方 普洱茶5克，枸杞7粒。

泡饮之法 沸水冲泡。

茶疗功效 消除疲惫、补肾固精。

注意事项 本品适合大多数男士饮用，可以作为基础茶来喝。如果不想喝普洱

黑木耳红枣茶

配方 黑木耳 30 克，红枣 20 颗，茶叶 10 克。

泡饮之法 上述材料一起放入锅内煎煮，取汤服用，其中黑木耳和红枣可食用。每日 2 次，连服 7 日。

茶疗功效 补中益气、养血调经。适用月经过多者。

黑木耳

姜枣红糖水

配方 干姜、红枣、红糖各 30 克。

泡饮之法 干姜洗净切片，红枣洗净去核，加红糖煎。喝汤，吃大枣。经期持续服用，直至经期结束。

茶疗功效 温经散寒、和血通经。适用于寒性痛经者。

姜

白糖茶

配方 绿茶 25 克，白糖 100 克。

泡饮之法 沸水冲泡，露一夜，次日 1 次服完。

茶疗功效 理气调经，用于月经骤停，伴有腰痛、腹胀等症。

当归茶

配方 当归 6 克，川芎 2 克。

泡饮之法 沸水冲泡，代茶饮。

茶疗功效 补血活血，适用于经期腹痛、疼痛绵绵、体质虚弱者。

当归

泽兰叶茶

配方 绿茶 1 克，泽兰叶（干品）10 克。

泡饮之法 沸水冲泡，加盖闷 5 分钟即可饮用。注意头汁饮之快进，须略留余汁，再泡再饮，直至冲淡为止。

茶疗功效 活血化淤、通经利尿、健胃舒气。用于月经提前或延后、经血时多时少、气滞血阻、经期小腹胀痛等症及原发性痛经。

怀孕了可以喝茶吗？这是很多孕妈妈关心的话题。怀孕可以适当喝茶，但不宜喝太多，同时忌喝浓茶。适当喝一些淡茶，不仅可以帮助消化，还可以给孕妈妈补充铁、锌等微量元素，而一些具有温和作用的花草茶、药茶还有安胎保胎的功效。

杭菊茶

南瓜蒂茶

配方 老南瓜蒂3个。

泡饮之法 切成小块，加水煎煮，取汁饮用。

茶疗功效 南瓜蒂性味甘温，在孕早期饮用，有安胎保胎的功效，常用于预防习惯性流产。

生姜苏叶茶

配方 生姜10克，紫苏叶5克，红糖适量。

泡饮之法 ①生姜洗净切末；紫苏叶洗净。②将姜末、紫苏叶用水煎煮，取汁饮用，或根据个人口味加适量红糖后饮用。

茶疗功效 用于孕早期安胎和妊娠呕吐的食疗。

杭菊茶

配方 杭白菊 10 克，冰糖或白糖适量。

泡饮之法 开水冲泡，加冰糖或白糖代茶饮。

茶疗功效 杭白菊有清风散热、消炎解毒的功效，可用于预防和缓解较轻的孕期感冒。

紫苏安胎茶

配方 紫苏叶、梗各10克，茯苓、陈皮各6克。

泡饮之法 上述药材捣碎，置保温瓶中，冲入沸水适量，泡闷 10 分钟后，代茶饮用。每日 1 剂。

茶疗功效 理气和胃，止呕安胎。

枸杞中含有 10 多种氨基酸、多种维生素和人体必需的微量元素，具有延年益寿、轻身抗老、增强机体免疫力等功效。因此，老年人不妨多喝点枸杞茶，可以单泡枸杞来喝，也可以根据自身情况，在枸杞茶中增添一些对自己身体有益的其他药材。

枸杞桂圆茶

配方 枸杞、桂圆肉各 30 克，白糖或冰糖少许。

泡饮之法 煎汤代茶饮。

茶疗功效 滋补身体、延年益寿。

枸杞茶

配方 枸杞 20 克。

泡饮之法 直接将枸杞放入大水杯中，以开水冲泡服用，或以锅水煮服用。代替茶多次饮用。可另加菊花 1～2 朵一起冲服。冲服时，不要立即服用，让其入味再喝，效果较好。

茶疗功效 滋补身体、延年益寿。

注意事项 枸杞温热身体的效果较明显，因此正患感冒发烧者、上火、有炎症的人不宜服用。喝枸杞茶上火的老年人，可适当减少枸杞的投放量。

枸杞菊花参茶

配方 菊花 3 克，西洋参 4 克，枸杞子 10 克。

泡饮之法 把西洋参切成片，同菊花、

枸杞桂圆茶

枸杞子一同放到茶杯中，用沸水冲泡。代茶饮用。

茶疗功效 西洋参能补心气、益脾气、补肺气，适用于因元气耗损所致的精神疲乏，气虚气短；枸杞子能调肝肾，补阳气，益精明目。二者搭配清肝明目的菊花，此茶饮便是一道温阳益气、提神解乏的佳品。

含羞草茶

配方 含羞草（又名知羞草、怕羞草）一般 25 ～ 100 克。

泡饮之法 ① 将含羞草洗净后加水适量，小火浓煎 10 ～ 15 分钟。
② 去渣饮用，代茶饮。

茶疗功效 宁心安神、镇静、清热利湿，用于失眠、神经衰弱。

枣仁蜂蜜茶

配方 炒酸枣仁 15 克，蜂蜜 30 克。

泡饮之法 将酸枣仁放入茶杯中，用沸水冲泡，加盖闷泡 10 分钟左右即可。饮用时依个人口味调入适量蜂蜜。

茶疗功效 有养心安神，补肾阴虚的功

效，适用于心肾阴虚型神经衰弱，可以改善失眠、多梦、健忘等症。

注意事项 内有实邪郁火及肾虚滑泄、梦遗者慎服此茶。

玫瑰花茶

配方 干玫瑰花 15 ～ 25 克。

泡饮之法 将玫瑰花瓣放进茶杯，冲入沸水，加盖闷 1 ～ 2 分钟后即可服用。

茶疗功效 有养心安神、疏肝解郁的作用，可以舒缓忧郁型的神经官能症，改善由神经衰弱引起的失眠、健忘等症。

茉莉薰衣草茶

配方 茉莉花 3 ～ 5 朵，薰衣草 1 匙，蜂蜜适量。

泡饮之法 将上述材料放进茶杯，冲入沸水，加盖闷 1 ～ 2 分钟后即可服用。

茶疗功效 养心安神、疏肝解郁，可以舒缓忧郁型的神经官能症，改善睡眠。

百合二冬茶

配方 百合 15 克，天冬、麦冬各 10 克。

泡饮之法 将上述茶材置于砂锅中，加入适量水，煎沸后续煮 20 分钟，滤煮取汁。代茶温饮，每日 1 剂，药渣可再煎服用。

茶疗功效 滋阴降火，清心安神，适用于阴虚火旺所致的失眠多梦、小便短少等症。

醋茶

配方　茶叶 3 克，陈醋 2 毫升。

泡饮之法　沸水冲泡茶叶，5 分钟后加入陈醋服用。

茶疗功效　陈醋有暖胃消食、杀虫解毒的功效；茶叶可杀菌消毒。因此，本品可用于和胃止痢以及缓解蛔虫病引起的腹痛。

乌梅茶

配方　乌梅 7 颗，苦楝皮、甘草各 6 克。

泡饮之法　将上述材料一起放入锅内，加少许水煎煮，取浓汤饮用。

茶疗功效　乌梅可收敛生津、安蛔驱虫；苦楝皮清热杀虫。因此，本品可用于辅助治疗小儿蛔虫病，并且甘草的味道比较甘甜，小朋友也比较容易接受。

葱白陈皮茶

配方　葱白、陈皮各 30 克，红糖适量。

泡饮之法　① 葱白洗净，切成段；陈皮洗净备用。

② 将上述材料一起放入锅内煎煮 10 分钟左右，取汁饮用。每日 1 剂，连服 7 日为 1 疗程。

茶疗功效　葱白有抗病毒的作用；陈皮理气健脾；红糖性温，可益气补血。因此，本品可抗病毒、预防流感，增强小朋友的抵抗力和免疫力。

麦芽红茶

配方　麦芽 25 克，红茶 1 克。

泡饮之法　麦芽用水煎沸 5 分钟后，趁热加入红茶即成。每日 1 剂，分 2 ~ 3 次煎服。

茶疗功效　具有健胃消食的功效，适合消化不良的儿童饮用。

葱白饮

配方　连根须葱白 3 ~ 5 根。

泡饮之法　切段煎煮 10 分钟左右，趁热服用。

茶疗功效　可用于抑制病毒，预防呼吸道感染，而且给小朋友喝，没有任何毒副作用。

葱白陈皮茶

几款经典的美容茶方

一提起花茶，几乎每个人都知道其是有美容养颜之功效，却并不是每个人都知道哪种花茶的养颜效果更佳，而且每一种花茶由于其冲泡法和饮法的不同，所起到的美容养颜效果也不尽相同。

柠香玫瑰茶

配方 玫瑰花4～5朵，枸杞半小匙，柠檬汁1大匙，冰糖适量。

泡饮之法 ① 温壶后，将玫瑰花和枸杞放入茶壶内。

② 向茶壶中注入300毫升热水，冲泡3～5分钟使之入味。

柠香玫瑰茶

③ 加入柠檬汁，再以适量冰糖调味即可。

茶疗功效 温润的玫瑰花茶，入口有一种柔和的香甜味道，常喝有促进新陈代谢、调理气血的功效。

柠檬香茅茶

配方 柠檬香茅3克，甜叶菊、薄荷各3片，香蜂草2克。

泡饮之法 冲泡新鲜柠檬香茅时，使用切碎的叶片或茎部；干燥柠檬香茅则和上述材料一起，混合开水冲泡即可。

茶疗功效 柠檬可以美白肌肤，甜叶菊生津止渴，薄荷疏肝解郁，香蜂草健胃助消化，因此本品可美白祛斑、瘦身塑体。

桂花荷叶茶

配方 干桂花1克，荷叶少许，茶叶2克。

泡饮之法 将干桂花、荷叶和茶叶放入茶杯中，用沸水冲泡6分钟后即可饮用，早晚各饮1杯。

茶疗功效 强肌滋肤、活血润喉，适用于皮肤干燥、声音沙哑等症。

补血润肤茶

配方 黄芪25克,当归5克,桂圆20克,红枣3颗,天冬15克。

泡饮之法 ① 将各种材料洗净,红枣去核。② 锅中放入800毫升水,将处理好的材料放入锅中煎煮30分钟,取汁饮用。

茶疗功效 桂圆和红枣都有补血安神的功效;当归可以补血调经,用于心肝血虚等症;黄芪味甘,性微温,入脾、肺经,益血补气。

补血润肤茶

勿忘我美颜茶

配方 勿忘我20克,绿茶1小匙,蜂蜜少许。

泡饮之法 ① 将勿忘我与绿茶置于杯内,开水冲泡3~5分钟。② 待勿忘我花出味后,加入蜂蜜调味即可。

茶疗功效 勿忘我富含维生素C,可延缓皱纹及黑斑的产生,并可美白肌肤、清肝明目、滋阴补肾、促进机体的新陈代谢、延缓细胞衰老、提高机体免疫力。

勿忘我美颜茶

活肤西洋参茶

配方 西洋参2~3片,红茶适量。

泡饮之法 沸水冲泡,加盖闷3~5分钟即可。

茶疗功效 西洋参具有补气、生津、安神、益智的功效,可促进机体的新陈代谢,对皮肤有滋润和营养作用,防止皮肤脱水、硬化、起皱,从而增强皮肤弹性,延缓皮肤衰老。

活肤西洋参茶

香蜂苹果茶

配方 苹果 1/4 个，香蜂草 6 片，红茶包 1 个。

泡饮之法 ① 将香蜂草叶放入制冰盒中，制成香蜂草冰块。

② 苹果切丁和红茶包放入茶壶，注入热水冲泡。

③ 待苹果红茶稍凉，加入香蜂草冰块即可。

茶疗功效 舒缓神经、安神养颜、美白肌肤。

牡丹花茶

配方 绿茶 2 克，牡丹花 4 ~ 6 朵。

泡饮之法 沸水冲泡，加盖闷 3 ~ 5 分钟后即可饮用。

茶疗功效 养肝和血、美容养颜、延缓衰老。

桂花蜜枣茶

配方 红枣 5 颗，桂圆肉 5 份，茉莉花 5 朵，桂花蜜 1 小匙 。

泡饮之法 ① 红枣洗净，去核，并略微剥碎。

② 锅中倒入 2 碗水，加入红枣与桂圆，中火煮 10 分钟。

③ 熄火后加入茉莉花与桂花蜜，泡 2 分钟，稍加搅拌即可饮用，其中桂圆与红枣肉可以食用。

茶疗功效 补血补气，有助于活化体内循环系统，使人面色红润，活力四射。

玫瑰红茶

配方 红茶 3 克，玫瑰花 3 ~ 5 朵，蜂蜜适量。

泡饮之法 沸水冲泡红茶约 30 秒，再投入玫瑰花，加盖闷 3 分钟后即可饮用。也可以兑入蜂蜜调味，口感更佳。

茶疗功效 红茶暖胃和血，玫瑰花舒缓气血，常饮本品有抗皱、补血之功效，可使人面色红润，皮肤充满活力。

芦荟蜜饮茶

配方 新鲜芦荟 200 克,蜂蜜 4 小匙。

泡饮之法 ① 将新鲜芦荟洗净,用刀去除绿色部分的叶皮,留下透明的叶肉切小块。

② 放入小锅中,加入 200 毫升清水煮沸后放凉,加入蜂蜜拌匀,即可饮用。

茶疗功效 给肌肤补充水分,让你的肌肤水灵灵、白嫩嫩。

洋甘菊茶

配方 洋甘菊 5 克。

泡饮之法 取干燥的洋甘菊茶 2 茶匙,以开水冲泡,闷约 30 分钟,酌加蜂蜜,随泡随饮。

茶疗功效 为肌肤补水,增强肌肤弹力,促进肌肤新陈代谢,增强肌肤抵抗力、修复能力和抗衰老能力。

注意事项 注意勿过量饮用,怀孕的女性不宜饮用。

牛乳红茶

配方 鲜牛奶 100 克,红茶 3 克,盐适量。

泡饮之法 ① 红茶用沸水冲泡后,过滤取汁。

② 鲜牛奶煮沸,盛在碗里,加入茶汁。之后加适量盐,调匀即可饮用。每日 1 剂,空腹代茶饮。

茶疗功效 具有营养滋补,润泽皮肤的功效,可令人健美,皮肤红润。

有关研究表明，每周至少喝茶 1 次，如果达到半年以上，身体里所含的脂肪量比例要明显比不经常喝茶的人少，同时腹部的脂肪也很少。而最受女性朋友青睐的要数花草茶、药草茶了。

由于目前所用花草的不同，瘦身减肥的原理也不尽相同，但是它们有一个共同的功效就是可以疏络活血、加强血液循环、改善机理、排除水肿和体内毒素，从而达到减肥瘦身的目的。

决明绿豆茶

决明绿豆茶

配方 炒决明子、绿豆各 50 克。

泡饮之法 ① 炒决明子、绿豆洗净备用。

② 将处理好的炒决明子、绿豆放入锅中煮沸，直至绿豆熟软即可。

茶疗功效 润肠通便、利尿消肿、降脂瘦身。

梅汁绿茶醋

配方 话梅 2 颗，绿茶粉 20 克，醋 20 毫升。

泡饮之法 ① 话梅洗净，先用 100 毫升开水冲泡。

② 绿茶粉用温水 400 毫升冲泡。

③ 将话梅水与绿茶混合，再加 20 毫升的醋搅匀即可。

茶疗功效 降脂减肥，保湿祛斑。

桂花党参茶

配方 桂花 12 克，山楂 6 克，党参 3 克，盐少许。

泡饮之法 将药材洗净，加入适量沸水冲泡，加少许盐。当茶饮。

茶疗功效 具有补气、活血、减轻体重的功效，适用于气虚肥胖者。

消脂柠檬茶

配方 鲜柠檬片2～3片，蜂蜜适量。

泡饮之法 开水冲泡，随泡随饮。夏天在冰箱内冷冻后饮用，口感更佳。

茶疗功效 既能消脂、去油腻，又能美白肌肤、滋润肺腑。

香蕉绿茶

配方 香蕉1根，优质绿茶5克，蜂蜜适量。

泡饮之法 ① 绿茶用热水冲泡好后，滤汁待用。

② 香蕉剥皮研碎，加入绿茶汁中，调入适量蜂蜜搅匀即可饮用。每日饮用2～3剂，晾凉、温饮均可。

茶疗功效 可起到利尿、消肿、通便等作用。

桑叶菊花茶

配方 干桑叶5克，干菊花3～5朵。

泡饮之法 开水冲泡，随泡随饮。

茶疗功效 促进新陈代谢、减肥美容。

苦丁瘦身茶

配方 小叶苦丁2克，鲜橄榄（用刀划几道长缝）1～2颗，干菊花3～5朵。

泡饮之法 沸水冲泡，加盖闷10分钟后饮用。

茶疗功效 小叶苦丁茶可清热降火、降脂降压，具有降脂减肥的功效。而鲜橄榄味道鲜香，菊花清香，正好中和小叶

柠檬茶

香蕉绿茶

苦丁的苦味，搭配起来非常好喝。

注意事项 如果不喜欢橄榄味，可用枸杞代替。苦丁茶有大叶苦丁和小叶苦丁之分，大叶苦丁特别苦，因此大家宜选择相对不太苦的小叶苦丁茶。另外，苦丁茶越泡越苦，因此不宜久泡，宜随泡随饮。

山楂荷叶茶

配方 山楂500克，干荷叶、薏米各200克，甘草100克。

薄荷玫瑰茶

注意事项 苦瓜茶性大寒，在喝时可添加温性的红糖以中和其寒性，孕妇、月经期女性和脾胃虚寒者不宜饮用。

薄荷玫瑰茶

配方 新鲜薄荷叶5片，干燥玫瑰花3朵。

泡饮之法 ① 以热水温壶后，放入薄荷叶、玫瑰花。

② 注入300～500毫升开水，冲泡5分钟即可。

茶疗功效 薄荷可消除腹胀，玫瑰能预防便秘，此方可加速人体新陈代谢，利于消脂减肥。

银耳蒲公英茶

配方 蒲公英10克，银耳20克，水500毫升，冰糖酌量。

泡饮之法 ① 银耳泡水，软化后沥干，加入蒲公英及清水。

② 沸水煮5分钟，然后加冰糖调味。

茶疗功效 促进胃肠蠕动，减少脂肪吸收，祛斑美容。

番泻叶绿茶

配方 绿茶5克，番泻叶2克。

泡饮之法 ① 将绿茶、番泻叶一同放入茶壶中，用沸水冲泡。

② 饮用2次，每日1剂，番泻叶可连续冲泡。

茶疗功效 具有清热，泻火，通便，祛脂，消积的功效，适用于高脂血症及肥胖症。

泡饮之法 将以上几味共研细末，分为10包，每日取1包用沸水冲泡，代茶饮。

茶疗功效 排毒养颜、降脂减肥。

注意事项 山楂茶不宜与海鲜、人参、柠檬同食，而且山楂茶只消不补，脾胃虚弱者不宜多饮。它还有活血散淤的作用，会刺激子宫收缩，可能诱发流产，所以不适合孕妇饮用。

苦瓜绿茶

配方 新鲜苦瓜1个，绿茶少许。

泡饮之法 将苦瓜顶端切开、去瓤，装入绿茶，再把切掉的顶端盖上，放通风处阴干或晒干后，连同茶叶切碎，拌匀，密封保存。每次取5～10克用水冲泡饮用。

茶疗功效 减肥、抗氧化、防衰老。

菊花糖蜜水

配方 杭白菊 10 克，糖蜜 10 毫升。

泡饮之法 开水冲泡，随泡随饮。

茶疗功效 利尿减肥，清肝明目。

决明菊花茶

配方 炒决明子 5 克，干菊花 3～5 朵。

菊花

泡饮之法 开水冲泡，随泡随饮。

茶疗功效 清肝明目、利水通便，尤其适合便秘患者或肥胖者在节食期间饮用。

山楂银菊茶

配方 山楂、金银花、菊花各 10 克。

泡饮之法 将山楂拍碎，将所有材料加水煮沸即可。每天 1 剂。

茶疗功效 山楂可化淤消脂，久服有降低胆固醇和三酸甘油脂的作用；金银花有减肥养生的功效，尤其对于气滞血淤的肥胖者效果显著。

荷叶茶

配方 荷叶 3 克，蜂蜜适量。

泡饮之法 将荷叶放在茶壶或大茶杯中，用沸水冲泡，静置 5～6 分钟后，依个人口味添加适量蜂蜜即可。代茶频饮。

茶疗功效 具有降脂，减肥的功效。

利尿降脂茶

配方 山楂、荠菜花、玉米须、茶树根各 10 克，糖少许。

山楂

泡饮之法 将以上各味碾成粗末，加适量糖煎汤，取汁饮用。

茶疗功效 利尿降脂、瘦身美体。

连翘绿茶

配方 连翘 6 克，牛蒡子 5 克，绿茶少许。

泡饮之法 将所有材料研末，放入杯中，沸水冲泡，代茶饮。

茶疗功效 绿茶含有多种营养成分，对美容、减肥、保健和预防疾病都相当有效，可说是最简单、最经济的养生瘦身佳品。

荷叶茶

现代人整日待在空调屋里，眼睛很容易干涩。再加上计算机的普及化，人长时间盯着屏幕，辐射及用眼过度使得眼睛非常疲劳。从中医的角度来讲，"肝开窍于目"。要想缓解眼疲劳，要从养肝护肝做起。在药草茶中，菊花、枸杞、决明子、桑叶等都有清肝明目、消炎润眼等功效。常饮这些茶，可以轻松缓解眼涩、眼疲劳，让你的大眼睛更加美丽晶亮，神采奕奕。

枸杞菊花茶

配方 枸杞 10 克，菊花 15 克。

泡饮之法 ① 将菊花和枸杞放入玻璃壶内，用沸水冲泡。

② 加盖闷 10 分钟后即可饮用。

茶疗功效 枸杞具有补肝、益肾之功效，菊花可平肝明目，此茶方对计算机一族的眼睛酸涩、疲劳、视力加深等都有很好的缓解作用。

枸杞菊花茶

龙井茶

配方 西湖龙井 3 ～ 5 克。

泡饮之法 ① 准备一个 200 毫升的通明玻璃杯，先置入 1/3 的 80℃热开水，将杯身预热。

② 向玻璃杯中置入龙井茶。

③ 轻轻摇晃杯身，浸润龙井茶。

④ 再向杯中注入 80℃热开水至七分满，等茶叶慢慢舒展，芽叶直立即可赏茶、品饮。

茶疗功效 龙井茶未经发酵，因此茶叶中保留了丰富的维生素 A、儿茶素等天然物质，可以滋润酸胀涩苦的眼睛，改善眼疾。

清热明目茶

配方 生地、麦冬、菊花、金银花各适量。

泡饮之法 将生地、麦冬、菊花、金银花一同加入茶壶内，用沸水冲泡后，加盖闷 20 分钟即可饮用。

茶疗功效 清热解毒、滋阴明目。

双花决明茶

配方 炒决明子 20 克，菊花、金银花各 10 克，枸杞 5 克。

泡饮之法 将所有材料加入 1000 毫升的热水，闷泡 5 分钟后，即可去渣饮用。

茶疗功效 清热降火、清肝明目。

菊花茶

配方 干菊花 4 ~ 6 朵，冰糖或蜂蜜适量。

泡饮之法 开水冲泡，随泡随饮。

茶疗功效 疏风散热、清肝明目。常服可以让眼睛更明亮。

◆注意事项 菊花可以选择杭白菊或黄山贡菊，野菊花味道有点苦，口感不太好。

双花决明茶

霜桑叶茶

配方 霜桑叶 15 ~ 20 克。

泡饮之法 霜桑叶热水煎过滤，放凉代茶饮，也可用干纱布浸汁敷眼，或者热熏。

茶疗功效 润眼明目，适用于眼干、眼热、眼昏等症，可有效缓解眼疲劳。

决明枸菊茶

配方 炒决明子 100 克，枸杞、菊花、冰糖各适量。

泡饮之法 ① 将炒决明子洗净后用小火炒至微黄，冷却后储存于密封罐中。

② 饮用时，每次取 1 小茶匙炒决明子与菊花、枸杞用热水冲泡，代茶饮。爱吃甜食者可添加冰糖调味。

③ 夏天饮用可置于冰箱冷藏，风味更佳。

茶疗功效 清肝明目、润肠通便，缓解目赤肿痛、眼涩眼胀。

◆注意事项 决明子茶药性寒凉，饮用时需将决明子炒熟后再冲泡，不适合脾胃虚寒、脾虚泄泻及低血压等患者饮用。

莲子冰糖茶

配方 绿茶 10 克，莲子 30 克，冰糖 20 克。

泡饮之法 ① 莲子用温水浸泡 2 小时后，将莲子与冰糖放入砂锅中，加入适量清水中火煮至莲子软烂。

② 以沸水冲泡绿茶，将茶叶汁加入莲子汤中混合搅匀后即可饮用。

茶疗功效 能安神明目，健脑益智，益肾固精，滋补元气。

一年四季养生保健茶饮

冬去春来，大地转暖，万物复苏，但人们却普遍感到困倦乏力，表现为春困现象。春季也是各种病源微生物易于生长繁殖之际。此时，饮一杯茶，不仅可以缓解春困带来的不良影响，还可以消灭病菌，预防流感，保你健康。

春天，人体内的肝经旺盛活跃，按照中医"天人合一"的养生观，春季养生需要好好调养肝脏，可以增强免疫力，让身体一整年都维持在最佳状态。具体在茶疗上，春季的饮茶应该以辛温祛寒湿、甘甜健脾、养肝利胆为主，而不宜饮用酸味的茶，否则会影响脾胃的运化功能。

养肝舒缓茶

配方 玫瑰花 3 ~ 5 克，当归 30 克。

泡饮之法 开水熬煎 15 分钟，取汁饮

养肝舒缓茶

用，或者直接用沸水冲泡。

茶疗功效 消除疲惫、补肾固元、养肝明目。

贯众茶

配方 贯众 9 克。

泡饮之法 水煎。当茶饮，每天 1 剂，连服 5 天为 1 个疗程。

茶疗功效 清热解毒、预防流感。贯众可以在中药店买到，性味苦寒，具有清热、解毒的功效，可预防流感。

红枣蜂蜜茶

配方 红枣、蜂蜜各适量。

泡饮之法 把大枣用料理机打碎，加水放在锅里煮开，煮成糊状，待凉了存放在冰箱里，每天舀 1 ~ 2 勺，加一点蜂蜜，用开水冲成茶喝。

茶疗功效 补血健脾、缓解便秘。

> **注意事项** 月经期间有眼肿或脚肿、腹胀现象的女性不宜饮用。

板蓝根茶

配方 板蓝根2克。

泡饮之法 用水煎煮，取其汤汁饮用。每日服用2次，3天为1疗程。

茶疗功效 清热解毒、预防流感。

香花园茶

配方 丁香2克，甘菊5克，薰衣草3克，金莲花2朵，蜂蜜少许。

泡饮之法 将丁香、甘菊、薰衣草、金莲花一起放入玻璃壶内，沸水冲泡，加盖闷15分钟后即可饮用。饮用前加入少许蜂蜜调味，口感更佳。

茶疗功效 缓解因肝火旺盛所引起的牙疼、咽喉疼、支气管炎、胃酸过多等症。

> **注意事项** 丁香性热，容易上火、口干舌燥的内热体质者不宜饮用。

桂圆碧螺春茶

配方 桂圆6克，碧螺春茶3克。

泡饮之法 开水冲泡，可常饮。

茶疗功效 养心安神、健脑、振奋精神、增强记忆。可改善失眠健忘、头晕乏力等症状，也是增强记忆力的保健茶。桂圆是常用的养心安神、健脑益智佳品。

金银花大青叶茶

配方 金银花15克，大青叶10克。

泡饮之法 一起放入玻璃杯中，冲入沸水，闷泡10分钟后代茶饮。

茶疗功效 可预防感冒，尤其对预防春季流感有疗效。

> **注意事项** 金银花和大青叶都性寒，不宜过量或长期饮用。

春茶不要趁"鲜"喝

春茶上市时节，大家都喜欢品尝各种新茶。但是，茶博士提醒大家：绿茶虽然以新为好，但也不可太新鲜。

如果绿茶存放时间过短，所含的茶多酚以及一些挥发性成分的含量比较高，这些物质对人体胃肠黏膜有较强的刺激作用。

胃肠功能较弱者，尤其是慢性胃炎、溃疡病患者，喝新茶后可能会出现头晕乏力、失眠、心慌、上腹部不舒服等症状。因此，新购买的新茶，最好放置1个月后再喝，而胃不太好的人，新茶更不宜贪多。

暑为阳邪，人在酷暑之下容易心火过旺，体力消耗大，往往精神不振。因此，夏天宜喝性凉的绿茶，清汤绿叶，幽香四溢，给人以清凉之感，能清热消暑、生津止渴、补益肠胃。夏季气候炎热，人体的消化功能较弱，因此也宜饮用健胃整肠、清热解毒的药草茶，如金银花、蒲公英、小叶苦丁等，可作为夏日保健的药茶。

陈皮茶

配方 陈皮 10 克，蜂蜜或白糖适量。

泡饮之法 将陈皮放入大茶杯中，沸水冲泡，加盖闷 10 分钟左右，去渣留汤，依个人味道加入适量白糖或蜂蜜即可饮用。稍凉后，放入冰箱中冰镇一下口感会更好。

茶疗功效 理气健脾、燥湿化痰，极适合夏天饮用。

注意事项 陈皮性热，容易口干、舌苔偏红的内热体质者不宜多饮。

陈皮茶

六安瓜片茶

配方 六安瓜片 3 ~ 5 克。

泡饮之法 ① 准备一个大约 200 毫升的透明玻璃杯，先置入约 1/3 的 80℃ 热开水。

六安瓜片

② 置入六安瓜片茶叶，静止约 10 秒钟，浸润茶叶。

③ 加满开水，静置片刻后即可饮用。

茶疗功效 清热消暑、生津止渴、抗菌抑菌、防癌抗衰老。

注意事项 因六安瓜片茶未经发酵，茶叶十分娇嫩。用沸水冲泡会把茶叶烫坏，还会把苦涩的味道一并冲泡出来，破坏口感和营养成分，所以泡六安瓜片茶应以 80 ~ 85℃ 的热水为宜。

郁金甘草绿茶

配方 醋制郁金 10 克，甘草 5 克，绿茶 3 克。

泡饮之法 将郁金、甘草洗净，放入砂锅中，注入 800 毫升清水。先用中火煮沸，再改用小火煎煮 10 ～ 15 分钟，然后调入绿茶，继续煎煮 5 分钟，即可饮用。每日 1 剂，可随时服用。

茶疗功效 具有疏肝解郁、理气行滞的功效。

蒲公英绿茶

配方 干蒲公英花蕾 6 克，绿茶 2 克。

泡饮之法 开水冲泡，经常服用。

茶疗功效 蒲公英含有维生素 B_2、维生素 C 以及磷、钙、铁、铜等人体必需的元素，不仅有清热解毒、抗菌、抗病毒的作用，还能营养身体，恢复体力，促进食欲，提神醒脑，降低胆固醇。此外，还可以缓解办公室久坐而活动量少、用脑用眼过度，以致出现头晕眼花、腰酸背痛、精神不振、头昏脑涨等症状。

山楂叶绿茶

配方 山楂叶 10 克，绿茶 3 克。

泡饮之法 ① 山楂叶洗净，晒干或烘干，研成粗末，装入洁净的绵纸袋，用线封口。② 将山楂叶粉与绿茶同放入大茶杯中，用沸水冲泡，加盖闷 10 分钟后即可饮用。

茶疗功效 清热解毒，祛淤降压。

郁金甘草绿茶

杞菊明目绿茶

配方 枸杞 15 ～ 30 克，干菊花 10 克，优质绿茶 3 克。

泡饮之法 将上述药茶放入保暖杯中，用沸水冲盖 10 ～ 20 分钟后，频频饮服，饮完后可再用沸水冲泡。每日 1 剂。

茶疗功效 益肾养肝，清肝明目。可用于肝肾不足、阴血不能上济于目而致的头晕目眩、视力减退、内障目昏、夜盲症及近视眼。

枸杞

白毫银针

配方 白毫银针 3 ~ 5 克。

泡饮之法 ① 准备一个大约 200 毫升的透明玻璃杯，向杯中置入白毫银针茶叶。② 投入 1/3 热水，浸润茶叶，约 10 秒钟。③ 加满水，正式冲泡茶叶，静置 10 分钟后即可饮用。

茶疗功效 降虚火、解邪毒。夏天常饮白毫银针茶，不仅可以解暑，还有改善和缓解麻疹和风热型感冒的作用。

梅子绿茶

配方 绿茶 10 克，青梅 1 颗，冰糖 1 大匙。

泡饮之法 ① 将冰糖加入热开水中熬化，再加入绿茶浸泡 5 分钟。

梅子绿茶

② 滤出茶汁，加入青梅拌匀即可。

茶疗功效 梅子有缓解疲劳、增强食欲和杀菌抗菌的功效，与绿茶混饮用，效果更好。

山药黄连茶

配方 山药 30 克，黄连 3 克，甜叶菊 2 片。

泡饮之法 将山药和黄连捣碎，置保温瓶中，冲入适量沸水，加盖闷 20 分钟，随时代茶饮用。若想减少苦味，可酌加甜叶菊一同冲泡。

茶疗功效 补虚益脾、燥湿泻火，可用于口渴心烦和由湿热引起的肠胃痢疾。

注意事项 黄连茶大苦大寒，过服久服易伤脾胃，所以阴虚津伤者、湿热便秘者和阴虚火旺者不宜饮用。

金银花茶

配方 干燥的金银花 1 匙，冰糖或蜂蜜适量。

泡饮之法 开水冲泡，加盖闷 5 分钟后即可饮用，也可添加冰糖或蜂蜜调味。

茶疗功效 清热解毒、凉散风热，可用于缓解风热感冒、咽喉肿痛。

注意事项 金银花性寒，故脾胃虚寒者和孕妇应酌情饮用，气虚、疮疡、脓清者忌服。

陈皮生姜茶

配方 陈皮 10 克，生姜 3 克，蜂蜜少许。

泡饮之法 将陈皮、生姜放入大茶杯中，沸水冲泡，加盖闷 10 分钟左右，去渣留汤，依个人味道加入适量蜂蜜即可。

茶疗功效　适用于感冒咳嗽、消化不良的食疗方。

苦瓜降脂茶

配方　绿茶 3 克，苦瓜 100 克。

泡饮之法　将苦瓜洗净，切成丁，与绿茶一同装入纱布袋，扎紧口。将纱布袋放入砂锅中，注入适量清水，用小火煎煮 10 ～ 15 分钟，即可饮用。

茶疗功效　本方具有清热解毒、利水降脂的功效。

鲜橘薄荷香

配方　金橘 3 ～ 5 颗，新鲜薄荷 8 片，蜂蜜适量。

泡饮之法　① 将新鲜薄荷叶放入制冰盒，制成薄荷冰块。

② 金橘榨成汁，加入薄荷冰块、蜂蜜调拌均匀即可。

茶疗功效　消除胀气、清热去暑、提神解闷，给你清新的好心情。

▶注意事项　孕妇忌饮。

银竹茶

配方　金银花 15 克，竹叶 9 克。

泡饮之法　上述二味加水煮开即可。

茶疗功效　清热解毒、消烦止渴。可用于暑热口渴、小便不利。

▶注意事项　金银花性寒，气虚阴虚和胃脾虚寒者不宜多饮。

苦瓜降脂茶

洛神花茶

配方　洛神花干品 10 克，冰糖或蜂蜜适量。

泡饮之法　将洛神花置于玻璃壶内，开水冲泡，加盖闷 5 ～ 8 分钟，依个人口味加入适量冰糖或蜂蜜即可。在冰箱内冰镇片刻，口感更佳。

茶疗功效　洛神花又称玫瑰茄，其内含有人体所需的大量天然维生素和矿物质，夏天常饮此茶，可清热解毒、消暑助消化。

▶注意事项　洛神花茶宜在饭后饮用，可帮助肠胃消化，但肠胃虚冷的人，则不宜多饮。

蜂蜜

金秋季节，秋高气爽，温度不寒不热，是个比较舒服的季节。只是，在享受这个美丽季节的同时，还得提防一个现象——秋燥。秋燥的表现有皮肤干涩粗糙、鼻腔干燥疼痛、口燥咽干、大便干结等。

中医认为，外燥伤人，多从口鼻而入，然后入肺，因此，秋燥最伤肺。秋天的茶饮应以润肺养肺为主，多多补充水分，防止秋燥。秋季饮茶，选用乌龙茶最理想，因为乌龙茶性味介于绿、红茶之间，不寒不热，有润喉生津、润肤生肌、清除体内积热的功效，既能消除体内余热，又能恢复津液。与此同时，乌龙茶有突出的抗疲劳功效，出现"秋乏"正适合饮乌龙茶。此外，民间也有很多药茶方，自己动手制一杯，经常饮用，对于秋燥引起的各种不适都有很好的食疗功效。

杏仁茶

杏仁茶

配方 苦杏仁、冬瓜子、麻子仁各10克，白糖适量。

泡饮之法 将苦杏仁、冬瓜子、麻子仁放在热水中浸泡8～10分钟，之后将浸泡后的茶材去皮后捣烂，置锅中，加入白糖和水搅匀，烧沸即成。代茶温饮，每日1～2剂。

茶疗功效 此茶饮常被用于症见大便干结、腹痛不适、口干舌燥者。

冬瓜乌龙茶

配方 乌龙茶5克，冬瓜皮25克，山楂肉20克。

泡饮之法 ① 将冬瓜皮和山楂肉放入砂锅中，加适量水，煎煮20分钟左右。② 将乌龙茶放入茶壶中，用泡法①中的沸水冲泡即可。

茶疗功效 健胃消食、清肺热、利尿消肿。

银耳冰糖茶

配方 银耳10克，茶叶5克，冰糖15克。

泡饮之法 将银耳洗净后，放入清水中浸泡20～30分钟，然后将银耳、冰糖一同置于清水中煮熟，熄火。然后将茶叶放入汤中浸泡5分钟即可饮用。温服，每日1～2剂，可随时服用。

茶疗功效 具有滋阴润燥、润肺止咳的功效，适用于阴虚咳嗽型糖尿病。

百合花茶

配方 百合花4朵，杭白菊5朵，蜂蜜适量。

泡饮之法 将洗净的百合花、杭白菊放入茶壶中，用500毫升沸水冲泡5分钟，喝时调入蜂蜜即可。

茶疗功效 补气益中、滋阴润肺、清心安神，可明目助眠、降血压、降血脂。

注意事项 百合花茶单泡有股轻微的苦涩，如果不习惯可以添加蜂蜜或红糖，糖尿病患者可用两片甜菊叶代替。

西洋参茶

配方 西洋参片3～6克。

泡饮之法 将西洋参置保温杯中，以沸水冲泡15分钟后代茶频饮，1日内饮完，最后将剩渣吞下。

茶疗功效 益气滋阴、生津止渴，可用

银耳冰糖茶

于肺虚久咳、咽干口渴、虚热烦倦。

注意事项 泡西洋参茶忌用铁器，喝西洋参茶的同时不宜饮传统茶，不宜吃萝卜；如出现畏寒、腹痛腹泻、上下肢长水疱等过敏症状，应立即停止饮用。另外，慢性乙肝患者也不宜饮用西洋参茶。

白菊花乌龙茶

配方 白菊花8克，乌龙茶6克，冰糖适量。

泡饮之法 将白菊花与乌龙茶放入杯中，用沸水冲泡，之后加入适量冰糖调匀即可饮用。

茶疗功效 有效地排除体内有害的辐射与放射性物质。

冬季，天寒地冻，万物蛰伏，寒气袭人，人体生理功能减退，阳气渐弱。中医认为"时届寒冬，万物生机闭藏，人的机体生理活动处于抑制状态，养生之道，贵乎御寒保暖"，因而冬天喝茶以红茶为最佳。红茶品性温和，味道醇厚，含有丰富的蛋白质和糖，冬季饮之，可补益身体，善蓄阳气，生热暖腹，从而增强人体对冬季气候的适应能力。此外，冬季人们的食欲增进，进食油腻食品增多，饮用红茶还可祛油腻、开胃口、助养生，使人体更好地顺应自然环境的变化。

红茶不仅能够暖胃，还有养胃的功效。这是因为红茶是全发酵茶，茶叶所含的茶多酚在氧化酶的作用下发生化学反应，含量减少，对胃部的刺激性随之减小。另外，这些茶多酚的氧化产物还能够促进人体消化，因此红茶不仅不会伤胃，反而能够养胃。

牛奶热茶

牛奶热茶

配方 红茶1克，砂糖15克，牛奶75克，柠檬片3～5片。

泡饮之法 ① 红茶泡为茶水，备用。

② 将牛奶加热煮沸，离火。

③ 加糖、柠檬片，和茶水混合，趁热饮。

茶疗功效 补血润肺，提神暖身，是血虚体质美眉的保健饮料。

人参红枣茶

配方 人参25克，红枣25克，红茶5克。

泡饮之法 ① 将人参、红枣（去核）洗干净备用。

② 将上述材料一起放入锅中，煮成茶饮。

茶疗功效 改善气血不足，增强体力，使元气恢复。

乌龙戏珠茶

配方 乌龙茶 2 克，炒熟花生仁 5 粒，核桃仁 3 颗，松子仁 2 粒。

泡饮之法 将花生仁、核桃仁、松子仁分别洗净沥干；花生仁去皮；将之共研成细末。之后将研好的细末加入装有乌龙茶的壶中，倒入沸水 250 毫升，静置 2 分钟后饮用即可。每日饮用 1 次。

茶疗功效 有助于增进食欲，增加人体的热量，以抵挡冬日的严寒。

糯米红茶

配方 糯米 50 克，红茶 5 克。

泡饮之法 将糯米洗净，放入锅中。加入适量清水煮，至糯米熟，在煮好的糯米中加入红茶，即可饮用。

茶疗功效 益气养血，可改善体虚症状。

黄芪红茶

配方 黄芪 15 克，红茶 3 克。

泡饮之法 ① 把黄芪放入锅中，加入适量清水煮约 15 分钟。

② 放入红茶后，再一起煮约 5 分钟，即可饮用。

茶疗功效 补气生阳、调和脾胃，可改善身体虚弱症状。

红枣黄芪茶

配方 黄芪 5 克，红枣 10 克，枸杞 3 克，菊花 3 ~ 5 朵。

泡饮之法 将上述材料比例加大 10 倍剂

量，研成粉末。每日取 100 ~ 150 克，用纱布包好，放入保温瓶中，用沸水冲泡 30 分钟，每日 1 剂，代茶饮用。

茶疗功效 补气养血、补肾益精、生津止渴。

>**注意事项** 黄芪这种中药材是需要长久饮用才能见功效的，每天坚持饮用，尤其是中老年人群，冬季更适合常饮这款养生茶。

阿胶红茶

配方 阿胶 6 克，红茶 3 克。

泡饮之法 沸水冲泡，待阿胶溶化，趁温饮之。

茶疗功效 补虚滋阴，振奋精神，可用于血虚头晕，面色萎黄，血虚体质服此甚宜。

沙苑枸杞茶

配方 沙苑子 10 克，枸杞 15 克。

泡饮之法 将沙苑子和枸杞用水过滤，之后将过滤后的茶材放入保温杯，用开水闷泡半小时即可。代茶温饮，每日 1～2 剂。

茶疗功效 此茶饮具有补肾益精的功效，适用于肾阳不足，症见腰膝酸软，阳痿早泄，或女性性欲减退，宫寒不孕，也适用于冬令进补。

椰香奶茶

配方 红茶包 1 个，椰汁 150 毫升，冰糖适量。

泡饮之法 ① 茶壶中放入 200 毫升沸水，将红茶包放入其中闷泡 5 分钟左右。

椰香奶茶

② 将椰汁和冰糖加入红茶中，再泡 5 分钟左右即可。

茶疗功效 具有暖身、健胃的功效。非常适合冬季天气寒冷的时节饮用。

萝卜茶

配方 白萝卜 30 克，红茶 5 克。

泡饮之法 将白萝卜洗净切

白萝卜

片煮烂，再将茶叶用开水冲泡，5 分钟后倒入萝卜汁即可。

茶疗功效 具有清热化痰、理气消食的功效，适用于冬季多食肥甘厚味所致的饮食不化，内郁化热。

糯米红茶

配方 糯米 50 克，红茶 5 克。

泡饮之法 将糯米洗净，放入锅中。加入适量清水煮，至糯米熟，在煮好的糯米中加入红茶，即可饮用。

茶疗功效 益气养血，改善身体虚弱症状。

茴香茶

配方 红茶 3 克，茴香 5 克，红糖适量。

泡饮之法 将红茶、茴香用沸水冲泡，加盖闷 3～5 分钟，依个人口味调入适量红糖即可。每日 1～2 剂，代茶饮用。

茶疗功效 开胃、止呕，缓解寒气入侵导致的腹痛、痛经等，是冬季理想的保健茶饮。

常见疾病的茶疗方

贫血

桂圆大枣养血茶

配方 桂圆肉3克，红枣3颗。

泡饮之法 将大枣切碎去核，与桂圆肉一起放入容器内，用沸水冲泡，盖闷15～20分钟，去渣取汁后备用。每剂泡1次，代茶饮，最好将药渣一同嚼烂，用药茶送服。

茶疗功效 健脾养心、补气生血。对脾虚不生血、心弱不主血的贫血、心悸怔忡、头晕眼花、神疲气短、失眠不寐者有较好疗效。

白芍当归滋肝茶

配方 白芍、熟地黄、当归各适量。

泡饮之法 将白芍、熟地黄和当归放入容器内，用沸水冲泡，盖闷15～20分钟，去渣后取汁代茶饮。此茶应边饮边加沸水，每天上午和下午各泡服1剂。

茶疗功效 滋肝养血。有头昏眼花、神疲肢软、心悸怔忡、面色无华者，可饮用此茶。

失眠

龙须安神茶

配方 龙须10克，石菖蒲5克。

泡饮之法 先将龙须加水煎沸10分钟，

桂圆大枣养血茶

再加入石菖蒲煎沸15分钟即可。每日1～2剂，不拘时，代茶饮。

茶疗功效 舒心气、怡心情、宁心安神。

柏仁合欢茶

配方 柏子仁15克，合欢花6克。

泡饮之法 上述材料分别洗净后，同放茶杯内，沸水冲泡，加盖闷10分钟即可。代茶频饮。

茶疗功效 安神定志、宁心催眠。适用于睡眠不佳者。

灵芝远志茶

配方 灵芝10克，炙远志5克。

泡饮之法 上述材料分别洗净后，切碎，同放茶杯内，沸水冲泡，加盖闷 10 分钟即可。代茶频饮。

灵芝

茶疗功效 安神定志、益气养血。适用于晚间睡眠不实，伴有心慌、乏力者。

健忘

菖蒲梅枣茶

配方 石菖蒲 3 克，酸梅肉 3 颗，红枣 2 颗，红糖适量。

泡饮之法 用沸水冲泡，加盖闷 15 分钟；或者煎煮 5 分钟即可饮用。

茶疗功效 宁心安神，有助于改善失眠、健忘、多梦等症状。

决明益智茶

配方 炒决明子 250 克，洋甘菊、夏枯草、桔饼、五味子各 30 克，麦冬、枸杞、桂圆肉各 60 克，黑桑葚 120 克。

泡饮之法 以上材料捣碎为粗末，混匀，每次取 15 克，沸水冲泡。每日 2 次，代茶频饮。

茶疗功效 清肝明目、荣脑益智。适用于神经衰弱、健忘等症。

枸杞淫羊藿茶

配方 枸杞 12 克，淫羊藿 8 克，沙苑子 9 克，五味子 6 克，山萸肉 5 克。

泡饮之法 煎水。代茶饮，每日 1 剂。

茶疗功效 滋补肝肾、助阳益智，可改善抑郁型神经衰弱、记忆力减退等症。

牙龈出血

芒果绿茶

配方 芒果皮肉 50 克，绿茶 5 克，白糖 25 克。

泡饮之法 芒果皮肉以水煎制后取汁，用其汁冲泡绿茶。再加入白糖，以此代茶饮用。

茶疗功效 适用于牙龈出血。

番茄茶

配方 番茄 100 克，绿茶 1 克。

番茄

泡饮之法 将番茄捣碎，加绿茶，用沸水冲泡服用。饮茶时，将茶液含在口中片刻，让茶液更充分地与患部接触，疗效更佳。

茶疗功效 适用于牙疼、牙龈出血。

盗汗

补虚止汗茶

配方 生黄芪 20 克，生地黄 15 克，当归 12 克，黄芩、黑豆衣、瘪桃干各 9 克。

泡饮之法 将上述药茶水煎取汁或用沸水冲泡，盖闷 10 ~ 15 分钟去渣取汁备用。代茶饮用，每日 1 剂。

茶疗功效 补气滋阴，用于自汗、盗汗。

止盗汗茶

配方 柴胡9克，胡黄连10克，糯稻根20克。

泡饮之法 将上述药水煎，头二煎分作2次服。每日1剂。

茶疗功效 退热、凉血、疏肝。适用于烘热盗汗。

偏头痛

谷精绿茶

配方 绿茶1克，谷精草5～15克。

泡饮之法 水煎取汁加入蜂蜜25克，分3次饭后服。

茶疗功效 适用于偏头痛。

川芎白芷茶

配方 川芎、白芷各10克，茶叶6克。

泡饮之法 ① 将川芎、白芷与茶叶一起研成细末。

② 将细末用沸水冲泡。代茶频饮。

茶疗功效 可辅助治疗诸风上攻、头昏眼花、偏正头痛等。

感冒

桑菊竹叶茶

配方 桑叶、菊花各5克，苦竹叶、白茅根各30克，薄荷3克，白糖20克。

泡饮之法 将以上药材放入杯内，开水浸泡10分钟，或在火上煎煮5分钟，

桑菊竹叶茶

调入白糖即可。频频饮之。

茶疗功效 清热散风，解表。适用于恶寒发热、头痛身疼，或鼻塞流涕、舌苔薄白、脉浮数等症。

苏羌茶

配方 紫苏叶、羌活、茶叶各9克。

泡饮之法 以上3味共研粗末，以沸水冲泡即可。每日1剂，随时温服。

茶疗功效 辛温解表。适用于风寒感冒、恶寒发热、无汗、肢体酸痛。

党参苏叶茶

配方 党参15克，苏叶12克。

泡饮之法 将党参、苏叶洗净，放入茶壶中，用沸水冲泡。每日1剂，代茶饮用。

姜糖茶

茶疗功效 清热解毒。适用于预防流行性感冒等。

🍵 咳嗽

芦根竹茹茶

配方 鲜芦根150克,竹茹20克,生姜2片。

泡饮之法 将鲜芦根洗净,切成小段,与竹茹、姜片一同放入砂锅内,加水煎汤,去渣取汁,代茶饮用。每日1剂。

茶疗功效 清热除烦、止呕化痰。适用于痰热咳嗽。

枇杷叶茶

配方 枇杷叶10～15克(鲜品30克),冰糖20克。

泡饮之法 将枇杷叶用纱布包好,冰糖捣碎,一同放入杯中,冲入沸水,待温,代茶饮用。或将鲜枇杷叶背面的绒毛刷净,再与冰糖末一同放入杯中,沸水冲泡,代茶饮用。每日1剂。

茶疗功效 清肺和胃、化痰降气。适用于痰热咳嗽。

芦鱼瓜芩茶

配方 芦根、鱼腥草各15克,瓜蒌、黄芩各10克,绿茶6克。

泡饮之法 前4味加水约500毫升,煮开15分钟,取沸汤冲泡绿茶,分2次凉饮。每日1剂。

茶疗功效 清肺化痰止咳。适用于痰热

茶疗功效 益气解表。适用于气虚感冒或预防感冒,是老年人和体质虚弱者较理想的保健饮料。

姜糖茶

配方 生姜3片,红糖适量。

泡饮之法 用开水煎煮5分钟或者开水冲泡。每日1～2剂,随时温服。

茶疗功效 发汗解表、温中和胃。适用于风寒感冒。

预防流感茶

配方 板蓝根、大青叶各50克,野菊花、金银花各30克。

泡饮之法 将上述4味药同放入大茶缸中,沸水冲泡,片刻后饮用。代茶频服。

壅肺型咳嗽：症如咳嗽气粗，痰多稠黄，烦热口干，舌质红，苔黄腻等。

五核止咳茶

配方 淮山药 20 克，党参、五味子、核桃仁各 10 克，红茶 5 克。

泡饮之法 前 4 味加水约 500 毫升，煮开 15 分钟，取沸汤冲泡红茶，不拘时温饮。每日 1 剂。

茶疗功效 益气敛肺止咳。适用于肺气亏虚型咳嗽：症如病久咳声低微，咳而伴喘，咯痰清稀色白，食少，气短胸闷，神疲乏力，自汗畏寒，舌质淡，苔白等。

苏姜桔甘茶

配方 紫苏 10 克，生姜、桔梗各 6 克，甘草 3 克，红茶 5 克。

泡饮之法 前 4 味加水约 450 毫升，煮开 10 分钟，取沸汤冲泡红茶，分 2 次热饮。每日 1 剂。

茶疗功效 疏散风寒、化痰止咳。适用于风寒袭肺型咳嗽：症如咳嗽声重，咯痰稀薄色白，恶寒，或有发热，无汗，舌苔薄白等。

紫苏

咽炎

莲花茶

配方 金莲花、茶叶各 6 克。

茶叶

泡饮之法 将金莲花与茶叶以沸水冲泡，当茶饮。

茶疗功效 具有清热解毒作用。民间用其缓解慢性咽喉炎、扁桃腺炎。

绿合海糖茶

配方 绿茶、合欢花各 3 克，胖大海 2 颗，冰糖适量。

胖大海

泡饮之法 绿茶、合欢花、胖大海加冰糖以沸水冲泡，当茶饮。

茶疗功效 具有清热解毒、平喘止咳作用。适用于慢性支气管炎、咽炎等症。

慢性支气管炎

百部茶

配方 百部 100 克，蜂蜜 500 克，清水 5000 毫升。

蜂蜜

泡饮之法 先用清水煎百部至 1000 毫升，滤去渣，再加蜂蜜慢火熬成膏，饭后冲服，每次 1～2 汤匙，每日 3 次。

茶疗功效 对缓解慢性支气管炎久咳不愈有效。

杏仁核桃茶

配方 姜9～12克，杏仁15克，核桃肉30克，冰糖适量。

泡饮之法 先将上述前3味料捣烂，再加入冰糖，放入锅内炖熟。每日1次，连服15～20日。

茶疗功效 有散寒化淤、补肾纳气的功效。适用于属寒证型的慢性支气管炎。

哮喘

桑树皮茶

配方 桑树皮10克，甘草、竹叶各5克。

泡饮之法 上述3味洗净入锅，加水适量煎服。

茶疗功效 桑树皮可润肺平喘；甘草祛痰止咳；竹叶清热除烦，利尿清心。

丝瓜茶

配方 丝瓜200克切片，茶叶5克，食盐少许。

泡饮之法 先将丝瓜加盐少许煮熟，茶叶以沸水冲泡5分钟后取出，倒入丝瓜汤内即可。每日1剂。不拘时饮服。

茶疗功效 有清热解毒、止咳化痰、利咽的功效。用于扁桃腺炎、支气管炎、哮喘等症的食疗。

高血压

玉米须茶

配方 玉米须25～30克。

玉米须茶

泡饮之法 将玉米须放入锅内，加水煎煮，代茶饮。

茶疗功效 玉米须可消食化积，不仅有很好的降压功效，还有止泻、止血、利尿和养胃的作用。适用于由肾炎引起的高血压。

桑寄生茶

配方 桑寄生干品15克。

泡饮之法 开水煎煮15分钟，代茶饮，每日早晚各1次。

茶疗功效 补肾补血，对改善高血压具有明显的辅助疗效。

海带决明茶

配方 海带、决明子各50克。

泡饮之法 ① 将海带洗净，蒸 10 分钟，泡发切成丝晒干；决明子炒至微黄。

② 每次取海带、决明子各 10 克，用沸水冲泡饮服。

茶疗功效 此茶具有调脂降压之功效，适用于高血压、高脂血症。

冠心病

姜红冠心茶

配方 姜黄、当归、木香各 5 克，红花 3 克。

泡饮之法 ① 将姜黄、当归和木香切成小碎块，与红花一起以沸水冲泡。

② 加盖闷 10 ~ 15 分钟，去渣取汁。

③ 代茶饮，每日早晚各 1 次。

茶疗功效 通心脉、止心绞痛，适用于冠状动脉硬化性心脏病。

银杏茶

配方 制好的干银杏叶 2 ~ 3 片。

泡饮之法 将银杏叶浸泡在一杯热开水中，10 ~ 15 分钟后即可饮用。

茶疗功效 适用于肺虚咳喘、冠心病、心绞痛、高脂血症。

注意事项 因为银杏叶中含有部分有毒成分，所以购买时需选择已经制好的银杏叶，应只作为治疗时饮用，不适合长期饮用，而且银杏叶不能与茶叶和菊花一同泡茶喝，也不可与其他心血管用药及阿斯匹林并用。

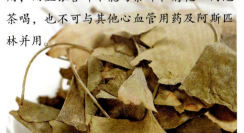

高脂血症

泽泻决明茶

配方 茶树根（洗净，切片，鲜品）30 克，泽泻 60 克，决明子 12 克。

泽泻

泡饮之法 将茶树根、泽泻、决明子水煎或以沸水冲泡，盖闷 10 ~ 15 分钟。分 2 次服用，每天 1 剂，连服 4 ~ 6 周。

茶疗功效 降脂减肥。适用于高脂血症、肥胖症及脂肪肝患者。

罗布麻绿茶

配方 绿茶 5 克，罗布麻叶 6 克。

泡饮之法 将上述材料装入容器内，用沸水冲泡，然后加盖闷 10 ~ 15 分钟，去渣取汁。代茶饮，每日 1 剂。

茶疗功效 适用于高血压、高脂血症、眩晕症等。

注意事项 散装罗布麻叶具有轻微的毒性，不宜长期泡茶饮用，购买时需仔细咨询医师后再泡茶饮用。

月经不调和痛经

月季花茶

配方 绿茶 3 克，月季花 6 克，红糖 30 克。

泡饮之法 加水 300 毫升，煮沸 5 分钟。分 3 次饭后服即可。每日 1 剂。

茶疗功效 和血调经，用于血淤型痛经。

凌霄茴香茶

配方 茶树根、凌霄花和小茴香各15克。

泡饮之法 于月经来时，将上述药材同适量清水隔水炖3小时，去渣加红糖服。月经干净后的第二日，将凌霄花炖老母鸡，加少许米酒和盐拌食，每月1次，连服3个月。

茶疗功效 用于痛经。

红花茶

配方 红花5克，桃仁、红茶各3克。

泡饮之法 将桃仁磨成粉末，杯中加入红花、红茶和桃仁粉，然后注入沸水冲泡，10分钟左右即可饮用。代茶温饮，每日1剂，药渣可再煎服。

茶疗功效 活血通经。

红花茶

更年期综合征

五味子茶

配方 五味子100克。

泡饮之法 五味子以水煎制，代茶，频频饮用，每日1剂。一般服15日左右见效，可连服30～60日。

茶疗功效 安神定志、调节肝肾。

更年期降火茶

配方 苦丁茶3克，莲子心1克，枸杞10克，干菊花3～5朵。

泡饮之法 将上述药茶放入茶杯中，以沸水冲泡，盖闷10分钟。以此代茶频饮，可反复冲泡3～5次。

茶疗功效 滋阴降火。适用于阴虚火旺型更年期综合征。

便秘

麻仁蜜茶

配方 火麻仁3～5克，蜂蜜适量。

泡饮之法 将火麻仁炒香研为细末，每次3～5克，加入适量蜂蜜，以开水冲服。

茶疗功效 润燥滑肠。

参芪陈蜜茶

配方 太子参、黄芪各20克，陈皮5克，蜂蜜适量，花茶6克。

泡饮之法 前3味加水约500毫升，煮开20分钟，取沸汤冲泡蜂蜜、花茶。

不拘时温饮。

茶疗功效 健脾益气、润肠通便。适于脾虚气弱型便秘。

四仁通便茶

配方 炒杏仁、松子仁、火麻仁、柏子仁各10克。

泡饮之法 上述4味药一起捣碎，放入保温杯中，用开水适量冲泡，盖闷15分钟，代茶频饮。可连服1～3日。婴幼儿慎用。

茶疗功效 润肠通便。

腹泻

车前子红茶

配方 车前子12克，红茶2克。

泡饮之法 取车前子、红茶置于大茶杯中，冲入沸水200毫升左右，盖闷30分钟左右，当温度适宜时开始频频饮服。1日内服完。

茶疗功效 健脾利水、化湿止泻。适用于脾虚湿盛引起的慢性腹泻。

白术止泻饮

配方 白术、山药各20克，茯苓15克，乌梅10克，红糖适量。

泡饮之法 将上述药材一起放入锅中，加水适量，煎沸30分钟后去药渣，加入红糖溶化，代茶饮，每日1剂。

茶疗功效 健脾益气、利湿止泻。症见大便稀溏、水样泻，苔白，脉沉细等。

石榴叶茶

石榴叶茶

配方 石榴叶60克，生姜15克，盐30克。

泡饮之法 先将3味同炒黑，煎水代茶。每日1剂，分上、下午温服。

茶疗功效 温中散寒、润肠止泻。用于急性胃肠炎腹泻，并有止痛作用。

食欲不振

乌梅茶

配方 乌梅10克，生姜汁10毫升，白糖适量。

泡饮之法 将乌梅和生姜汁用水煎煮5～8分钟，代茶饮，不拘时。

茶疗功效 健脾和胃、降逆止呕。用于脾胃虚弱、恶心呕吐、食欲不振等症。

山楂银耳茶

配方 山楂 50 克，水发银耳 25 克。

泡饮之法 将山楂洗净，加水煎煮，煮沸后加水发银耳，稍煮待凉后，代茶饮。

茶疗功效 健脾和中、开胃消食。用于食欲不振、食积不化等症。

呕吐

紫苏叶茶

配方 紫苏叶 10 克。

泡饮之法 加水煎煮取汁，代茶饮。

茶疗功效 解表散寒、行气止呕。用于脾胃气滞及风寒外感之恶心呕吐、胸闷不舒、发热恶寒、头痛鼻塞，以及进食鱼蟹引起的腹痛、呕吐、泄泻。

甘蔗茶

配方 甘蔗 200 克。

泡饮之法 榨汁，加水适量，代茶饮。

茶疗功效 清热生津、降逆止呕。用于热病津伤、反胃呕吐、心烦口渴及干咳痰少等症。

甘蔗

消化不良

核桃红茶

配方 红茶 3 克，核桃仁、山楂各 30 克，白糖适量。

泡饮之法 将煎汤代茶饮，并食核桃仁。

茶疗功效 补肾强心、生津止咳。适宜于冬季作茶疗服用，也可用于肺虚咳嗽、肾虚咳嗽、肉食积滞、便秘等。

萝卜叶茶

配方 萝卜叶 20 克。

泡饮之法 加水煎煮取汁，代茶饮。

茶疗功效 消食化积、和胃止呕。用于食积不化、恶心呕吐、脘腹胀痛、不欲饮食。

口臭

藿香除口臭茶

配方 藿香 30 克。

泡饮之法 将藿香置于保暖杯中，沸水冲泡闷 15 分钟左右，频频漱口后吐之，约 1/2 药汁可频频代茶饮服。每日 1 剂。每剂用沸水冲泡 2 ~ 3 次。

茶疗功效 化湿和中、辟秽除臭。可用于湿浊困脾、浊气上泛而导致口臭者。

桂花茶

配方 桂花 3 克，红茶 1 克。

泡饮之法 将上述药茶置于保暖杯中，用沸水适量冲泡，盖闷 10 分钟后，频频代茶饮用。

茶疗功效 芳香辟秽、解毒除臭。适用于口臭、风火牙痛、胃热牙痛及龋齿牙痛等症。

生地莲心汤

配方 生地黄9克，莲子心、甘草各6克。

泡饮之法 上述3味加水，一同煎煮，去渣取汁。每日1剂，连用数日。

甘草

茶疗功效 养阴清热，改善口臭。

口腔溃疡

甘草茶

配方 甘草5片或甘草粉1匙。

泡饮之法 将甘草或甘草粉放入保温杯中，浸泡至甘草味出，即可当茶饮用。

茶疗功效 清热泻火，改善口腔溃疡。

莲子甘草茶

配方 莲子（含莲心）15克，甘草2克，绿茶叶5克。

泡饮之法 将上述药茶一同放入容器内，冲入适量开水浸泡。代茶频饮。

茶疗功效 清心泄热。辅助治疗口腔溃疡。

生地青梅饮

配方 生地黄15克，石斛10克，甘草2克，青梅30克。

泡饮之法 将上述材料加水煎煮20分钟，去渣取汁。每日1剂，分2～3次饮服，可连用数日。

茶疗功效 具有生津止渴、养阴清热、降火敛疮等功效，用于口腔溃疡的食疗。

牙痛

绿豆鸡蛋糖水

配方 绿豆100克，鸡蛋1个，冰糖适量。

泡饮之法 将绿豆捣碎洗净，放锅里加水适量，煮至绿豆烂熟，打入鸡蛋，搅匀，稍凉后1次服完，连服2～3天。

茶疗功效 适宜风热牙痛者食用。

沙参细辛茶

配方 沙参30克，细辛3克。

泡饮之法 将沙参和细辛研成粗末，用纱布包好，放于保温容器中，冲入沸水适量，盖闷15分钟。将其代茶饮用，1日内饮完。

茶疗功效 养阴清热、缓解牙痛。

莲子甘草茶

茶是世间至洁至灵之物，一杯茶中浸润着时间的秘香，蕴含着岁月的魅力，潜藏着自然的风景。在茶香中领会自然风光，遐想茶香中的景色，别有一番风味。

下篇

品鉴

七大茶类

绿茶品鉴

认识绿茶

绿茶是指采取茶树鲜叶，未经发酵，经杀青、做形、干燥等典型工艺，制成的冲泡后茶汤色泽较多地保存了鲜茶叶的绿色主调的茶。

因为绿茶是不发酵茶，使其较多地保留了鲜叶内的天然物质，其中茶多酚、咖啡碱保留了鲜叶的 85% 以上，叶绿素保留 50% 左右，维生素损失也较少。因此"茶干色绿、清汤绿叶、滋味内敛"就成了绿茶的显著特点。

绿茶的种类

分类	品种
炒青绿茶	长炒青：珍眉、秀眉、贡熙等
	圆炒青：珠茶等
	细嫩炒青：龙井、碧螺春等
烘青绿茶	普通烘青：闽烘青、浙烘青等
	细嫩烘青：黄山毛峰、太平猴魁等
蒸青绿茶	煎茶、玉露、碾茶等
晒青绿茶	滇青、川青、陕青等

绿茶的鉴别

绿茶的品质差别较大，可根据绿茶外形、汤色、香气、滋味、叶底等方面进行鉴别。

1. 外形

（1）扁形茶：形状扁、平、直，如西湖龙井。

（2）条形茶：形状大小一致，条索松紧一致，如信阳毛尖。

（3）圆形茶：外形圆润、紧实，如涌溪火青。

（4）针形茶：条索紧细圆直，呈松针状，如南京雨花茶。

（5）卷曲形茶：外形卷曲、纤细，如洞庭碧螺春。

（6）芽形茶：包括芽茶和雀舌形茶，如黄山毛峰。

（7）片形茶：外形平直，完整均匀，呈片状，如六安瓜片。

（8）尖形茶：条索挺直，有尖峰，舒展自然，如太平猴魁。

2. 汤色

绿茶汤色以浅绿色、浅黄绿色且清澈明亮为佳；如果汤色发黄、过深、过暗、浑浊则为次。

3. 香气

绿茶因其品种及类型较多，所要求的香气也自然各不相同，但是总体来说，香气独特、自然芬芳、淡雅悠长，主要有清香型、嫩香型、毫香型等。

4. 滋味

绿茶滋味以鲜爽、醇厚、回味甘甜为佳品；滋味以苦涩、清淡、回味差为次品。香中有味、味中有香、回味无穷为佳品；如有异味则为次品。

5. 叶底

绿茶叶底以鲜绿、嫩绿、浅黄绿，色泽明亮、均匀，叶子大小匀齐为好；色泽呈黄色且不均匀，亮度不够为差。

绿茶的加工工艺

1. 杀青

杀青是绿茶制造的最初工序，也是决定绿茶形状和品质的关键工序。杀青的目的是通过高温破坏和钝化鲜叶中的氧化酶活性，蒸发鲜叶部分水分，使茶叶变软，便于揉捻成形，促进香气的形成。

2. 揉捻

揉捻是一个简单造型的过程，比如条形绿茶，通过揉捻可使叶片卷曲成条。不同造型和品质的绿茶，揉捻时间和轻重程度是不同的。

3. 干燥

干燥是进一步蒸发水分，干燥的目的是挥发掉茶叶中多余的水汽，以保持茶叶中酶的活性，便于保存品质。

绿茶的贮藏

1. 冰箱保存

家庭保存绿茶，可以利用冰箱保存，将绿茶分装到密度高、高压、厚实、强度好、无异味的食品包装袋，然后置于冰箱冷冻室或者冷藏室，一般温度控制在3~6℃，此法保存时间长、效果好，但袋口一定封牢，最好能单独放置，避免回潮或者串味，而有损绿茶的品质。

2. 罐藏法

储存茶叶的容器可选用金属听、箱、罐、盒等，其材质或铁、或铝、或纸品，形状或方、或圆、或扁、或不规则形。将茶叶密封包装好后，放在阴凉干燥、温度较低的地方。要注意茶叶要密封好，茶叶的包装要避光、不透水汽，无异味。

绿茶的冲泡方法

玻璃杯冲泡法、盖碗冲泡法、壶泡法、单开泡饮法等。

名优绿茶品鉴

西湖龙井

产地

浙江杭州西湖的狮峰、龙井、五云山、虎跑一带。

品质特征

干茶 形状扁而平直，色泽绿中透黄，挺直光洁、俊秀匀齐。

汤色 黄绿明亮。

香气 幽雅清高，隐有炒豆香或兰花豆香。

滋味 鲜香爽口，浓郁醇和。

叶底 色泽黄绿，芽芽直立，细嫩成朵。

干茶

佳茗概述

　　自古西湖美景、龙井名茶，就是文人雅士笔下佳句名篇的"宠儿"。西湖龙井是我国第一名茶，龙井既是地名，又是泉名和茶名，其历史悠久，并以色绿、香郁、味甘、形美"四绝"而享誉中外。龙井茶产于西湖的狮峰、龙井、五云山、虎跑一带，历史上曾按产地分为"狮、龙、云、虎"四个品类，其中以产于狮峰的品质为最佳。

茶之品

　　滋味甘鲜醇和，香气清高持久，品之香馥若兰，沁人心脾，齿间留香，回味无穷。

茶之鉴

　　真品龙井：外形扁平，叶细嫩，条形整齐，宽度一致，色泽黄绿，手感光滑，不带夹蒂或碎片，品之馥郁鲜嫩，隐有蚕豆瓣的香味，即"兰花豆"香。

　　假冒龙井：夹蒂较多，手感不光滑，色泽为通体碧绿，就算是黄中带绿，也是那种"焖"出来的黄焦焦的感觉，且多含青草味，没有"兰花豆"的香味。

贮茶有方

　　西湖龙井茶极易受潮变质，购买后必须及时用纸包成 0.5 千克一包，放入底层铺有块状石灰（未吸潮风化的石灰）的缸中加盖密封收藏。贮藏得法，经半个月至 1 个月后，茶的香气更加清香馥郁，滋味更加鲜醇爽口。
保持干燥的龙井茶贮藏 1 年后仍能保持绿色、香高、
味醇的品质。

佳茗功效

西湖龙井有提神、生津止渴、降低血液中的中性脂肪和胆固醇的作用，同时还具有抗氧化、抗突然异变、抗肿瘤、降低血液中胆固醇及低密度脂蛋白含量、抑制血压上升、抑制血小板凝集、抗菌、抗过敏等功效。

采制工艺

西湖龙井优异的品质是通过精细的采制工艺所形成的。采摘一芽一叶和一芽二叶初展的芽叶为原料，经过摊放、炒青、回潮、分筛整理、收灰贮存等数道工序而制成的。

龙井茶炒制手法比较复杂，根据不同的鲜叶原料和不同的炒制阶段，分别采取"抖、搭、捺、拓、甩、扣、挺、抓、压、磨"十大手法。

杭州名菜——龙井虾仁的由来

据传，龙井虾仁这道名菜与乾隆皇帝下江南有关。有一次，乾隆微服遨游西湖时，忽然下起了小雨，乾隆只得就近到一茶农家中避雨。这位茶农热情好客，为乾隆奉上香醇味鲜的龙井茶，乾隆品尝到如此好茶，赞不绝口，心想要是能带一些回宫里就好了，可又不好意思开口向茶农要。于是，趁茶农不注意时，抓了一把茶叶，慌忙藏在便服内的龙袍口袋里。

雨过天晴，乾隆辞别茶农，继续游览西湖美景。雨后的西湖分外美丽，乾隆流连于美景，直到黄昏时分才来到一家小酒馆用膳。点了几个小菜，其中有一道是清炒虾仁。此时，乾隆感觉口渴，想起口袋里的龙井茶，便撩起便服取茶给店小二，让其帮忙泡一壶茶。就在此时，店小二看到龙袍一角，吓了一跳，拿了茶叶奔进厨房，正在炒虾仁的厨师听说皇帝到了，惊慌之中把小二拿的茶叶当做葱花撒进虾仁里，店小二又在慌乱之中将"茶叶炒虾仁"端给乾隆。饥肠辘辘的乾隆看到此菜虾仁洁白鲜嫩，茶叶碧绿清香，胃口大开，品尝之后，更是清香可口，连连称道："好菜！好菜！"

从此以后，这道慌乱之中炒出来的龙井虾仁，就成为杭州名菜。

碧螺春

品质特征

干茶 条索匀整纤细，形状如螺，披满茸毛，白毫隐翠，清香中透着芬芳。

汤色 黄绿清澈。

香气 清香淡雅。

滋味 鲜爽甘醇。

叶底 柔软翠绿，匀整明亮。

产地 江苏省苏州市太湖之滨的洞庭山。

干茶

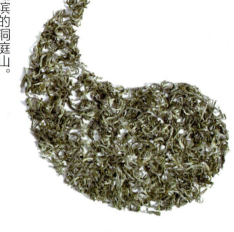

佳茗概述

碧螺春属于绿茶，是中国十大名茶之一，更是名茶中的珍品，以形美、色艳、香浓、味醇"四绝"而闻名于世，是仅次于西湖龙井的中国第二名茶。碧螺春茶历史悠久，民间最早叫"吓煞人香"，而"碧螺春"能得此美名并闻名中外，很大程度上要归功于康熙皇帝。相传在康熙三十八年南巡至太湖，视察并品尝了此茶后，倍加赞赏，闻其名后觉得不雅，即题曰"碧螺春"，并成为贡品。碧螺春的显著特点之一就是茶树与果木间作，茶吸果香，花窨茶味，孕育着碧螺春茶香果味的天然品质。

茶之品

滋味幽香鲜雅、味醇回甘，因有花和水果的清香。一酌鲜雅幽香，二酌芬芳味醇，三酌香郁回甘。

茶之鉴

洞庭碧螺春银芽显露，一芽一叶，芽为白毫，即小绒毛为白色，叶为卷曲清绿色。假碧螺春为一芽二叶，芽叶长度不齐，呈黄色，且绒毛多为绿色，而非白色。

从干茶色泽上看，没有染色的碧螺春色泽比较柔和，茶叶分两种颜色，叶子是绿色的，嫩芽是灰白色的；加色素的碧螺春看上去颜色发黑、发绿、发青、发暗。

从茶汤色泽上看,真品碧螺春用开水冲泡后呈微黄色,色泽柔亮、鲜艳;加色素的茶汤碧绿,而且看上去比较黄暗,像陈茶的颜色一样。

贮茶有方

传统碧螺春的贮藏方法是纸包茶叶,袋装块状石灰,茶、灰间隔置缸中,加盖密封吸湿贮藏。现在人们多采用三层塑料保鲜袋将碧螺春分层紧扎,隔绝空气,然后放在冰箱或冷藏箱低温贮藏。这种方法可使碧螺春久贮年余,其色、香、味仍犹如新茶。

佳茗功效

提神解乏:碧螺春所含的咖啡碱能兴奋中枢神经系统,有助于振奋精神、增进思维、消除疲劳、提高学习或工作效率。

抗菌消炎:碧螺春中的茶多酚和鞣酸作用于细菌,能凝固细菌的蛋白质并将细菌杀死。皮肤生疮、溃烂流脓外伤破了皮,用碧螺春浓茶冲洗患处,有消炎杀菌作用。

种植方式

洞庭碧螺春产区是我国著名的茶、果间作区,茶树和桃、李、杏、梅、柿、桔、白果、石榴等果木交错种植。

茶闻轶事

碧螺姑娘的美丽传说

相传很早以前,太湖西洞庭山上住着一位名叫碧螺的姑娘,东洞庭山上住着一个名叫阿祥的小伙子,两人心里深深相爱着。有一年,太湖中出现一条凶恶残暴的恶龙,扬言要抓起碧螺姑娘,阿祥与恶龙斗了七天七夜,恶龙终于死了,但阿祥也昏倒在血泊中。碧螺姑娘为了报答阿祥救命之恩,亲自照料阿祥,可是阿祥的伤势一天天恶化。

一天,碧螺姑娘找草药来到了阿祥与恶龙博斗的地方,忽然看到一棵小茶树长得特别好,心想:这可是阿祥与恶龙博斗的见证,应该把它培育好。至清明前后,小茶树长出了嫩绿的芽叶,碧螺采摘了一把嫩梢,回家泡给阿祥喝。说也奇怪,阿祥喝了这茶,病居然一天天好起来了,碧螺却身体渐差,最后死在阿祥怀里。阿祥悲痛欲绝,就把她埋在洞庭山的茶树旁。从此,他努力培育茶树,采制名茶。为了纪念碧螺姑娘,人们就把这种名贵茶叶取名为"碧螺春"。

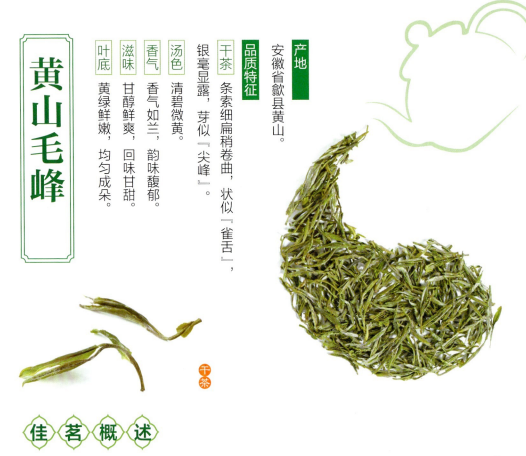

黄山毛峰

产地

安徽省歙县黄山。

品质特征

干茶 条索细扁稍卷曲，状似「雀舌」，银毫显露，芽似「尖峰」。

汤色 清碧微黄。

香气 香气如兰，韵味馥郁。

滋味 甘醇鲜爽，回味甘甜。

叶底 黄绿鲜嫩，均匀成朵。

佳茗概述

黄山毛峰是中国历史名茶之一，由清代光绪年间谢裕泰茶庄所创制。由于新制茶叶白毫披身，芽尖峰芒，且鲜叶采自黄山高峰，故取名为黄山毛峰。自古好山好水出好茶，明代茶人许次杼在《茶疏》中就说："天下名山，必产灵草"。黄山景区的桃花峰、紫云峰、云谷寺、松谷庵、吊桥庵、慈光阁一带林木茂盛、云雾缥缈、温暖湿润，以其独特的气候环境，为黄山毛峰的生长提供了优异的自然条件。

茶之品

滋味鲜浓，醇和高雅，回味甘甜，白兰香味长时间环绕齿间，丝丝甜味持久不退。

茶之鉴

优质黄山毛峰形似雀舌，白毫显露，色似象牙，芽叶成朵，厚实鲜艳。其中"鱼叶金黄"和"色似象牙"是特级黄山毛峰外形与其他毛峰不同的两大明显特征。正品茶冲泡后，清香高长，汤色清澈，滋味鲜浓、醇厚、甘甜，叶底嫩黄，肥壮成朵。仿品茶一般带有人工色素，呈土黄色，味苦涩、淡薄，条叶形状不齐，叶底不成朵。

贮茶有方

密封、防潮，以免黄山毛峰中水分太多，容易引起霉变。

切忌让黄山毛峰接触有异味的东西。

不要将黄山毛峰放在高温之下，因高温环境能使黄山毛峰茶叶氧化速度加剧。

贮藏黄山毛峰时，要防止光照，以免黄山毛峰茶叶中的活性成分变质。

佳茗功效

利尿消肿：茶叶中的咖啡碱和茶碱具有利尿、解毒的作用，可用于水肿、尿潴留和急性黄疸型肝炎等病症。

防龋齿：茶中含有氟，氟离子与牙齿的钙质有很大的亲和力，能变成一种较难溶于酸的"氟磷灰石"，就像给牙齿加上一层保护膜，提高了牙齿防酸抗龋能力。

防癌抗癌：茶叶中的黄酮类物质有不同程度的体外抗癌作用，作用较强的有牡荆碱、桑色素和儿茶素等。

黄山毛峰现奇观

明朝天启年间，江南黟县新任县官熊开元带书童来黄山春游，迷了路，遇到一位腰挎竹篓的老和尚，便借宿于寺院中。长老泡茶敬客时，知县细看此茶叶色微黄，形似雀舌，身披白毫，开水冲泡后，只见热气绕碗边转了一圈，转到碗中心就直线升腾，约有一尺高，然后在空中转一圆圈，化成一朵白莲花。那白莲花又慢慢上升化成一团云雾，最后散成一缕缕热气飘荡开来，清香满室。知县问后方知此茶名叫黄山毛峰，临别时长老赠送此茶一包和黄山泉水一葫芦，并嘱一定要用此泉水冲泡才能出现白莲奇景。

后来，当时的皇上得知有奇景，便传令熊开元进宫泡茶。白莲奇观出现后，皇帝看得眉开眼笑，便对熊知县说道："朕念你献茶有功，升你为江南巡抚，三日后就上任去吧。"

熊知县心中感慨万千，暗忖道"黄山名茶尚且品质清高，何况为人呢？"于是脱下官服玉带，来到黄山云谷寺出家做了和尚，法名正志。如今在苍松入云、修竹夹道的云谷寺下的路旁，有一擎庵大师墓塔遗址，相传就是正志和尚的坟墓。

信阳毛尖

产地

河南信阳。

品质特征

干茶 匀整细直，色泽翠绿显白毫。

汤色 明亮清澈，汤色橙黄。

香气 香气清高，有熟果香。

滋味 滋味浓醇，回甘生津。

叶底 嫩绿匀齐，明亮嫩绿。

干茶

佳茗概述

信阳毛尖，又称"豫毛峰"，是河南省著名特产之一，也是中国名茶之一。其素以"细、圆、光、直、多白毫、香高、味浓、汤色绿"的独特风格而饮誉中外。早在唐代信阳毛尖就被列为贡茶，北宋苏东坡谓："淮南茶，信阳第一。"信阳毛尖一年采摘3次，分别是春、夏、秋，其中春茶和秋茶是茶中上品，民谣有"早茶送朋友，晚茶敬爹娘"的说法，可见春茶和秋茶的珍贵。

茶之品

使用纯净水和玻璃器皿，依据个人口味酌量投放信阳毛尖。品饮时先用水冲洗茶具，然后再投放毛尖。先洗茶，再加水冲泡、待过半分钟后再品饮，茶汤饮至1/3添水续饮，继续添水续饮至茶汤变淡（一般可品饮3～5次）。

茶之鉴

真信阳毛尖：汤色嫩绿或黄绿、明亮，香气高爽、清香，滋味鲜浓、醇香、回甘。芽叶着生部位为互生，嫩茎为圆形，叶缘有细小锯齿，叶片肥厚绿亮。

假信阳毛尖：汤色深绿、浑暗，有臭气无茶香，滋味苦涩、异味重或淡薄。芽叶着生部位一般为对生，嫩茎多为方型，叶缘一般无锯齿，叶片暗绿，柳叶薄亮。

贮茶有方

干燥防潮：存放信阳毛尖的仓库要干燥不潮湿，家庭可用大、中、小型带盖的不锈铁质茶桶、茶叶盒。装满茶叶，不留空隙，密闭封存，外加裹两层塑料薄膜。计划好用茶时间，尽量少开启桶（盒）盖，避免茶叶回潮。

清洁防异味：茶叶容易吸异味，所以存放信阳毛尖的仓库、工具要专用，保持清洁、卫生、无异味，不能与化肥、农药、油脂、香皂、樟脑球以及霉变物质等有异味的物品同放，更不能用以上物品的包装袋贮存茶叶。

佳茗功效

促进脂类物质转化吸收：茶叶中的生物碱可与磷酸、戊糖等物质形成核甘酸，核甘酸类物中的化合物对脂类物质的代谢起着重要作用，尤其对含氮化合物具有极妙的分解、转化作用，使其分解转化成可溶性吸收物质，从而达到消脂作用。

净化人体消化器官：茶叶中的黄烷醇可使人体消化道松弛，净化消化道器官中微生物及其他有害物质，同时还对胃、肾、肝脏履行特殊的净化作用。

春姑化石救乡亲的传说

相传在很久以前，信阳本没有茶，乡亲们在官府和老财的欺压下，吃不饱，穿不暖，许多人得了一种叫"疲劳痧"的怪病，瘟病越来越凶，不少地方村户都死绝了。

为了找到消除疾病的宝树，一个叫春姑的姑娘在路上走了九九八十一天，累得精疲力尽，并且也染上了瘟病，倒在一条小溪边。这时，泉水中飘来一片树叶，春姑含在嘴里，马上神清目爽，浑身是劲。她找到了那棵大树，摘下一颗种子。看管茶树的树仙说，摘下的种子必须在10天之内种下。春姑很伤心，老人便把她变成一只画眉鸟。画眉飞回家乡，将树籽种下。这时，她的心血和力气已经耗尽，在茶树旁化成了一块石头。茶树长大后，山上飞出了一群群的小画眉，她们啄下一片片茶叶，放进病人的嘴里，病人马上便好了。从此以后，种植茶树的人越来越多，也就有了茶园和茶山。

开化龙顶

干茶

品质特征

产地 浙江开化。

干茶 外形紧直挺秀，银绿翠隐，白毫披露，芽叶成朵。

汤色 汤色杏绿，清澈明亮。

香气 香气清幽高爽，馥郁持久，有淡淡的青草味，也可分为兰花香和板栗香，尤以兰花香为上品。

滋味 鲜爽醇厚，回味甘甜。

叶底 叶底匀齐，肥嫩成朵，有『海底森林』『金枪挺立』之美誉。

佳 茗 概 述

开化龙顶简称龙顶，产于开化县，此地是生产全国绿茶的"金山角"地区，茶区内山如驼峰，水如玉龙。此地"晴日遍地雾、阴雨满云山""兰花遍地开，云雾常年润"，绝佳的自然环境，孕育了白云深处那一丛丛的孤芳——开化龙顶。开化龙顶以其"干茶色绿、汤水清绿、叶底鲜绿"的"三绿"特征，成为形美质优的绿色佳茗，是钱江源头的"一绝"。自明崇祯四年（1631年）就被列为贡品。

茶之品

龙顶茶鲜爽醇厚，味爽清鲜，入喉滑爽且甜润绵延，舌下生津而意犹未尽，齿间留有遗香，冲泡3次，仍有韵味。

茶之鉴

开化龙顶属于高山云雾茶，其外形紧直挺秀，闻之青气味较明显，芽叶成朵，非常漂亮。"干茶色绿，汤水清绿，叶底鲜绿"，此三绿为龙顶茶的主要特征。上品龙顶茶用开水冲泡后，芽尖会从水面徐徐下沉至杯底，小小蓓蕾慢慢展开，绿叶呵护着嫩芽，片片树立杯中，栩栩如生，煞是好看。次品龙顶茶则没有芽芽直立的美观感。

龙顶茶有春茶、夏茶和秋茶之分，一般春茶和秋茶的品质更好些。开化龙顶茶味道偏淡，一般三四泡后茶味就淡了。

贮茶有方

　　干燥储茶技术是延长开化龙顶茶保质、保鲜期以及应用其他保鲜技术的前提。选择体积合适且密封性能好的铁箱、玻璃瓶、米缸或陶瓷罐作为容器，大小视贮存的茶叶多少而定，要求干燥、清洁、无味、无锈；将干燥的开化龙顶茶用干净的薄纸包好（不得用旧报纸，以免茶叶吸附墨味），每包0.5千克，然后用细绳扎紧，一层一层地放入罐的四周（石灰袋置于中央），密封即可。生石灰吸潮风化后要及时更换，一般每隔1~2个月更换一次。用此法储存开化龙顶茶效果甚佳。生石灰也可用硅胶代替，效果也很好，当硅胶吸水变色后，可烘干后继续使用。

佳茗功效

　　开化龙顶茶风味独特，其内含有很多的单宁、芳香油类和维生素，不仅味道清香、怡神醒脑，还具有生津止渴、杀菌消炎、清热解毒、防止肠胃感染等功效。当地人将开化龙顶茶当做日常保健饮品来饮用，以固齿防龋、消食醒酒等，还用其茶水来洗烂疮疤，都有较好的疗效。

龙顶茶的由来

　　开化龙顶始产于海拔800米的龙顶潭附近。传说原潭本是一个无水的干潭，有一年，一位得道高僧云游到此，发现此地周围古木参天，烟云漫空，浓荫蔽日，为修身养性之宝地，遂在潭边筑一石屋居住，并每日亲自动手清潭，决定在此处修行。高僧用铁锄不知清理了多少个日夜，终于有一天，当铁锄触到潭底时，挖到一块形如磨盘的青石，青石掀起，潭中喷出的水柱冲出九霄云外，水花中还隐有一条青龙显现，绕潭三圈后仰首向东海飞去。从此涸潭常年泉涌不绝，大旱不涸，浇山下良田，润周围山林，此潭便叫"龙顶潭"。

　　高僧在龙顶潭周围栽满茶树，山上嫩草、林中肥土，年年添铺茶园，加之溪涧湿度大，山谷日照短，茶树沉浸在云蒸霞蔚之中，满山香花熏染，茶品极佳。因茶树种在龙顶潭周围，遂命名为龙顶茶。

六安瓜片

产地

安徽省六安、金寨、霍山等地。

品质特征

干茶 瓜子形单片叶，平展匀整。

汤色 杏黄明净，清澈明亮。

香气 香气浓高鲜爽，并有熟栗清香。

滋味 醇正回甜。

叶底 叶底嫩黄，整齐成朵。

六安瓜片是绿茶中的特种茶，是国家级历史名茶。"六安瓜片"具有悠久的历史底蕴和丰厚的文化内涵，早在唐代，《茶经》就有"庐州六安（茶）"之称。"六安瓜片"的采摘与众不同，茶农取自茶枝嫩梢壮叶，因而叶片肉质醇厚，营养最佳，是我国绿茶中唯一去梗去芽的片茶，同时因其产地不同，而各具特色。正常气温年景，六安瓜片新茶一般在谷雨前十天内即可产出，真正叶片营养丰厚的茶应在谷雨前后几天内。

茶之品

瓜片芽叶细嫩，不耐泡，但香气清高，鲜爽醇厚，品茶汤宜小口品啜，缓慢吞咽，嫩茶香气，顿觉沁人心脾。

茶之鉴

六安瓜片的外形平展，每一片茶叶都不带芽和茎梗，形似瓜子，色泽嫩绿光润，微向上重叠，汤色碧绿明净，品之香气清高，滋味回甜。假的六安瓜片则味道较苦，色泽较黄。假瓜片不多，但品质参差不齐，具体鉴别如下：

色泽：宝绿上霜较好，色泽发暗、发黄属于劣质茶或保存不当。

条形：大小匀整、平伏、条索较紧结为上品，条索松散属于劣质茶。

气味：清香味属嫩度高的前期茶，栗香属于中期茶，高火香属于后期茶。

汤色：黄绿、明亮为上品，橙黄浑浊为劣质瓜片茶。

贮茶有方

六安瓜片的贮存，要求干燥、密封、避光，避免有异味，不能积压，温度在0～20℃之间。目前，普遍采用镀锌铁皮茶桶包装，每桶装干茶25千克左右。老火茶下烘后趁热踩桶，用锡焊封。

佳茗功效

防龋齿、清口臭：六安瓜片含有氟，其中儿茶素可以抑制生龋菌作用，减少牙菌斑及牙周炎的发生。茶所含的单宁酸，具有杀菌作用，能阻止食物渣屑繁殖细菌，故可以有效防止口臭。

降血脂：六安瓜片中的儿茶素能降低血浆中总胆固醇、游离胆固醇、低密度脂蛋白胆固醇，以及三酸甘油酯之量，同时可以增加高密度脂蛋白胆固醇，有抑制血小板凝集、降低动脉硬化发生率的功效。

改善消化不良：六安瓜片能帮助改善消化不良的情况，如由细菌引起的急性腹泻，喝六安瓜片可减轻病症。

冲泡技巧

六安瓜片不耐泡，一般都采用两次冲泡的方法，先用少许的水温润茶叶，水温一般在80℃，因为春茶的叶比较嫩，如用100℃的沸水来冲泡会使茶叶受损，茶汤变黄，味道苦涩。"摇香"能使茶叶香气充分发挥，使茶叶中的内含物充分溶解到茶汤里。

茶 闻 轶 事

六安瓜片的历史渊源

相传在1905年前后，六安州某茶行的评茶师，从收购的上等绿茶中专拣嫩叶摘下，不要老叶和茶梗，作为新产品，抛售于市，获得好价。麻埠的茶行，闻风而动，随即雇用当地女性，如法炮制。并起名曰"峰翘"，意为"毛峰"（蜂）之翘也。而且这一行为也启发了当地一家茶行，他们把采回的鲜叶直接去梗，老嫩分别炒制，结果事半功倍，成茶无论色、香、形均使"峰翘"相形见绌。于是周围茶农竞相学习，纷纷仿制。附近的齐头山茶户，自然捷足先登。这种茶形如葵花子，遂称"瓜子片"，后来为了顺口，就成了瓜片。

太平猴魁

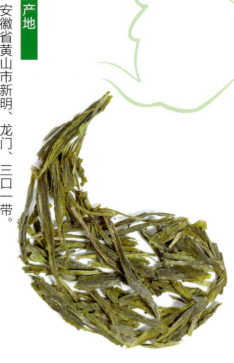

安徽省黄山市新明、龙门、三口一带。

品质特征

干茶
外形扁平挺直，两叶抱芽，舒展如兰花，全身披白毫，叶脉绿中隐红，俗称『红丝线』，看上去舒心优美。

汤色
明澈清绿。

香气
兰香高爽。

滋味
滋味甘醇爽口，有独特的『猴韵』。

叶底
芽叶舒放成朵，嫩绿匀亮。

佳茗概述

太平猴魁属于烘青绿茶，其色、香、味、形独具一格，有"刀枪云集，龙飞凤舞"的特色，包括猴魁、魁尖、尖茶三个品类，以猴魁最好。太平猴魁与"猴"大有关联，外形有"猴魁两头尖，不散不翘不卷边"之称。入杯冲泡后，芽叶成朵，或悬或沉，在明澈嫩绿的茶汤之中，似乎有许多小猴子在对你搔首弄姿；品之可体会出"头泡香高，二泡味浓，三泡四泡幽香犹存"的意境，有独特的"猴韵"。

茶之品

闻之幽香扑鼻，品之醇厚爽口，回味无穷，可体会出"头泡香高，二泡味浓，三泡四泡幽香犹存"的意境，有独特的"猴韵"。

茶之鉴

干茶外形：太平猴魁独一无二的特征就是个头较大，两叶一芽，叶片长达 5～7 厘米，其他茶叶很难鱼目混珠。

叶底：冲泡后，太平猴魁芽叶成朵肥壮，犹若含苞欲放的白兰花。此乃极品的显著特征，其他级别形状相差甚远。

颜色：叶片苍绿匀润，阴暗处看绿得发乌，阳光下更是绿得好看，绝无微黄现象。

耐泡：太平猴魁比一般绿茶更耐泡，"三泡四泡幽香犹存"，不耐泡的为仿品。

滋味：太平猴魁滋味鲜爽，回味甘甜，一般都具有兰花香，泡茶时即使放茶过量，也不苦不涩。

标志：太平猴魁产量不大，极品太平猴魁更是凤毛麟角，仿品很多，购买时请一定认准商标，选择正规渠道进行购买，一般以黄山原产地为优。

贮茶有方

密封、避光、低温、防潮、防异味。一般是把太平猴魁装入密度高、高压、厚实、强度好、无异味的食品包装袋，然后置于冰箱冷冻室或者冷藏室。此法保存时间长、效果好，但袋口一定要封牢，封严实，否则会回潮或者串味。

佳茗功效

茶叶中所含的咖啡碱、茶多酚、蛋白质、氨基酸、脂肪、有机酸等多种有机化合物，还含有钾、钠、镁、铜等28种无机营养元素，各种化学成分之间的组合比例十分协调，具有强心、解痉、松弛平滑肌的功效，能解除支气管痉挛，促进血液循环，可用于支气管哮喘、心肌梗死等症。

冲泡技巧

冲泡时宜选用高杯玻璃杯，取茶叶3～5克，将根部朝下放入杯中，然后用90℃开水冲泡，首次加水1/3，等待1分钟后茶叶逐渐浸润并舒展成形，即可第二次加水，待3～5分钟即可饮用。

山民训猴采茶的故事

古时候有一位山民正在山间采茶，忽然闻到一股沁人心脾的清香。他细细寻觅，发现在突兀峻岭的石缝间长着几丛嫩绿的野茶。由于既没有可以攀爬的藤条，又没有可上去的路径，他只好快快离去。

几天后，山民想出可以采到石缝间那丛诱人的野茶的办法。他训练了几只猴子，每到采茶季节，他就让这几只猴子代人去攀岩采摘。人们在品尝了这种茶叶后对其赞不绝口，称其为"茶中之魁"，又因为这种茶叶是猴子采来的，后人便取名为"猴魁"。

雪水云绿

品质特征

产地　浙江省桐庐县新河乡的天堂峰、雪水峰一带。

干茶　形似银剑出鞘，茸毫隐翠，芽峰显露，色泽嫩绿。

汤色　嫩绿明亮。

香气　如林间香气馥郁缭绕，十分清雅。

滋味　清香甘甜、滋味鲜醇。

叶底　鲜嫩匀齐。

干茶

佳茗概述

桐庐名茶，生长在云雾缭绕的天堂峰、雪水峰一带，故称"雪水云绿"。雪水云绿属绿茶类针形名茶，因其原料的独特性，开创了全省乃至全国针形类名茶的历史。据《桐庐县地名志》记载："天堂、雪水两地，山高雾多，气温低，所产云雾茶为茶中珍品。"明李日华撰的《六研斋笔记》记述宋朝时雪水云绿已作贡茶。雪水云绿茶以"色、香、味、形"四美而见长，它形似莲芯，玉质透翠，挺而匀，深得消费者的青睐。

茶之品

雪水云绿冲泡时宜用透明的玻璃杯冲泡，凝目注视，见芽芯上下浮动，始若雀嘴嬉珠，后似水底千峰，翠芽玉立，清汤绿影，缕缕白雾，清香袭人，举杯细啜，渐觉神清气爽，满口生津，醉人心扉。

茶之鉴

雪水云绿茶的芽叶幼嫩，外形一致，大小匀齐。形似莲芯，玉质透翠，挺而匀齐。冲泡后可见芽芯上下浮沉，碧芽含珠舞，清汤绿影，香气袭人，以"色、香、味、形"四美而见长。启之，形似岫玉和翡翠雕成的短剑；沏之，若仙女散花，根根飘逸而出；佐之，腹里管里喉里，如林间香气馥郁缭绕，三刻不绝，不禁称奇。

贮茶有方

保存雪水云绿茶用锡瓶、瓷坛或有色玻璃瓶为最佳，其次是用铁罐或竹木茶叶罐，塑料袋、纸盒最次。无论使用哪类容器保存茶叶，一定要保证容器干燥、洁净、没有异味。

盛雪水云绿茶的容器宜放干燥通风处，不可放在潮湿、高温、不洁、曝晒的地方，其周围也不得有樟脑球、药品、化妆品、香烟等有强烈气味的物品。

佳茗功效

雪水云绿鲜叶中含有很多天然物质，还含有有机化合物450多种、无机矿物质15种以上，这些成分大部分都具有保健、防病的功效，对延缓衰老、防癌、抗癌、杀菌、消炎等均有较好的疗效。

采制工艺

雪水云绿有"深山奇葩"之喻，其采制工艺非常讲究，炒制1千克的雪水云绿干茶需要约88000个鲜芽，相当于10名工人采摘一天才能完成。其采摘标准是：幼嫩单芽、外形一致、大小匀齐，采下的鲜叶必须摊青4小时方可炒制。工艺流程包括杀青、初烘、炒二青（理条）、复烘、烩锅、足干、除杂、包装。

雪山云绿的名字

"雪水云绿"是茶叶专家卢心寄先生命名的，言此茶聚天地之灵，凭自然之造化，借水而发，饱涵"和"之精义。这个名字不仅符合草木之英的茶者秉性，更融注了中国茶文化精神乃至宇宙万象的渊源和精髓。此茶虽然是近代才命名的，却历史悠久。按清《海记》载文"清初各省贡茶条目，其中桐庐贡茶十二斤"，可见桐庐此地向为瑞草之乡。

陆羽的《茶经》就有"睦州茶产于桐庐山谷中"的记载，范仲淹也曾说过"潇洒桐庐郡，春山半是茶。轻雷何好事，惊起雨前芽。"桐庐人深知好山好水才有好茶的道理，他们剪一片云绿，煮一壶雪水。馨香不绝的清茶，引无数茶人纷沓而至。

安吉白茶

产地
浙江省安吉地区。

品质特征

干茶
形状挺直如针，芽头肥壮带茸毛，银白中略带淡绿色。

汤色
浅黄明亮。

香气
香味鲜爽，嫩香持久。

滋味
滋味鲜醇，回味甘甜。

叶底
芽叶朵朵，似片片翡翠起舞，叶底玉白，叶脉嫩绿。

干茶

佳 茗 概 述

安吉白茶是一种珍罕的变异茶种，其颜色会由白变绿。安吉白茶茶树产"白茶"时间很短，通常仅 1 个月左右。清明前，安吉白茶萌发的嫩芽为白色；谷雨前，芽叶颜色渐淡，多数呈玉白色；谷雨后至夏至前，逐渐转为白绿相间的花叶；至夏，芽叶恢复为全绿色，与一般绿茶无异。安吉白茶的制作工艺和绿茶一样，而且其产白叶的时间并不长，因此安吉白茶仍属绿茶，或者属白叶绿茶。用宋徽宗的话来讲就是："白茶自为一种，与常茶不同"。安吉白茶因白叶这独有的特性在绿茶类中尤显娇贵。

茶之品

清润甘爽，滋味鲜醇，唇齿留香，甘味生津，回味无穷。

茶之鉴

外形：以毫多肥嫩的为上品；毫芽瘦小而稀少的，则品质次之；叶老嫩不匀或杂有老叶的，则品质为差。

滋味：以鲜爽、醇厚、清甜的为上品；以粗涩、淡薄的为次。

汤色：以杏黄、杏绿、清澈明亮的为上品；以泛红、暗浑的为差。

要求不得含有枳、老梗、老叶及蜡叶，如果茶叶中含有这些杂质，则品质差。

叶底

贮茶有方

密封包装：因为安吉白茶极易吸湿、吸收异味。在高湿条件下，会加速茶叶内含成分的变化，降低茶叶的品质，甚至在短时间内使茶叶发生陈化变质。另外，茶叶在与有异味的物质接触时，很容易串味。因此，安吉白茶要密封包装并远离有异味的物品。

低温、避光贮藏：因为在高温条件下，茶叶内含成分的化学变化加快，从而使品质陈化加速。光照使茶叶内含成分发生化学反应，从而使其品质失去原有风格。因此，要在避光、低温的条件下保存安吉白茶，以延长其保鲜期。

家庭贮存法：将安吉白茶用锡袋密封包装后，再置于密度高、有一定强度、无异味的密封塑料袋中，放入冰箱冷藏室中，即使放上1年，茶叶仍然可以保持芳香如初，色泽如新茶。

佳茗功效

安吉白茶的茶氨酸含量要比一般茶叶高1~2倍，而茶氨酸有利于血液免疫细胞促进干扰素的分泌，从而提高人体免疫力。

常饮安吉白茶，能调节脑中神经传达物质的浓度，使高血压患者降低血压，对提高记忆力、保护神经细胞等都有益。

安吉白茶性凉，是清火消暑的上佳饮品。

茶圣陆羽因茶化成仙

相传，茶圣陆羽在写完《茶经》后，心中总觉得世上还应该有更好的茶。一日，他来到湖州府辖区一座山上，看到这里的茶树的芽尖是白色的，晶莹如玉，甚是好看。陆羽立时命茶童采摘炒制，就地取溪水烧开一杯。陆羽品饮一口，仰天道妙，惊呼："我终于找到你了，此生不虚也！"话音未落，陆羽就羽化成仙了……

陆羽成仙后来到天庭，拿出白茶献上，众仙一尝，齐声说妙，玉帝也大喜曰："妙哉！此乃仙品，不可留与人间。"遂命陆羽带天兵五百将此白茶移至天庭，陆羽不忍极品从此断绝人间，偷偷留下一粒白茶籽，成为人间唯一的白茶王。

径山茶

产地
浙江省余杭县的径山。

品质特征

干茶 外形细嫩，紧结显毫，色泽绿翠。

汤色 嫩绿明亮。

香气 清香持久，有独特的板栗香。

滋味 滋味鲜嫩，甘醇爽口，回味甘甜。

叶底 叶底细嫩均匀。

佳 茗 概 述

　　径山茶因产于浙江省余杭县西北境内之天目山东北峰的径山而得名。径山采茶历史悠久，始栽于唐，闻名于宋，其深厚的历史文化底蕴和浓郁的茶道色彩，赋予了她无穷的品位。此茶久已失传，直到 1979 年才得以恢复，1985 年被评为全国名茶，1988 年荣获首届中国食品博览会银奖。目前已畅销国内外，深受欢迎。

茶之品

　　香气清幽，口感清醇回甘，滋味醇厚鲜爽，隐有兰花香。

茶之鉴

　　"饮茶要新"是老茶人总结出来的宝贵经验，因为新茶香气清鲜，维生素C含量较高，多酚类物质较少被氧化，汤明叶亮，给人以新鲜感。径山茶属高档绿茶，尤其应该买新茶。径山茶新茶呈嫩绿或翠绿色，有光泽，而陈茶则呈灰黄色，色泽暗晦。另外，好的径山茶还注重 "干、匀、香、净"四个关键要点，即茶叶干燥、芽叶均匀、干茶清香和没有碎茶渣。

贮茶有方

　　购买新的径山茶，最好尽快装入茶叶罐中，但由于茶叶罐多有不良气味，所以装

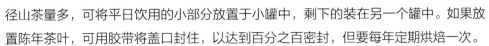

茶叶前先要去除罐中异味，方法是将少许茶放入罐中后摇晃，或将铁罐用火烘烤一下。茶叶入罐时最好连同包裹茶叶的袋子一起放入。

叶底

不经常喝茶的朋友，不建议一次购买很多茶叶，尤其是径山茶之类的名优绿茶。如果购买的径山茶量多，可将平日饮用的小部分放置于小罐中，剩下的装在另一个罐中。如果放置陈年茶叶，可用胶带将盖口封住，以达到百分之百密封，但要每年定期烘焙一次。

佳茗功效

径山茶中的生物碱衍生物能排除人体内的尼古丁，从而降低香烟对人体健康的危害。

径山茶含有丰富的维生素C，其中的类黄酮更能增强维生素C的抗氧化能力。因此，常饮径山茶对维持皮肤的年轻可说是有珍品级的效果。平时洗脸时用径山茶茶水拍打脸部，可以让肌肤美白、紧致。

采制工艺

径山茶的采摘标准为一芽一叶或一芽二叶初展。在通常情况下，制作1千克特级或一级径山茶需采摘6.2万个左右鲜芽叶。

制作工艺包括手工炒制、小锅杀青、扇风摊凉、轻揉解块、初烘摊凉、文火烘干等几道工序。

东坡居士游径山

北宋时大文豪苏东坡久慕径山的大名，一日来游径山寺。方丈见其衣着平常，以为只是寻常香客，不以为然，淡淡地说："坐。"然后转身对旁边的小和尚喊："茶。"于是小和尚端上一杯普通的茶。稍事寒暄后，方丈感觉来人谈吐不俗，气度非凡，便改口说："请坐。"，并喊小和尚："敬茶"。再经过一番深谈，方丈得知来者乃大诗人苏东坡时，情不自禁地说："请上坐。"接着又喊小和尚："敬香茶"，并研墨铺纸以求墨宝。东坡先生稍一思忖，便提笔写了副对联。上联是"坐，请坐，请上坐"；下联是"茶，敬茶，敬香茶"。方丈看罢，满脸通红，羞愧难当。

都匀毛尖

叶底 叶底绿中显黄，芽头肥壮。

滋味 滋味醇和鲜浓，回味甘甜。

香气 香气鲜嫩清爽。

汤色 汤色黄绿明亮。

干茶 外形匀整，条索卷曲纤细，身披白毫，色泽翠绿。

品质特征

产地 贵州省都匀市的团山、哨脚、大槽一带。

干茶

佳茗概述

都匀毛尖是贵州三大名茶之一，中国十大名茶之一。据史料记载，早在明代，都匀出产的鱼钩茶、雀舌茶已被列为贡品，到乾隆年间已远销海外，在 1915 年的巴拿马万国食品博览会上都匀毛尖茶获优胜奖。与此同时，因其品质优佳，素有"形可与太湖碧螺春并提，质能同信阳毛尖媲美"的美誉，茶界前辈庄晚芳亦有"雪芽芳香都匀生，不亚龙井碧螺春"的赞词。

茶之品

香气清鲜，滋味醇厚，回味甘甜。

茶之鉴

外形：都匀毛尖茶外形卷曲似螺形，白毫特多，色泽绿润，选用当地的苔茶良种，具有发芽早、芽叶肥壮、茸毛多、持嫩性强的特性。劣质都匀毛尖外形大小不一，均不符合上述特质。

汤色：都匀毛尖素以"干茶绿中带黄，汤色绿中透黄，叶底绿中显黄"的"三绿三黄"特色著称。所以特级的都匀毛尖成品茶品质润秀，香气清鲜，滋味醇厚，回味甘甜。而仿冒品往往在第一次冲泡后味道就荡然无存。

都匀毛尖含有丰富的蛋白质、氨基酸、生物碱、茶多酚、糖类、有机酸、芳香物质和多种维生素以及水溶性矿物质，具有生津解渴、清心明目、提神醒脑、去腻消食、抑制动脉粥样硬化以及防癌、防治坏血病和抵御放射性元素等多种功能。

冲泡技巧

都匀毛尖茶在色、香、味上，讲求嫩绿明亮、香气清新、鲜爽甘醇。因此，都匀毛尖在冲泡过程中看似简单，实则很费功夫。因都匀毛尖属不发酵茶，保留了茶叶的一些本质特征，若冲泡时略有偏差，易使茶叶泡老闷熟，茶汤黯淡香气钝浊，因此掌控好水质、水温、投茶量、茶具等工序，才能泡出一杯好茶。

叶底

茶 闻 轶 事

都匀毛尖的凄美传说

远古时，都匀蛮王有九个儿子和九个女儿，有一天老蛮王突然病倒了，于是他把儿女们都叫到病床前对他们说："谁能找到治好我病的药，国王的宝座就是他的。"后来，九个儿子找到的九种药都没有治好国王的病。而九个姑娘找到的药却都一样——茶叶，很神奇地医好了蛮王的病。蛮王问："从何处找来？是谁给的？"姑娘们异口同声回答："从云雾山上采来，是绿仙雀给的。"蛮王连服三次，眼明神爽，高兴地说："真比仙丹灵验！现在我让位给你们了，但我有个愿望，那就是你们再去找点茶种来栽，今后谁生病，都能治好，岂不更好？"。

姑娘们第二天来到云雾山，不见绿仙雀，也不知怎样种茶树。于是她们在一棵茶树下拜了三天三夜，其精神感动了天神，于是天神派一只绿仙雀，变成一个茶女，把方法教给了她们。

姑娘们得到了茶种，回到都匀后，第一年把茶种种在蟒山顶，被冰雹打枯了；第二年种在蟒山半山腰，又被霜雪冻死了；第三年种在蟒山脚下，通过精心栽培和细心管理，很快变成一片茂盛的茶园，后为了感谢绿仙雀的指点，便取名为"都匀毛尖茶"。

南京雨花茶

产地

江苏省南京市雨花台。

品质特征

干茶 外形圆绿，条索紧直，锋苗挺秀，带有白毫，犹如松针。

汤色 碧绿而清澈。

香气 香气清雅。

滋味 滋味醇厚，回味甘甜。

叶底 叶底嫩匀明亮，芽芽直立，上下沉浮，犹如翡翠。

干茶

佳茗概述

南京雨花茶因产自有晶莹圆润、五彩缤纷的雨花石的雨花台而得名，同时象征着革命先烈坚贞不屈、万古长青的形象。虽然是在 20 世纪 60 年代才在我国绿茶中崭露头角的新品，但由于其色、香、味、形俱佳，是绿茶炒青中的珍品，与"安化松针"、"恩施玉露"并称"中国三针"。雨花茶的品质特征为紧、直、绿、匀，其采摘要求精细，具体标准是采摘半开展的一芽一叶为原料。

名茶品鉴

南京雨花茶是新品名茶，颇受江浙以及新加坡和我国台湾朋友的垂青，北方和西南地区知此茶者不多，所以价格没有西湖龙井、洞庭碧螺春贵，珍品千元即可得，竞价风气尚未形成，所以很少有假的雨花茶，只有上品和次品之分。

一般来讲，凡是茶身紧实、完整饱满、芽头多、有苗峰的，均表示茶叶嫩、品质好；反之，枯散、碎断轻飘、粗大者为老茶制成，品质较差。

此外，南京雨花茶除了应具有茶叶固有的外形及色、香、味之外，还应洁净，没有非茶类夹杂物。

叶底

莲心绿茶

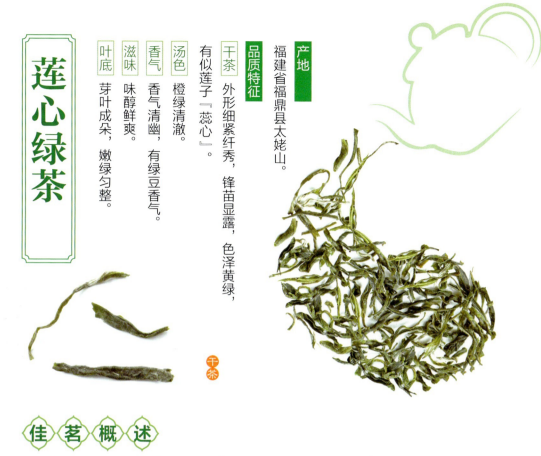

产地

福建省福鼎县太姥山。

品质特征

干茶 外形细紧纤秀，锋苗显露，色泽黄绿，有似莲子『蕊心』。

汤色 橙绿清澈。

香气 香气清幽，有绿豆香气。

滋味 味醇鲜爽。

叶底 芽叶成朵，嫩绿匀整。

干茶

佳 茗 概 述

　　莲心茶因外形紧细纤秀，形如莲子瓣心而得名，为我国传统名茶，创始于明代中期或稍前。莲心绿茶是莲心茶的前期成名茶品，也是闽北、闽东一带优质细嫩烘青绿茶的统称。莲心茶采取福鼎大白茶的一芽二叶为原料，经萎凋、杀青、揉捻、干燥等四道工序加工而成。用莲心绿茶窨制成的茉莉峨眉和茉莉秀眉是茶中的佼佼者，不仅畅销国内，还深受东南亚侨胞的喜爱，历来为中外消费者所欢迎。

名茶品鉴

　　莲心绿茶的外形纤秀，色泽绿中带黄，中间有一芽心，似莲子瓣心，香气清幽，隐约具有绿豆清香，冲泡后汤色橙绿清澈，叶底嫩匀成朵，泡在杯中，两叶相对而开，颇有情趣，品尝后味醇鲜爽。头泡莲心茶，在快饮尽时，略留余汁，可再泡再饮，直至冲淡为止。

叶底

婺源绿茶

产地
江西省婺源县。

品质特征

干茶 条索紧细纤秀，芽叶柔嫩，色泽翠绿，锋毫显露。

汤色 碧绿澄明。

香气 清高持久，有兰花之香。

滋味 醇厚鲜爽。

叶底 叶底柔润，芽叶肥厚，色泽嫩绿有光泽。

干茶

佳茗概述

　　婺源绿茶属于炒青条形绿茶，以"汤碧、香高、汁浓、味醇"闻名天下。婺源绿茶历史悠久，茶圣陆羽在《茶经》中就有"歙州茶生于婺源山谷"的记载，并把婺源的谢源茶列为全国六种名茶"绝品"之一。现今的婺源绿茶品种繁多，质量上乘，畅销国内外，占我国出口绿茶的很大比例，但其甘愿做无名英雄，销往世界各地的婺源绿茶都被统称为"中国绿茶"。

名茶品鉴

　　婺源绿茶叶质柔软鲜嫩，芽肥叶厚，有效成分高，宜制优质绿茶。选用良种茶叶为原料，精心制作而成的"茗眉"茶，香气清高持久，有兰花之香，滋味醇厚鲜爽，汤色碧绿澄明，芽叶柔嫩黄绿，条索紧细纤秀，锋毫显露，色泽翠绿光润。

叶底

蒙顶甘露

产地

四川省名山、雅安两县境内的蒙山。

品质特征

干茶 外形紧凑多毫，色泽浅绿油润，芽壮叶嫩，叶整芽全。

汤色 汤色黄中透绿，透明清亮。

香气 香气馥郁，芬芳鲜嫩。

滋味 滋味鲜爽，浓郁回甜。

叶底 叶底匀整，嫩绿鲜亮。

干茶

佳茗概述

蒙顶甘露主要产于山顶，故被称为"蒙山茶"，是中国最古老的名茶之一，被尊为"茶中故旧""名茶先驱"，有"扬子江中水，蒙山顶上茶"赞名。由于其甘露茶采摘细嫩，制工精湛，外形美观，内质优异，历代文人墨客都对其赞颂不已，同时也留下了许多优美的诗文佳作，如唐代白居易在《琴茶》写道："琴里知闻惟《渌水》，茶中故旧是蒙山。"宋代文人《谢人寄蒙顶新茶诗》："蜀土茶称圣，蒙山味独珍。"蒙山甘露自唐入贡久负盛名，一直延续到清代，达千年之久。

名茶品鉴

蒙顶名茶种类繁多，有甘露、黄芽、石花、玉叶长春、万春银针等。其中"甘露"在蒙顶茶中品质最佳。其品质特征是：外形美观、叶整芽全、紧卷多毫、嫩绿色润，内质香高而爽、味醇而甘，汤色黄中透绿、透明清亮，叶底匀整、嫩绿鲜亮。

叶底

狗牯脑茶

产地

江西省遂川汤湖乡的狗牯脑山。

品质特征

干茶 外形秀丽，芽端微勾，白毫显露。

汤色 汤色清明，略呈金黄色。

香气 鲜嫩高爽，带花香。

滋味 滋味醇厚，清凉可口，回味甘甜。

叶底 柔嫩匀整，嫩绿鲜活。

干茶

佳 茗 概 述

狗牯脑茶又名狗牯脑石山茶，也曾一度称为玉山茶，因其产于江西的狗牯脑山，该山形似狗头，遂取名为狗牯脑茶。因狗牯脑山苍松劲竹，百鸟高歌，清泉不绝，云雾弥漫，更有肥沃的乌沙壤土，昼夜温差较大，是一个栽培茶树的绝妙佳境，使芽叶持嫩性强，氨基酸、咖啡碱、芳香物质等含量丰富，为绿茶中的珍品，是江西珍贵名茶之一。

茶之品

此茶的特点和其他茶叶迥然不同。茶味清凉芳醇香甜，沁人肺腑，口中甘味经久不去。

茶之鉴

外形和汤色：上品狗牯脑茶条索紧结微勾，色泽黛绿莹润，香气清新郁雅，泡后速沉，汤色橙绿明亮，叶底色泽均匀，入口甘爽，回味悠长。劣质狗牯脑茶外形和色泽都不太均匀，泡后茶叶较长时间漂浮在杯面，汤色稍浑。

商标的清晰度：狗牯脑茶的外包装上都标注有江西遂川县狗牯脑茶厂的厂名、厂址、"狗牯脑"商标等标志，如果商标显示不全或不清楚，则可能是假冒或者劣质的狗牯脑茶。

包装专用性：江西遂川县狗牯脑茶厂只有统级狗牯脑茶才使用250克铝箔袋包装（黄色、中间雕空能见到里面的茶叶），市场上有在包装上加贴特级、一级等级别的塑料袋包装均是假冒产品。

贮茶有方

保存狗牯脑茶用锡瓶、瓷坛或有色玻璃瓶最佳，其次是用铁罐或竹木茶叶罐，塑料袋、纸盒最次。不过，无论使用哪类容器保存茶叶，一定要保证容器干燥、洁净、没有异味。同时，盛狗牯脑茶的容器宜放在干燥通风处，不可放在潮湿、高温、不洁、曝晒的地方，其周围也不得有樟脑球、药品、化妆品、香烟等有强烈气味的物品。

佳茗功效

提神醒脑、消食去腻、利尿解毒。

增强微血管韧性，防止血管破裂，具有降血糖、降血脂等作用。

抗菌杀菌，阻断致癌物质的合成，抑制癌细胞，防癌抗癌。

维持体液生理平衡，抗氧化，增强机体免疫力。

采制工艺

狗牯脑春茶一般在每年清明前3~5天采摘，先采一芽一叶初展，以叶背多白茸毛的芽尖为原料。制作全过程都以手工进行，经摊青、拣剔、杀青、初捻、初干、揉条、整条、提毫、干燥等多道工序精制而成。成茶叶片细嫩均匀，碧色微露黛绿，表面覆盖一层柔细软嫩的白绒毫，泡一杯茶，仅需5~7片茶叶。

狗牯脑茶的创制历史

相传，清嘉庆年间（1796~1820年），在今汤湖乡境内，做木材生意的商人梁为镒，水运一批木材准备到南京销售，不料因突遇洪水，木材全部被冲走。没有了木材，梁为镒的生活陷入困境，流落南京街头，就在这个时候他遇到寡妇杨氏，并被其收留后结为夫妇。杨氏精于制茶，后来梁为镒携杨氏返回故乡，并带回一些茶叶籽，在当地的狗牯脑山上，开垦小面积茶园种植，自制茶叶，称所制茶叶为"狗牯脑茶"。

庐山云雾茶

品质特征

产地 江西省庐山。

干茶 条索紧结圆直，芽壮叶肥，青翠多毫，色泽翠绿。

汤色 浅绿而透明。

香气 香凛持久，有板栗香。

滋味 醇厚味甘，鲜爽。

叶底 嫩绿淡黄，匀齐柔润。

干茶

佳茗概述

庐山云雾茶，古称"闻林茶"，由于此茶产于"匡庐秀甲天下"的庐山，常年云雾缭绕，故称"庐山云雾"。明代李日华曾在《紫桃轩杂缀》说："匡庐绝顶，产茶在云雾蒸蔚中，极有胜韵。"是以此茶有高山茶风韵。庐山云雾茶为中国十大名茶之一，以"味醇、色秀、香馨、液清"而久负盛名，其中以五老峰和汉阳峰之间地区的茶叶品质最好。

名茶品鉴

滋味深厚，幽香如兰，鲜爽甘醇，隐有豆花香，耐冲泡，饮后回味香绵。

受庐山凉爽多雾的气候及日光直射时间短等条件影响，庐山云雾茶形成条索粗壮、叶厚多毫、醇甘耐泡等特点，其真品滋味浓厚，幽香若兰，鲜爽甘醇，隐有豆花香，耐冲泡，饮后回味香绵。假茶或仿品则没有这些特质，尤其是冲泡两次则无味的，一定是仿品。细观察茶汤，庐山云雾茶的色泽如沱茶，却比沱茶清淡，宛若碧玉盛于碗中，但品之却又有龙井的清香，只不过味道更为醇厚。

叶底

老竹大方

产地

安徽省歙县东北部皖浙交界的昱岭关附近。

品质特征

干茶 外形扁平匀齐，挺秀光滑，翠绿微黄，色泽稍暗，满披金毫，隐伏不露。

汤色 汤色清澈微黄。

香气 香气高浓，有熟栗子香。

滋味 滋味醇厚爽口。

叶底 叶底嫩匀，芽叶肥壮。

干茶

佳 茗 概 述

老竹大方产于安徽歙县老竹铺、三阳坑、金川，品质以老竹岭和福泉山所产的"顶谷大方"为最优。老竹大方创制于明代，清代已入贡茶之列。据《歙县志》记载："明隆庆（公元1567～1572年）年间，僧大方住休宁松萝山，制茶精妙，群邑师其法。然其时仅西北诸山及城大涵山产茶。降至清季，销输国外，逐广种植，有毛峰、大方、烘青等目。"大方茶相传为比丘大方始创于歙县老竹岭，故称为老竹大方。

名茶品鉴

大方茶自然品质好，吸香能力强，可精制加工窨制成"花大方"，如"珠兰大方""茉莉大方"。此外，花大方茶香茶味调和性好，花香鲜浓，茶味醇厚。不窨花的常称为"素大方"，在市场上也颇受欢迎。近年来日本医药办宣称大方茶有减肥健美功效，而冠以"健美茶"之美名。

叶底

恩施玉露

产地

湖北省恩施市五峰山。

品质特征

干茶　条索紧圆光滑、纤细挺直如针，色泽墨绿油润。

汤色　汤色嫩绿明亮。

香气　香气清爽。

滋味　滋味醇爽。

叶底　叶底嫩绿匀整。

干茶

佳茗概述

恩施玉露曾称"玉绿"，因其茶香鲜味爽，外形色泽翠绿，毫白如玉，格外显露，故改名"玉露"。恩施玉露是我国罕有的传统蒸青绿茶，其制作工艺及所用工具相当古老，与陆羽《茶经》所载十分相似。日本自唐代从我国传入茶种及制茶方法后，至今仍主要采用蒸青方法制作绿茶，其玉露茶制法与恩施玉露大同小异，品质各有特色。

由于品质优异，发展很快，并远销日本，从此名扬于世，有"恩施玉露，茶中极品"之美誉，并被评为"中国十大名茶"之一。

名茶品鉴

恩施玉露用85～90℃水冲泡后，其茶叶复展如生，初时婷婷地悬浮杯中，继而沉降杯底，如玉下落，香气清爽，滋味醇和。真是观其外形，赏心悦目；饮其茶汤，沁人心脾。

叶底

顾渚紫笋

产地

浙江省湖州市长兴县水口乡顾渚山。

品质特征

干茶　外形紧洁，相抱似笋，完整而灵秀，色泽翠绿，银毫明显。

汤色　汤色清澈明亮。

香气　香气馥郁，香孕兰蕙之清。

滋味　清爽鲜醇，回味甘甜。

叶底　叶底细嫩成朵。

干茶

佳茗概述

　　"凤辇寻春半醉回，仙娥进水御帘开。牡丹花笑金钿动，传奏湖州紫笋来"。这是唐代诗人张文规对当时紫笋茶进贡情景的生动描述，可见顾渚紫笋早在唐代就被作为贡茶，可谓是上品贡茶中的"前辈"，茶圣陆羽论其为"茶中第一"。

　　顾渚紫笋，因其鲜茶芽叶微紫，嫩叶背卷似笋壳，故而得名，更有"青翠芳馨，嗅之醉人，啜之赏心"之誉。

名茶品鉴

　　紫笋茶在每年清明至谷雨期间采摘，标准为一芽一叶或一芽二叶初展。新品紫笋茶或芽叶相抱，或芽挺叶稍展，形如兰花。冲泡后，茶汤清澈明亮，色泽翠绿带紫，味道甘鲜清爽，隐隐有兰花香气。

叶底

千岛玉叶

产地

浙江省淳安县青溪一带。

品质特征

干茶　外形扁平挺直，绿翠露毫，芽壮显毫，翠绿嫩黄。

汤色　汤色黄绿鲜亮。

香气　香气高清持久。

滋味　滋味醇厚鲜爽，回味甘甜。

叶底　叶底嫩绿成朵。

佳 茗 概 述

千岛玉叶原称千岛湖龙井，1982年创制，1983年被专家品尝后，亲笔题名为"千岛玉叶"。千岛玉叶茶与同产一地、形质近似的清溪玉芽，均为浙江名茶中的后起之秀，有诗赞曰："千岛湖畔产，品质齐超群。玉叶与玉芽，睦州姐妹茗。"

千岛玉叶制作略似西湖龙井，而又有别于西湖龙井。其所用鲜叶原料，均要求嫩匀成朵，标准为一芽一叶初展，并要求芽长于叶。

名茶品鉴

千岛玉叶产于烟波浩渺，风景秀丽，空气湿润，气候凉爽的千岛湖上。优美秀丽的环境形成了千岛玉叶优异的品质，俊俏的外形，其月白新毫，翠绿如水，细小可爱，容颜"娇好"。成品茶外形扁平挺直，绿翠显毫；内质清香持久，滋味浓醇带甘，汤色嫩绿明亮，叶底肥嫩硕壮，匀齐成朵。

遵义毛峰

产地
贵州省遵义市湄潭县。

品质特征

干茶　条索紧细圆直，白毫显露，银光闪闪，色泽翠绿油润。

汤色　汤色碧绿明净。

香气　内质嫩香持久。

滋味　滋味清醇爽口。

叶底　叶底嫩绿。

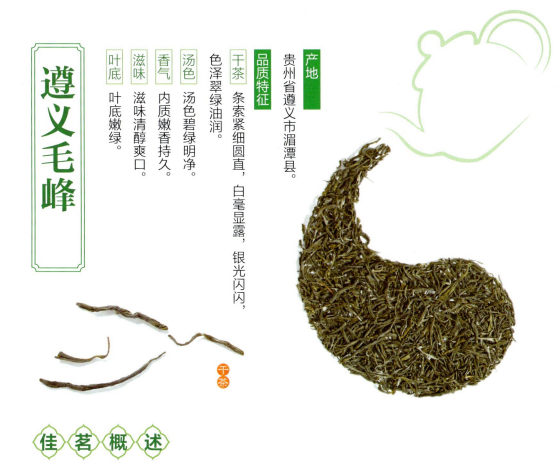

佳 茗 概 述

　　遵义毛峰于1974年为纪念著名的遵义会议而创制，为绿茶类新创名茶。产于山清水秀、群山环抱、素有"小江南"之称的湄潭县，茶园四周的山坡上，种植着桂花、香蕉梨、柚子、紫薇等芳香植物，香气缭绕，又有湄江蒸腾的氤氲水气，绝佳的自然环境形成了茶叶优质的品质。

　　遵义毛峰于每年清明节前后10~15天采摘，其炒制技术精巧，工艺的要点是"三保一高"，即一保色泽翠绿，二保茸毫显露且不离体，三保锋苗挺秀完整，一高就是香高持久。具体分杀青、揉捻、干燥三道工序。

名茶品鉴

　　遵义毛峰不仅品质优秀，还有其独特的象征意义：条索圆直，锋苗显露，象征着中国工农红军战士大无畏的英雄气概；满披白毫，银光闪闪，象征遵义会议精神永放光芒；香高持久，象征红军烈士革命情操世代流芳。

千岛银针

产地

浙江省淳安县千岛湖畔。

品质特征

干茶 纤细匀齐。

汤色 汤色清澈明亮。

香气 清香，香气持久似兰蕙。

滋味 醇厚爽口，回味甘甜。

叶底 嫩绿肥壮。

干茶

佳茗概述

　　千岛银针产于浙江省淳安县千岛湖畔无污染的良种茶园，此地属亚热带季风气候，春秋两季，气候温和，阴雨绵绵，土质肥沃，云雾弥漫，是茶树生长的绝佳环境。其精选优质嫩芽为原料。千岛银针茶外形秀美，芽叶肥壮匀齐，细扁稍卷曲，白毫多而显露，尖芽紧偎叶中，形似雀舌，色泽油润光亮，绿中泛翠，冲泡时雾气结顶，清香四溢，沁人心脾。可谓清秀脱俗，茶中仙子。

名茶品鉴

　　千岛银针茶形体纤细，好似一枚枚精致的银针，冲泡后徐徐下沉，形似针，香若兰，色翠绿，味甘醇，给人以悦目清心之感，堪称特色名茶。泡在杯中，一根根肃然而立，昂首挺胸，器宇轩昂，像训陈有素的三军仪仗队，颇具风骨。

叶底

休宁松萝

产地
安徽省黄山市休宁县。

品质特征

干茶 外形条索紧卷匀壮，色泽绿润。

汤色 汤色绿明。

香气 香气高爽。

滋味 滋味浓厚，带有橄榄香味。

叶底 叶底绿嫩。

佳茗概述

　　松萝茶为历史名茶，属绿茶类，创于明初。松萝茶产于安徽休宁城北15千米的松萝山，茶园多分布在该山600～700米之间。此间气候温和，雨量充沛，常年云雾弥漫，土壤肥沃，土层深厚，所长茶树称"松萝种"，树势较大，叶片肥厚，芽叶壮实，浓绿柔嫩，茸毛显露，是加工松萝茶的上好原料。松萝茶古今闻名，明代袁宏道有"近日徽有送松萝茶者，味在龙井之上，天池之下"的记述。

名茶品鉴

　　饮松萝茶令人神驰心怡，古人有"松萝香气盖龙井"之赞辞。喝过松萝茶的人都知道，初喝头几口稍有苦涩的感觉，但是仔细品尝，甘甜醇和，这是松萝茶中罕见的橄榄风味。松萝茶区别于其他名茶的显著特点是"三重"，即色重、香重、味重。

梅尖银毫

产地 广东省梅州市的梅西上官塘水库农场。

品质特征

干茶 紧细圆直，翠绿显毫。

汤色 汤色清澈明亮。

香气 香气浓郁。

滋味 滋味甘醇爽口。

叶底 细嫩成朵。

干茶

佳 茗 概 述

梅尖银毫近年来一直价高抢手、供不应求，是绿茶新品名茶的佼佼者。

梅尖银毫属绿茶品种之一，以适宜茶树新梢为原料，是经杀青、揉捻、干燥等典型工艺过程制成的茶叶。梅尖银毫较多地保留了鲜叶内的天然物质，对防衰老、防癌、抗癌、杀菌、消炎等均有特殊效果，为其他茶类所不及。

名茶品鉴

在透明的玻璃杯内，随着冲入开水，每一芽银毫茶慢慢伸展，而后茶芽错落有序地慢慢飘浮杯中，闻起来香气浓郁，品之滋味甘醇爽口，观其汤色清澈明亮。

叶底

绿扬春

佳 茗 概 述

绿扬春是1990年由仪征市捺山制茶厂创制的地方名茶，经过十余年生产实践，加工工艺不断完善，产品质量相对稳定，先后获江苏省"陆羽杯"名茶评比特等奖、一等奖，第三届、第四届"中茶杯"全国名茶评比特等奖。

产地

江苏省仪征市捺山山麓。

品质特征

- 干茶 外形似新柳，翠绿油润。
- 汤色 汤色清澈明亮。
- 香气 香气高雅持久。
- 滋味 滋味鲜醇。
- 叶底 叶底匀嫩。

名茶品鉴

绿扬春茶形如新柳（叶），翠绿秀气，内质香气高雅，汤色清明，滋味鲜醇，叶底嫩匀。从客观上讲，绿扬春在品质上毫不逊于西湖龙井、洞庭碧螺春等名茶，可以说各有特色。

天山绿茶

佳 茗 概 述

天山绿茶为福建烘青绿茶中的极品名茶。天山绿茶按采制季节的迟早可分为"雷鸣""明前""清明""谷雨"等；按形状可分为"雀舌""凤眉""珍眉""秀眉""蛾眉"等；按标号分为"天上丁""一生春""七杯茶"等，其中以"雷鸣""雀舌""珍眉"最为名贵。

产地

福建省西乡。

品质特征

- 干茶 外形条索嫩匀，锋苗挺秀，茸毫显露。
- 汤色 汤色清澈明亮。
- 香气 香气芬芳鲜爽，香似珠兰花香。
- 滋味 滋味浓厚回甘，犹如新鲜橄榄。
- 叶底 叶底嫩绿。

名茶品鉴

瓷杯品绿茶适于泡饮中高档绿茶，如一级和二级炒青绿茶、珠茶绿茶、烘青绿茶、晒青绿茶之类，重在适口、品味或解渴。一般先观察茶叶的色、香、形后，入杯冲泡。

冲泡天山绿茶，可取"中投法"或"下投法"，用95～100℃初开沸水冲泡，盖上杯盖，以防香气散逸，保持水温，以利茶身开展，加速下沉杯底，待3～5分钟后开盖，嗅茶香，尝茶味，视茶汤浓淡程度，饮至2～3泡即可。

绿牡丹

佳茗概述

绿牡丹为一种制作工艺独特，造型新颖的花型名茶，冲泡后，茶叶树立，形如一朵盛开的绿牡丹花，既有宜人的饮用价值，又有动人的观赏价值。

产地

安徽省歙县大谷运乡的上黄音坑、岱岭龙潭、仙人石一带。

品质特征

干茶 外形均匀整齐，圆而扁平、白毫显露，峰苗完整，色泽碧绿。

汤色 汤色清澈明亮。

香气 香气清高。

滋味 滋味甘甜爽口。

叶底 叶底嫩绿。

名茶品鉴

绿牡丹茶采制技术要求较为严格，要做到"三定"、"六不采"。

所谓"三定"即定植子高山，定不施化肥、农药，定选种为优良品种。

所谓"六不采"是指为病虫为害和受伤芽叶不采，对夹叶和鱼叶不采，露水叶不采，紫色叶不采，瘦弱叶芽不采，不合制茶标准的芽叶不采。

竹叶青

佳茗概述

竹叶青属于绿茶类，产于历代文人都赞美的风景胜地峨眉山，唐代诗人元稹有"锦江滑腻峨眉秀"，南宋诗人范成大有"三峨之秀甲天下"的诗句。峨眉山因其终年云雾缭绕，十分适宜茶树生长，是生产竹叶青的好地方。竹叶青历史悠久，因其有提神益思、生津止渴、缓解疲劳等功效，深受佛教、道教喜爱。现代峨眉竹叶青是20世纪60年代创制的名茶，其茶名是陈毅元帅所取。

产地

四川省峨眉山。

品质特征

干茶 外形扁条，两头尖细，形似竹叶，色泽润绿。

汤色 汤色黄绿明亮。

香气 香气清香高鲜。

滋味 滋味浓厚甘醇。

叶底 叶底嫩绿匀齐。

名茶品鉴

竹叶青根据其品质有三个不同的品味级别。第一等为峨眉山高山茶区之特定区域所产鲜嫩茶芽精制，再经精心挑选而成。第二等为峨眉山高山茶区所产鲜嫩茶芽精制后精选而成。第三等为峨眉山高山茶区所产鲜嫩茶芽精制而成。其三个级别的色、香、味、形俱佳，堪称茶中上品。

佳茗概述

舒城兰花为历史名茶，创制于明末清初。兰花茶有两种：一种是舒城晓天、七里河、梅河、毛竹园等地主产的大兰花；一种是舒城南港和庐江汤池、桐城大关等地主产的小兰花。20世纪50年代由于兰花茶的产量减少，且都为小兰花，所以大兰花已不再生产。

产地

徽省舒城、桐城、庐江、岳西一带。

品质特征

干茶 条索细卷呈弯钩状，芽叶相连似兰花，色泽翠绿，匀润显毫。

汤色 汤色绿亮明净。

香气 香气鲜爽持久，具有独特的兰花香。

滋味 滋味甘醇。

叶底 叶底匀整，呈黄绿色。

名茶品鉴

舒城兰花茶以舒城晓天白桑园的产品最著名，为兰花茶之上品，舒城、庐江交界处的沟二口、果树一带所产兰花茶也久负盛名。桐城龙眠山所产称桐城小花，品质优异，独树一帜，然其采制技术和品质特点，则大同小异。

佳茗概述

安化松针属绿茶，因其外形挺直、细秀、翠绿，状似松树针叶而得名，是中国特种绿茶中针形绿茶的代表。据文献记载，自宋代开始，安化境内的芙蓉山、云台山茶树已经是"山崖水畔，不种自生"了。所制"芙蓉青茶"和"云台云雾"两茶，曾被列为贡品，但几经历变，采制方法已失传。直到20世纪60年代初才终于创制出这种绿茶珍品。安化松针一经问世，即以独具的特色，跻身于全国名优茶行列，声名大振，饮誉海外，屡获殊荣。

产地

湖南省安化县。

品质特征

干茶 外形挺直秀丽，条索长直、圆浑、紧细，翠绿匀整，白毫显露，其形状宛如松针。

汤色 澄清碧绿。

香气 香气馥郁，有熟板栗香。

滋味 滋味甘醇鲜爽。

叶底 叶底鲜嫩匀整。

名茶品鉴

松针茶初喝味道有点涩，油松味。如果喝不惯松针的涩味，可以多煮一会儿，或者把松针洗净后在清水里多泡一会儿，这样可减淡茶的涩味。

紫阳毛尖

佳茗概述

紫阳毛尖属历史名茶，自唐代起即"每岁充贡"，清代时更成为稀世灵奇之物。紫阳是我国第二个富硒区，所产茶叶中含硒量较高，常饮紫阳毛尖，可以简便有效地补充硒元素，具有较高的营养和保健价值。著名营养学家于若木给予紫阳茶"紫阳茶富硒抗癌，色香味俱佳，系茶中珍品"的科学评价。

产地

陕西省紫阳县汉江两岸的近山。

品质特征

干茶 外形条索圆紧细、肥壮、匀整，色泽翠绿，白毫显露。

汤色 汤色嫩绿清亮。

香气 香气嫩香持久。

滋味 滋味鲜爽回甘。

叶底 叶底肥嫩完整，嫩绿明亮。

名茶品鉴

品紫阳毛尖至少要经过三道水。初品，会觉得味较淡，淡过之后，又有些微苦；再品，苦中含香，味极浓郁，放在舌上有点舍不得下咽，吞咽之后，一股沁人心脾的凉意油然而生；三品，茶味更加香浓，丝丝缕缕绕鼻旋肺。

瀑布仙茗

佳茗概述

瀑布仙茗属于浙江最古老的历史名茶，生产历史悠久，在西晋惠帝永熙年间（公元290～306年）就有记载，距今约有1600多年的历史。陆羽在《茶经》中说："余姚用大茶树的芽叶制成的茶叶，品质特优，称之'仙茗'。"可见其已经久负盛名。瀑布仙茗的加工工艺曾一度失传。现今的瀑布仙茗创制于1979年，并在1980年在浙江省名茶评比会上荣获一类名茶称号。

产地

浙江省余姚市四明山区的道士山。

品质特征

干茶 外形紧细，苗秀略扁，茸毛显露，色泽绿润。

汤色 碧绿而明亮。

香气 香气鲜爽，具有板栗香。

滋味 滋味鲜醇爽口。

叶底 细软明亮，匀嫩成朵。

名茶品鉴

瀑布仙茗的干茶看外形紧细，苗秀略扁，色泽绿润；闻之香气清鲜。

冲泡后，香气浓郁持久，茶汤绿而明亮，叶底嫩匀成朵，品之滋味鲜醇，回味甘甜，齿间留香，久久不散。

金山翠芽

佳茗概述

　　金山翠芽是江苏省新创制的名茶，系中国名茶，产于江苏省镇江市，因镇江金山旅游圣地而名扬海内外。

　　金山翠芽于1982年在下蜀茶场、五洲茶场等单位开始试制，1985年通过技术鉴定，列为省级名茶，同年荣获中国名茶称号。金山翠芽茶精选大毫、大白优良芽孢茶制成，每年谷雨前后开采，采摘标准为芽苞或一芽一叶初展，再经过初炒、摊凉、复炒三道工序精制而成。

产地

　　江苏省镇江市句容武岐山。

品质特征

干茶	外形扁平挺削匀整，色翠显毫。
汤色	汤色嫩绿明亮。
香气	香高持久。
滋味	滋味鲜醇。
叶底	叶底嫩绿明亮。

名茶品鉴

　　金山翠芽从外形看酷似"竹叶青"，为芽苞，形为扁平挺削，只不过"竹叶青"更加平整。金山翠芽干茶色泽黄翠显毫，香味扑鼻，绿茶中少有的高香，香味独特。

　　金山翠芽冲泡后翠芽依依下沉，挺立杯中，形似镇江金山塔倒映于扬子江中，饮之滋味鲜浓，苦涩显著，后甘甜生津，令人回味无穷。

太湖翠竹

佳茗概述

　　太湖翠竹是20世纪80年代后期创作的名茶，最早是手工制作，1994年引进多功能茶机进行机械加工。而其产地环境优雅，山脉秀丽，为茶树的生长带来了绝佳的生态优势。该茶曾在"中国杯"评比中荣登榜首，是继"惠山泥人、无锡面筋"后的又一大无锡特色。

产地

　　江苏省无锡市。

品质特征

干茶	外形扁似竹叶，色泽翠绿油润。
汤色	清澈明亮。
香气	香气清高持久。
滋味	滋味鲜醇。
叶底	叶底嫩绿匀整。

名茶品鉴

　　太湖翠竹茶外形扁似竹叶，色泽翠绿油润，内质滋味鲜醇，香气清高持久，汤色清澈明亮，叶底嫩绿匀整，风格独特；冲泡后，杯中嫩绿的茶芽徐徐伸展，形如竹叶，婷婷玉立，似群山竹林。

佳茗概述

金坛雀舌以其形如雀舌而得名，属扁形炒青绿茶。雀舌茶每年采于谷雨前，采摘标准为一芽一叶初展，要求芽叶嫩度匀整，色泽一致。不采紫芽叶、雨水叶，防止芽叶红变。鲜叶采摘后，经3～5小时摊放，方可炒制。其炒制工艺分杀青、摊凉、整形三道工序，运用搭、抖、捞、压、抓等手法交替进行加工而成。

产地

江苏省金坛市方麓茶场。

品质特征

干茶 条索匀整，状如雀舌，干茶色泽绿润，扁平挺直。

汤色 汤色嫩黄明亮。

香气 香气清高。

滋味 滋味鲜爽。

叶底 叶底嫩匀成朵。

名茶品鉴

金坛雀舌成品条索匀整，状如雀舌，干茶色泽绿润，扁平挺直；冲泡后香气清高，色泽绿润，滋味鲜爽，汤色明亮，叶底嫩匀成朵明亮。茶叶中所含的营养成份十分丰富，茶多酚、氨基酸、咖啡碱等含量较高。

佳茗概述

阳羡制茶，源远流长，久负盛名，在唐代，宜兴以产"阳羡茶"进贡著名，在陆羽的《茶经》中还记载："常州义兴县生君山悬脚岭北峰下"，可见唐代阳羡茶之盛名。到了宋代，阳羡茶更为文人雅士所喜爱，大文豪苏东坡留下了"雪芽为我求阳羡，乳水君应饷惠山"的诗句，后人根据苏东坡的这句诗为此茶取名为"阳羡雪芽"。

产地

江苏省宜兴南部阳羡游览景区。

品质特征

干茶 外形紧直匀细，翠绿显毫。

汤色 清澈明亮。

香气 清雅悠长。

滋味 滋味鲜醇。

叶底 叶底嫩匀完整。

名茶品鉴

阳羡雪芽采摘细嫩，制作精细，经高温杀青、轻度揉捻、整形干燥、割末贮藏等四道工序加工而成，其成品茶的外形纤细挺秀，色泽绿润，银毫显露，香气清鲜幽雅，滋味浓厚清鲜，汤色清澈明亮，叶底幼嫩，色绿黄亮，并以"汤清、芳香、味醇"的特点而誉满全国。

上饶白眉

佳茗概述

上饶白眉是江西省上饶县创制的特种绿茶，因其外形满披白毫，外观雪白，恰如老寿星的眉毛，故而得此美名。上饶白眉鲜叶采自大面白茶树品种，品质极佳，为绿茶珍品，由于上饶白眉鲜叶嫩度不同，加工的白眉可分为白眉银毫、白眉毛尖、白眉翠峰，品质除具有共同特点外，各具独特风格。1983年，在尊桥乡茶场新创制成功，1995年被评为中国名茶。

产地

江西省上饶县。

品质特征

干茶 外形壮实，条索匀直，白毫满披，色泽绿润。

汤色 汤色明亮。

香气 香高持久。

滋味 滋味鲜浓。

叶底 叶底嫩绿。

名茶品鉴

上饶白眉成品外形肥壮，条索匀直，白毫特多，色泽绿润；冲泡后香气清高，滋味鲜浓。尤其是白眉银毫，外形雪白，沏泡后芽叶在杯中雀跃，品味无穷。

赛山玉莲

佳茗概述

赛山玉莲，是河南著名茶苑中的一朵新秀，自1986年由光山县凉亭乡茶叶经济技术开发公司创制以来，便以其优良的品质和独特的风韵而脍炙人口，备受赞誉。

赛山玉莲于每年清明前后采摘生长壮实、匀整一致的单个芽头为原料，赛山玉莲采用杀青、做形、摊放、整形、烘干等几道程序加工而成。

产地

河南省光山县凉亭乡赛山一带。

品质特征

干茶 外形扁秀挺直，满披白毫，色泽嫩绿油润。

汤色 汤色浅绿明亮。

香气 香气持久高长。

滋味 滋味鲜爽。

叶底 嫩绿匀整。

名茶品鉴

赛山玉莲形白如玉，绿如莲叶，扁秀挺直，白毫满披，银光闪烁，冲泡玻璃杯中，茶芽亭亭玉立，有似仙女散花，色彩绚丽，望之有如石钟乳，上下交错，蔚为奇观。品饮后，滋味甘醇沁人，回味无穷。

佳茗概述

凌云白毫，属于绿茶类。原名"白毛茶"，又名"凌云白毛茶"。白毫茶在凌云栽培已有三百多年的历史，现已开发出绿、红、白、青、黄、黑等六大茶类，在国内外享有较高的声誉。凌云白毫市场除内销外，还销往摩洛哥、爱尔兰等地，该茶曾作为国家级礼品赠送给摩洛哥国王哈桑二世，被视为珍宝，称之为"茶中极品"。

产地

广西壮族自治区凌云、乐业二县境内的云雾山中。

品质特征

干茶 条索紧结微曲、白毫显露，叶芽肥壮，色泽淡绿，茶身柔嫩。

汤色 汤色清绿明亮。

香气 香气馥郁持久，有板栗香。

滋味 滋味甘甜。

叶底 叶底嫩绿明亮。

名茶品鉴

凌云白毫成茶条索紧结，遍体白毫显露，形似银针，闻之清香馥郁，是白毫茶中的上品。

佳茗概述

涌溪火青起源于明朝，清代已成贡品，系中国十大名茶之一，属珠茶。

涌溪火青采摘期一般自清明到谷雨，采摘要求"两叶一芽，身大八分，枝枝齐整，朵朵匀净"。

产地

安徽省泾县涌溪山的丰坑、盘坑、石井坑、湾头山一带。

品质特征

干茶 外形紧结重实，色泽墨绿，油润显毫，白毫隐伏，毫光显露。

汤色 汤色黄绿，清澈明亮。

香气 花香浓郁。

滋味 滋味鲜爽醇厚。

叶底 叶底嫩匀成朵，杏黄明亮有光泽。

名茶品鉴

涌溪火青颗粒细嫩重实，色泽墨绿莹润，银毫密披。冲泡后形似花苞绽放，幽兰出谷，花香浓郁（其香因产地、加工的差异会呈现出兰花香、甜花香、毫香等不同的香气），汤色杏黄明亮，香气浓高鲜爽，并有特殊清香。经久耐泡，一般可冲泡4～5次，但以2～3次最好。

佳茗概述

天目青顶,又称天目云雾茶,是在国际商品评比中获得金奖的古今绿茶上品。该茶生产历史约从明代开始,当时被列为六大名茶之一,作为贡品。诗僧皎然在品饮天目青顶茶后,赞曰:"头茶之香远胜龙井"。天目青顶制作工艺精细,原料上乘,是色、香、味俱全的茶中佳品,远销荷兰、加拿大、英国、日本等国家和地区。

产地

浙江省临安市天目山。

品质特征

干茶 外形挺直成条,叶质肥厚,芽毫显露,色泽深绿。

汤色 汤色清澈明净。

香气 清香持久。

滋味 滋味鲜醇爽口。

叶底 匀嫩成朵。

名茶品鉴

冲泡后,汤色清澈明净,芽叶朵朵可辨,滋味鲜醇爽口,清香持久,是色、香、味俱全的茶中佳品。

佳茗概述

松阳银猴因条索卷曲多毫,形似猴爪,色如银而得名,松阳银猴茶为浙江省新创制的名茶之一。松阳银猴产于国家级生态示范区浙南山区。浙南山区所生产的银猴山兰、银猴龙剑、银猴白茶、银猴香茶等名茶系列均品质优异,饮之令人心旷神怡,回味无穷,被誉为"茶中瑰宝"。

产地

浙江省松阳县瓯江上游古市区半古月"谢猴山"一带。

品质特征

干茶 条索粗壮,弓弯似猴,满披银毫,色泽光润。

汤色 汤色清澈嫩绿。

香气 香高持久。

滋味 滋味鲜醇爽口。

叶底 叶底嫩绿成朵,匀齐明亮。

名茶品鉴

银猴茶开采早,采得嫩,拣得净是银猴茶的采摘特点。一般在清明前开采,谷雨时结束。特级茶为一芽一叶初展;1~2级茶为一芽一叶至一芽二叶初展。条索粗壮,弓弯似猴,满披银毫,色泽光润,香味持久,冲泡后鲜醇爽口,汤色清澈嫩绿,叶底嫩绿成朵,匀齐。

佳茗概述

桂林毛尖是 20 世纪 80 年代初创制成功的绿茶类名茶，曾在 1989 年获广西名茶称号。1993 年在泰国曼谷"中国优质农产品及科技成果展览会"获金奖。桂林毛尖在清明前后采摘，标准为一芽一叶初展，经过杀青、摊放、揉捻、干燥等工艺制作而成。

产地

广西壮族自治区桂林尧山地带。

品质特征

干茶 条索紧细，显毫锋，色泽翠绿，有干香。

汤色 碧绿清澈。

香气 香气清高持久。

滋味 滋味醇和鲜爽。

叶底 叶底嫩绿明亮。

名茶品鉴

桂林毛尖用开水冲泡后，条索松软，香气清高，叶底嫩绿明亮，品饮后滋味醇厚鲜爽，一般冲泡三次为宜。此外，桂林毛尖含丰富的微量元素硒，对人体具有良好的保健作用。

佳茗概述

敬亭绿雪，历史悠久，品味独特，为绿茶中珍品，以其芽叶色绿、白毫似雪而得名。明清时期曾列为贡茶，是安徽省最早的名茶之一。由于其风格独具特色，《宣城县志》中记载有许多文人雅士赞美敬亭绿雪的名文佳句。现与黄山毛峰、六安瓜片合称安徽省三大名茶。

产地

安徽省宣州市北敬亭山。

品质特征

干茶 形似雀舌，挺直饱润，色泽翠绿，白毫显露。

汤色 汤清色碧。

香气 香气鲜浓，持久。

滋味 回味爽口，香郁甘甜。

叶底 叶底细嫩，芽叶相合，不离不脱，朵朵匀净，宛如兰花。

名茶品鉴

敬亭绿雪冲泡后，汤色清澈明亮，白毫翻滚，如雪茶飞舞；香气鲜浓，似绿雾结顶，回味甘醇。由于环境的不同，干茶呈板栗香型、兰花香型或金银花香型。可分为特、一、二、三共四个等级，等级越高，香气越清雅高长。

佳茗概述

仙人掌茶，又名玉泉仙人掌。据记载，始创于唐代玉泉寺，至今已有1200多年的历史。创制人是玉泉寺的中孚禅师。相传中孚禅师云游江南，在金陵巧遇李白，便以茶作见面礼，李白品茗之后，觉得此茶外形"其状如掌"，内质"清香滑熟"，而此茶又是在玉泉寺新创制出来的，遂命名为"仙人掌茶"。

产地

湖北省当阳县玉泉山。

品质特征

干茶 外形扁平似掌，色泽翠绿，白毫披露。

汤色 汤色嫩绿，清澈明亮。

香气 清香雅淡，沁人肺腑。

滋味 滋味鲜醇爽，回味甘甜。

叶底 叶底嫩绿。

名茶品鉴

仙人掌茶冲泡之后，芽叶舒展，嫩绿纯净，似朵朵莲花挺立水中，汤色嫩绿明亮；清香清雅恬淡，沁人肺腑，滋味鲜醇爽口。初啜清淡，回味甘甜，继之醇厚鲜爽，弥留于齿颊之间，令人心旷神怡，回味隽永。

佳茗概述

望海茶茶园多分布于海拔900多米的高山上，四季云雾缭绕，空气温和湿润，土壤肥沃，生态环境特别适合茶树生长。因此其内质优异，尤其是微量元素锌和镁的含量特高。一般在清明至谷雨前开采，采摘一芽一叶初展，经过杀青、揉捻、做形、烘炒等工序制作而成。

产地

浙江省宁海县望海岗茶场。

品质特征

干茶 外形细嫩挺秀，翠绿显毫。

汤色 嫩绿清澈。

香气 清香持久。

滋味 鲜爽回甘。

叶底 嫩绿成朵。

名茶品鉴

望海茶受云雾之滋润，集天地之精华，其外形细嫩挺秀，色泽翠绿显毫，香高持久，滋味鲜爽，饮后有甜香回味，汤色清澈明亮，叶底嫩绿成朵。尤以其干茶色泽翠绿，汤色清绿，叶底嫩绿"三绿"而在众多名茶中独树一帜，具有鲜明的高山云雾茶的独特风格。

红茶品鉴

认识红茶

红茶属于全发酵茶，因其茶汤以红色为主而得名。所有红茶都具有红茶、红汤、红叶和香甜味醇的品质特征。我国红茶的产量虽然不大，但品种很多，主要有祁红茶、滇红茶、闽红茶、川红茶、宜红茶、宁红茶、越红茶、苏红茶等，其中以祁门红茶最为著名，整个红茶产量约占总产量的6%，是我国重要的出口类茶，出口量占我国茶叶总产量的50%左右。

红茶的种类

分类	品种
小种红茶	正山小种等
工夫红茶	滇红工夫、川红工夫、闽红工夫等
红碎茶	叶茶、片茶、末茶、碎茶等

红茶的鉴别

1. 小种红茶

（1）外形：条索肥壮完整，紧结重实为优；弯曲、松弛为次。

（2）色泽：色泽乌润为优；暗褐、枯红为次。

（3）香气：香气高长，带松烟味为优；香气淡，老气为次。

（4）汤色：汤色红艳明亮为佳；红暗、浅黄为次。

（5）滋味：醇厚，带有桂圆香味为佳。

（6）叶底：嫩而多芽，柔软匀整，红艳明亮为优。

2. 工夫红茶

（1）外形：条索紧细稍弯曲，匀齐为优；条索粗松，匀齐度差的为次。

（2）色泽：色泽红褐色，乌润有光泽为优；色泽暗褐，枯红不一致为次。

（3）香气：香气馥郁，持久为优；香气不纯，低闷为次。

（4）汤色：汤色红艳明亮，茶汤有金圈的为佳；茶汤深暗，浑浊为次。

（5）滋味：滋味醇厚为佳；滋味苦涩或粗淡为次。

（6）叶底：叶底明亮，肥软为优；叶底青暗带杂为次。

3. 碎红茶

（1）外形：红碎茶外形匀齐一致；碎茶颗粒紧卷，叶条茶条索紧直，片茶褶皱厚实；末茶成沙粒状。

（2）色泽：色泽呈红褐色，乌润有光泽为优；色泽枯黄、泛黄为次。

（3）香气：香气馥郁，有果香、花香为优。

（4）汤色：汤色红艳明亮为佳；茶汤暗浊为次。

（5）滋味：滋味浓厚，强烈为佳；滋味粗淡为次。

（6）叶底：叶底红艳明亮为优；叶底暗中带杂为次。

红茶的加工工艺

1. 萎凋

萎凋是指将鲜叶通过晾晒等过程失去部分水分，是红茶初制的第一道工序。萎凋可增强茶的酶活性，同时叶片变柔韧，便于造型。

2. 揉捻

红茶揉捻的目的与绿茶相同，使茶叶在揉捻过程中容易成形并增进色香味浓度，同时，便于氧化，利于发酵的顺利进行。

3. 发酵

红茶制作的独特阶段，经过发酵，多酚类物质在酶促作用下产生氧化作用，叶色由绿变红，形成红茶、红叶、红汤的品质特点。发酵适度，嫩叶色泽红匀，老叶红里泛青，具有熟果香。

4. 干燥

顾名思义，干燥就是蒸发水分，即将发酵好的茶坯，采用高温烘焙，迅速蒸发水分，达到适宜干度的过程，以固定外形，保持干度以防霉变。干燥的目的是停止发酵，激化并保留高沸点芳香物质，获得红茶特有的醇厚、香甜、浓郁的香味。

红茶的贮藏

红茶相对于绿茶来说，陈化变质速度较慢，比较容易贮藏。只要将红茶放在茶叶罐里，放置在阴暗、干爽的地方，避开光照、高温及有异味的物品即可。开封后的茶叶最好尽快喝完，以免味道和香气流失而影响茶的品质。一般说来，红茶只要放在阴凉干燥的地方，是不需要放在冰箱里的。

红茶的冲泡方法

清饮法、调饮法、杯饮法、壶饮法等。

正山小种

品质特征

干茶 条索肥壮，紧实圆直，色泽呈红褐色，油润均匀。

汤色 汤色深黄色，以有金黄圈为上品。

香气 芬芳浓烈，有醇馥的松烟香和桂圆、蜜枣味。

滋味 滋味醇厚。

叶底 叶底呈红亮色，柔嫩肥厚。

产地 福建武夷山。

干茶

佳茗概述

正山小种又称拉普山小种，鸦片战争后，帝国主义入侵，国内外茶叶市场竞争激烈，出现正山茶与外山茶之争，正山含有正统之意，因此得名。正山小种的茶叶是用松针或松柴熏制而成的，茶叶呈黑色，但茶汤为深红色，香味非常浓烈。

正山小种是世界上最古老的一种红茶，迄今已经有 400 多年的历史，非常适合于咖喱和肉的菜肴搭配，因此在欧洲被发展成世界闻名的下午茶。

茶之品

闻香观色后即可缓啜品饮。正山小种红茶以鲜爽、浓醇为主，与红碎茶浓强的刺激性口感有所不同。滋味醇厚，回味绵长，如加入桂圆、牛奶，其汤味、茶香味不减。

茶之鉴

外形：特级正山小种红茶，条形较小；一级正山小种红茶条形要大些；二级正山小种红茶就没有一级那么成条，偶有茶片。

汤色：以汤色呈深黄色、有金圈为上品；以汤色浅、暗、浊次之。

闻香：闻杯底香气，以有浓纯且持久的松烟香（桂圆干香气味）为好茶；以松烟味淡、薄、短、粗、杂为差茶。

滋味：好的正山小种茶松烟香细柔，劣茶入口则有呛、麻口或割喉的感觉。

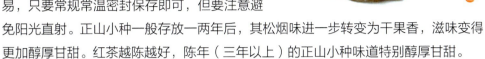

叶底

贮茶有方

因为是全发酵茶，正山小种的保存十分简易，只要常规常温密封保存即可，但要注意避免阳光直射。正山小种一般存放一两年后，其松烟味进一步转变为干果香，滋味变得更加醇厚甘甜。红茶越陈越好，陈年（三年以上）的正山小种味道特别醇厚甘甜。

佳茗功效

饮用正山小种茶有利于排尿和排汗，如此有利于排除体内的乳酸、尿酸（与痛风有关）、过多的盐分（与高血压有关）、有害物质等，还可以改善心脏病或由肾炎造成的水肿。

正山小种茶的抗氧化剂含量高，对心脏较为有益。

饮用正山小种茶的人骨骼强壮，如果在正山小种茶中加上柠檬，其强壮骨骼的效果更明显。

饮用正山小种茶不会伤胃，反而能够养胃。经常饮用小种红茶对保护胃黏膜、辅助治疗消化道溃疡也有一定效果。

品饮新法

牛奶红茶：先将红茶放入壶中，然后倒入沸水，浸泡约5分钟，再把茶汤倒入茶杯中，加适量冰糖和牛奶（或乳酪），就成为一杯芬芳可口的牛奶红茶了。

泡沫红茶：用红茶、冰块、果酱、糖水，先用开水冲泡红茶，过滤出茶汤备用；然后在调酒器中放入冰块至八九分满，加入糖水，倒入红茶汤，拧紧瓶盖，上下用力摇晃，利用冷热冲击急速冷却的原理产生泡沫，摇至冰块溶化即可倒出饮用。

冰红茶：将红茶泡制成浓度略高的茶汤，然后将冰块加入杯中到八分满，缓缓倒入红茶汤。可根据个人喜好加糖搅拌均匀，即可调制出一杯色、香、味俱全的冰红茶。

茶冻：白砂糖170克，果胶粉7克，凉水200毫升，茶汤800毫升。先用开水冲泡茶叶后，过滤出茶汤备用；然后把白砂糖和果胶粉混匀，加冷水拌和，再用小火加热，不断搅拌至沸腾；再把茶汤倒入果胶溶液中，混合倒入模型（用小碗或酒杯均可），冷却凝固后放入冰箱中，随需、随取、随食。茶冻是在夏天能使人凉透心肺、暑气全消的清凉饮料。

皇家奶茶：红茶、清香型高品质高度数洋酒、方糖、牛奶。先用开水冲泡红茶，过滤出茶汤备用；用汤匙盛少许洋酒加1块方糖，点燃方糖约1分钟倒入奶茶杯，加入已冲泡好的红茶汤，再加入大概4毫升的纯牛奶，搅拌均匀即可饮用。

坦洋工夫

干茶

产地

福建省福安、拓荣、寿宁、霞浦及屏南北部等地。

品质特征

干茶 条索紧细匀直,叶色润泽,净度良好,毫尖金黄。

汤色 汤色鲜艳,呈金黄色。

香气 高锐持久。

滋味 滋味浓醇鲜爽,醇甜。

叶底 叶底红亮匀整。

佳茗概述

坦洋工夫茶是福建省三大工夫红茶之一,相传于清咸丰、同治年间(1851～1874年),由福安市坦洋村人试制成功,迄今已有100多年的历史。曾以产地分布最广,产量、出口最多而名列"闽红"之首。1915年与贵州"茅台酒"同获巴拿马万国博览会金奖,享誉中外。后因茶类布局变更,由"红"变"绿",坦洋工夫尚存无几,近年,经多方努力,坦洋工夫茶又有所恢复和发展。

茶之品

滋味清鲜,甜和爽口,香气高锐持久,醇厚鲜爽,有桂圆香气。

茶之鉴

坦洋工夫红茶分为特种、特级、一级、二级、三级共五个等级。具体可从整碎、色泽、香气、滋味、汤色、叶底等几个方面进行鉴别其品质的优劣。

整碎:特级茶造型独特、洁净油润、毫峰显露、肥嫩紧细;一级茶肥嫩紧细,有锋苗;二级茶较肥壮紧实;三级茶尚紧实。

色泽:优质茶色泽红艳,或乌黑油润,品质一般的茶色泽较乌润或尚乌润。

香气:优质茶甜香浓郁;品质一般的茶香气较纯正。

滋味：优质茶鲜浓醇厚；品质尚可的茶滋味较醇正。

汤色：优质茶汤色红艳；品质一般的茶汤色发红。

叶底：优质茶叶底细嫩柔软红亮，品质一般的茶叶叶底红欠匀。

佳茗功效

养胃护胃：坦洋工夫红茶经过发酵烘制而成的，茶多酚在氧化酶的作用下发生酶促氧化反应，含量减少，对胃部的刺激性就随之减小了。

减肥美容：坦洋工夫红茶还是极佳的运动饮料，因为茶中的咖啡碱具有提神作用，又能在运动进行中促成身体先燃烧脂肪供应热量，所以让人更具持久力。

生津清热：夏天饮坦洋工夫红茶能止渴消暑，是因为茶中的多酚类、醣类、氨基酸、果胶等与口涎产生化学反应，且刺激唾液分泌，导致口腔觉得滋润，并且产生清凉感。

冲泡方法

坦洋工夫茶饮用广泛，这与红茶的品质特点有关。坦洋工夫茶按花色品种而言，有功夫饮法和快速饮法之分；按调味方式而言，有清饮法和调饮法之分；按茶汤浸出方式而言，有冲泡法和煮饮法之分。但不论何种方法饮茶，多数都选用茶杯冲饮，只有少数用壶的，如冲泡红碎茶或片、末茶等。

叶底

茶闻轶事

坦洋工夫的由来

相传，清朝咸丰元年，坦洋有位胡姓茶商在外地做生意，途中在一个客栈里遇见一位从建宁来的茶客身患痢疾，只见那人上吐下泻，病情十分危急。这位姓胡的茶商心地善良，见状，便用坦洋出产的茶，加入生姜和红糖冲为药，然后让那人服下。不一会儿，仿佛神迹出现一般，那人病情大为好转，并很快就康复了。生病之人为了答谢茶商的救命之恩，便与其义结金兰，并传授给茶商一门独特的私家红茶制法。胡氏回家后，便用坦洋之茶作为原料，按照建宁茶客的私家制法一试，果然制造出的新茶品质与众不同，让外人品饮，更是赞不绝口。由于此茶以坦洋当地茶叶为原料，且制作工艺颇费工夫，胡氏有感而发，称之为"坦洋工夫"。

祁门红茶

产地 安徽省祁门、东至、贵池、石台、黟县，以及江西的浮梁一带。

品质特征

干茶 外形条索紧细秀长，色泽乌润，俗称『宝光』。

汤色 汤色红艳明亮。

香气 香气馥郁持久，香气酷似果香，又带兰花香。

滋味 滋味浓醇鲜爽。

叶底 叶底嫩软，鲜红明亮。

干茶

佳茗概述

祁门红茶简称祁红，和印度的大吉岭红茶、斯里兰卡的乌伐红茶并称为"世界三大高香名茶"，享誉全球。"祁红特绝群芳最，清誉高香不二门。"祁门红茶是红茶中的极品，向来以"香高、味醇、形美、色艳"四绝驰名于世，是英国女王和王室的至爱饮品，高香美誉，香名远播，美称"群芳最""红茶皇后"。祁门红茶既可清饮，也可加入牛奶调饮，以8月份所采收的品质最佳。

茶之品

茶汤清芳并带有蜜糖香味，上品茶更蕴含着兰花香，馥郁持久，滋味浓醇鲜爽。

茶之鉴

祁门红茶的条索紧细秀长，略带弯曲，金黄芽毫显露，锋苗秀丽，色泽乌润；冲泡后汤色红艳润泽，叶底鲜红明亮，滋味浓醇而不涩。假茶一般带有人工色素，味苦涩、淡薄，条叶形状不齐。

祁红的香气因火功不同而分别呈现出不同的风韵香气，清新芬芳馥郁持久，有时有明显的甜香，有时带有玫瑰花香，还有蜜糖香、果香。祁红的这种特有的香味，被国内外不少消费者称之为"祁门香"。

贮茶有方

祁门红茶的贮藏方法有四种：石灰贮藏法、木炭贮藏法、抽气冲氮法和塑料袋贮藏法。最后一种贮藏方法是常用的方法，一般把茶叶密封在塑料袋中，再将塑料袋放入密封性比较好的茶叶罐中，置于阴暗、干爽的地方保存，操作方便，效果也佳，能较长时间地保持茶叶的香气和品质。

佳茗功效

提神消疲：经由医学实验发现，祁门红茶中的咖啡碱可刺激大脑皮质来兴奋神经中枢，可使注意力、思考力集中，进而使思维反应更为敏锐，记忆力增强；同时它也对血管系统和心脏具兴奋作用，有消除疲劳的效果。

生津清热：因为茶中的多酚类、糖类、氨基酸、果胶等物质与口涎产生化学反应，并能刺激唾液分泌，导致口腔滋润，并且产生清凉感，同时咖啡碱能控制下视丘的体温中枢，调节体温，它也刺激肾脏以促进热量和污物的排泄，维持体内的生理平衡。

品饮宜忌

祁门红茶并非越新越好，喝法不当容易伤肠胃。这是因为刚采摘回来的新茶，存放时间短，含有较多的未经氧化的多酚类、醛类及醇类等物质，这些物质虽然对健康人群并无多大影响，但对胃肠功能差的人来说，会刺激胃肠黏膜，使原本胃肠功能较差的人更容易诱发胃病。因此存放不足半个月的新祁门红茶更不要喝，也不宜多喝。

祁门红茶之鼻祖——胡元龙

胡元龙博读书史，兼进武略，年方弱冠便以文武全才闻名乡里，被朝廷授予世袭把总。但其轻视功名，注重工农业生产，18岁时辞弃把总官职，在贵溪村的李村坞筑5间土房，栽4株桂树，名之曰"培桂山房"，在此垦山种茶。

光绪元年，胡元龙在培桂山房筹建日顺茶厂，用自产茶叶，请宁州师傅舒基立按宁红经验试制红茶，经过不断改进，到光绪八年，终于制成上等红茶，胡云龙也因此成为祁红创始人之一，被后人尊为"祁红鼻祖"。

政和工夫

产地 福建省政和地区。

品质特征

干茶 条索肥壮重实、匀齐，色泽乌黑油润，毫芽显露，呈金黄色。

汤色 汤色红艳。

香气 香气浓郁芬芳，隐约之间颇似紫罗兰香气。

滋味 滋味醇厚。

叶底 叶底肥壮红匀。

干茶

佳茗概述

　　政和工夫茶为福建三大工夫红茶之一，为福建省红茶中最具高山特色的条形茶。成品茶系以政和大白茶品种为主体，适当拼配由小叶种茶树群体中选制的具有浓郁花香特色的工夫红茶。

　　政和工夫茶初制经萎凋、揉捻、发酵、烘干等工序。在精制中，对上述两种半成品茶须分别通过一定规格的筛选，提尖分级，分别加工成型，然后根据质量标准将两种茶按一定比例拼配成各级工夫茶。

名茶品鉴

　　政和工夫按品种分为大茶、小茶两种：大茶系采用政和大白茶制成，外形条索紧结圆实，内质汤色红浓，香气高而鲜甜，滋味浓厚，叶底肥壮尚红；小茶系采用小叶种制成，条索细紧，香似祁红，滋味醇和，叶底红匀。

叶底

九曲红梅

品质特征

干茶 条索细若发丝，弯曲细紧如银钩，互相勾挂呈环状，满披金色绒毛，色泽乌润。

汤色 汤色红艳鲜亮。

香气 香气芬馥高长。

滋味 滋味浓郁甘醇。

叶底 柔软完整，红艳成朵。

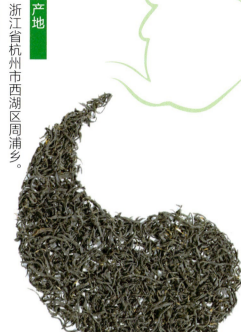

干茶

佳 茗 概 述

九曲红梅因其色红香，清如红梅，故称九曲红梅，简称"九曲红"，是西湖区另一大传统拳头产品，是红茶中的珍品。九曲红梅茶生产已有近 200 年历史，100 多年前就已成名。九曲红梅采摘一般以谷雨前后品质为优，清明前后品质反居其下。品质以大坞山产居上；上堡、大岭、冯家、张余一带所产称"湖埠货"居中；社井、上阳、下阳、仁桥一带的称"三桥货"居下。

名茶品鉴

外形：以条索紧细、匀齐、金毫多、色泽乌润的为好；相反条索粗松，匀齐度差、色泽枯暗的，质量为次。

香气：香气馥郁的质量好。品质好的香气浓郁，似蜜糖香，又蕴藏兰花香；香气不纯，有青草香的质量差。

叶底

滋味：以醇厚的为好，具有一定的刺激性；滋味苦涩、粗淡的红茶品质次。

汤色：以红艳明亮，边缘带有金黄圈的红茶品质较好；汤色深浊的质量较差。

叶底：以红亮的为好，叶底深暗，多乌条，花青的红茶质量差。

金骏眉

产地

福建省武夷山。

品质特征

干茶 外形黑黄相间，乌黑之中透着金黄，显毫香高。

汤色 汤色金黄。

香气 香气浓郁，有烤红薯的香味。

滋味 滋味似为果、蜜、花、薯等综合香型，清甜滑口。

叶底 叶底芽尖鲜活，秀挺亮丽。

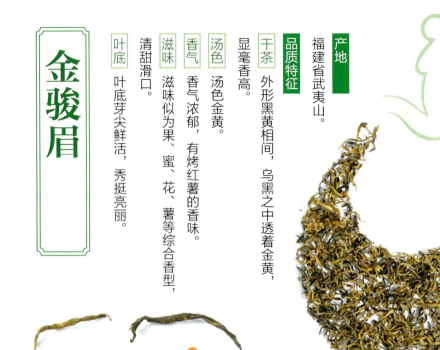

佳茗概述

金骏眉是武夷山正山小种茶的顶级品种，也是中国红茶的代表之一。金，代表等级；眉，形容外形，说明金骏眉的外形像眉毛，因此说"金俊梅"是错误的说法。金骏眉的采摘期从清明开始，到谷雨为止，全部选用原生小种野茶的芽尖部分，并以5万~8万颗芽尖做出0.5千克金骏眉的比例精心挑选原料，由制茶师傅全部人工揉捻、无烟烘焙而成，堪称可遇不可求的茶中珍品。

名茶品鉴

外形：金骏眉茶芽身骨较小，制成的干茶外形细瘦、紧结，又因金骏眉全由手工揉捻，致其外形稍呈卷曲。

汤色：以橙黄、清澈、明亮为上；以红、浊、暗色为次。

叶底：叶底呈鲜活明亮的古铜色为上；红褐色为次。

茶韵：金骏眉茶汤浓郁、绵软、醇厚、爽滑，不苦不涩，耐冲泡，次品涩苦而无茶韵。

银骏眉

产地
福建省武夷山。

品质特征

干茶 条索紧细，锋苗显秀，稍显黄毫之色。

汤色 汤色金黄清澈。

香气 香气独特，清高持久，是一种花香与果香混合的综合香型。

滋味 清爽、醇厚、甘甜。

叶底 叶底明亮。

（干茶）

佳茗概述

　　银骏眉首创于 2005 年，是武夷山红茶正山小种的特级红茶。因其外形似人的眉毛，又因制作的第一个人为梁骏德茶师，故取名骏眉。银骏眉是于谷雨前采摘于武夷山的原生态小种野茶的茶芽，制作 500 克银骏眉需数万颗标准嫩芽，一芽一叶，以正山小种传统手工工艺进行制作，不过筛，所以条形保持完好，外形上已经类似于工夫红茶的条索了。

名茶品鉴

　　外形：一芽一叶，紧结，均整，银灰色为上；金黄带红为次。

　　汤色：橙黄、清澈、明亮为上；红、浊、暗为次。

　　叶底：明亮、古铜色为上；红褐色为次。

（叶底）

滇红

产地

云南省南部与西南部的临沧、保山、凤庆、西双版纳、德宏等地。

品质特征

干茶 外形条索紧结、雄壮肥硕，色泽乌润，苗峰秀丽匀整。

汤色 汤色鲜红明亮。

香气 香气鲜郁高长。

滋味 滋味醇厚，富有收敛性。

叶底 叶底红润匀亮，金毫特显。

佳茗概述

滇红是指云南红茶，分为滇红工夫茶和滇红碎茶两种。由于气候原因，滇红的茶树高大，芽壮叶肥，即使芽叶长至 5～6 片，仍质软而嫩，尤以茶叶的多酚类化合物、生物碱等成分含量居中国茶叶之首。滇红选用嫩度适宜的云南大叶种茶树鲜叶作原料，经过加工能产生较多的茶黄素和茶红素，所以制成的红茶汤色红艳，品质上乘。滇红的采摘期为每年的 3 月中旬至 11 月中旬，分为春茶、夏茶和秋茶。

名茶品鉴

滇红有滇红工夫茶和滇红碎茶两种。滇红工夫茶的特点是芽叶肥壮，金毫显露，汤色红鲜，滋味浓烈，香气馥郁。

滇红碎茶又称滇红分级茶，其外形均匀，色泽乌润，滋味浓烈，香气鲜锐，汤色红亮。

根据茶的条索、整碎、嫩度、净度、色泽等外形指标，评审者就可综合判断各类茶的优次。工夫茶以条索紧结，红碎茶以颗粒细小，并均以匀净、色泽光润者为好。

宜红

产地

湖北省宜昌、恩施两地。

品质特征

干茶 条索紧细，有金毫，色泽乌润。

汤色 红艳明亮，冷却有"冷后浑"现象。

香气 香气高长持久。

滋味 滋味醇厚鲜爽。

叶底 红亮柔软。

干茶

佳茗概述

宜昌红茶称宜红，又称宜昌工夫茶，是我国主要工夫红茶品种之一。历史上因由宜昌集散、加工、出口而得名。宜昌红茶于每年的清明前后至谷雨前开园采摘，现采现制，以保持鲜叶的有效成分，一芽一叶及一芽二叶为主，制作工艺精湛，分初制和精制两大过程，初制有萎凋、揉捻、发酵、烘干等工序；精制工序复杂费工夫，因此是中国上等品质的工夫红茶之一。

名茶品鉴

香气高锐持久，品之满口生香，回味甘美。

寻常红茶要么香重鲜轻，要么厚鲜薄香，唯独宜兴红茶鲜香具备。宜红茶的香是悠远清逸的花果香，茶色艳红，汤味鲜爽，回甘而分寸恰到好处。宜红茶仿品并不多见，只有优劣之分。根据红茶的一般鉴别标准可鉴别宜红的优劣。

叶底

宁红

产地

江西省平江县长寿街一带。

品质特征

干茶 条索紧结圆直，锋苗挺拔，略显红筋，色乌略红，光润。

汤色 汤色红艳。

香气 香气鲜浓持久。

滋味 滋味醇和爽口。

叶底 叶底红嫩多芽。

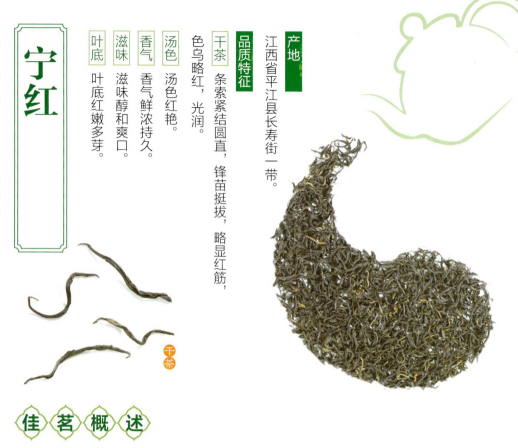

干茶

佳茗概述

宁红工夫茶简称宁红，是我国最早的工夫红茶之一。从唐朝开始种植，历史悠久，品质精良。宁红工夫茶以其独特的风格，优良的品质，享有英、美、德、俄、波五国茶商馈赠的"茶盖中华，价甲天下"的殊荣，当代"茶圣"吴觉农先生盛赞宁红为"礼品中的珍品"，并欣然挥毫题词"宁州红茶，誉满神州"，成为中国主要名茶之一。

名茶品鉴

成品茶分为特级与1～7级，共8个等级。一般宁红外形条索紧结圆直，锋苗挺拔，略显红筋，色乌略红，光润；内质香高持久似祁红，滋味醇厚甜和，汤色红亮，叶底红匀。特级宁红紧细多毫，锋苗毕露，乌黑油润，鲜嫩浓郁，鲜醇爽口，柔嫩多芽，汤色红艳。

叶底

英红

产地
广东省英德市。

品质特征

干茶	外形重实，色泽乌润，金毫显现。
汤色	汤色红艳。
香气	香气浓郁。
滋味	口感鲜爽。
叶底	匀整红亮。

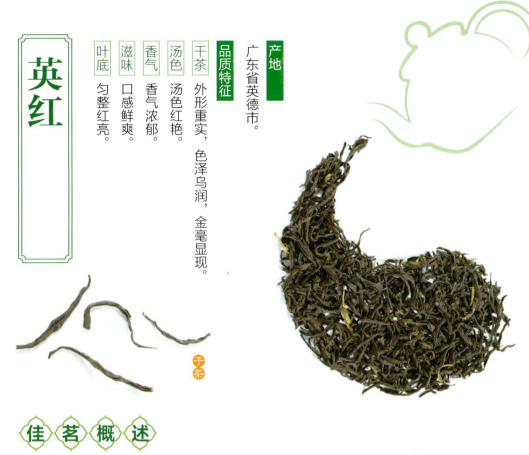

干茶

佳茗概述

"英红"是与"祁红""滇红"齐名的三大红茶之一。英红属分级茶，外形金毫显露，匀净优美，可凉、热净饮，也可加奶、加糖饮用，色、香、味俱佳。英红可分为叶、片、碎、末四个花色，每个花色有多个不同等级，由于其成品外形重实、色泽乌润、茶色红艳、香气浓郁、口感极好，备受品茶人士的青睐。目前远已远销到欧美等 40 多个国家和地区。

名茶品鉴

叶茶：条索紧直匀齐，色泽乌润，芽尖肥壮，金黄色，毫尖显露，无梗杂，汤色红亮，香气清高，滋味鲜爽醇厚，叶底嫩匀红亮。

碎茶 1 号：颗粒紧结重实，芽尖金黄显露，色泽油润，汤色红亮，香气高爽持久，花香明显，滋味鲜爽浓醇，叶底嫩匀明亮。

片茶：叶片皱褶，大小匀齐，色泽尚润，汤色红亮，香尚鲜纯，味醇尚浓厚，叶低红匀明亮。

末茶：手感重实呈沙粒状，色泽润，不含粉灰及泥砂，汤色浓红，香气纯正，滋味醇厚，叶底红匀尚亮。

叶底

碎2号

产地

海南省保亭县毛岸镇。

品质特征

干茶　外形呈颗粒状，颗粒重实匀齐，色泽乌润。

汤色　汤色红艳明亮。

香气　香气鲜浓持久。

滋味　滋味鲜爽浓强。

叶底　叶底柔软，红匀明亮。

佳茗概述

　　碎2号属红碎茶，是红碎茶的茶号，主产于海南省的保亭县通什茶厂。当被誉为当代茶圣的吴觉农先生品尝后，留下了这样的赞美之词："通什红茶，色如琥珀，味似醇醪，香若芝兰。"红碎茶是国际茶叶市场的大宗产品，目前占世界茶叶总出口量的80%左右，已有百余年的产制历史，而在我国发展较晚。

名茶品鉴

　　碎2号采自云南大叶和海南大叶品种一芽二叶、一芽三叶鲜叶为原料，采用传统制作工艺转子机组合法加工，鲜叶经凋萎、揉捻、解块、筛分、揉切、发酵、干燥等工序制成毛茶，再精制复火而成。

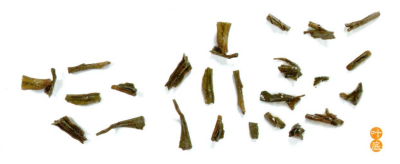

川红

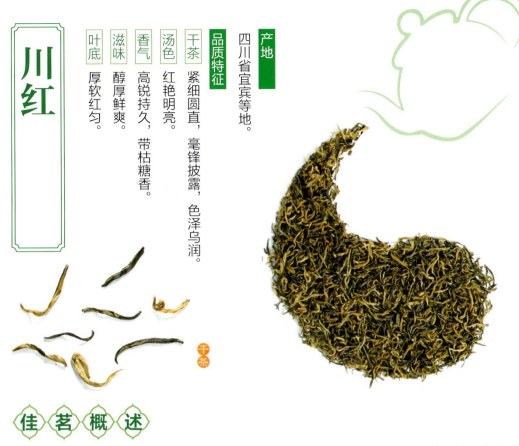

产地

四川省宜宾等地。

品质特征

干茶 紧细圆直，毫锋披露，色泽乌润。

汤色 红艳明亮。

香气 高锐持久，带枯糖香。

滋味 醇厚鲜爽。

叶底 厚软红匀。

佳茗概述

　　川红即四川工夫红茶，以香高、味浓、形美而享誉国内外市场。川红的产销历史只有20多年，但因茶树品质优良，制作精细，工艺合理，故在茶叶市场上可与著名的"祁红""滇红"并驾齐驱。自问世以来，在国际市场上享有较高声誉，多年来一直畅销俄罗斯、法国、英国、德国及罗马尼亚等国，堪称中国工夫红茶的后起之秀。

名茶品鉴

　　香气高锐持久，滋味浓厚鲜醇，茶汤红艳明亮，芽叶细嫩多毫，条索紧细挺秀，尖锋显毫，色泽乌润，形状匀齐，品味优异。

荔枝红

产地

广东省英德市。

品质特征

干茶 条索紧细纤秀，乌黑油润。

汤色 汤色红亮。

香气 香气清幽高长。

滋味 滋味甘醇。

叶底 红嫩柔软。

干茶

佳 茗 概 述

　　荔枝红茶是在将新鲜荔枝烘成干果过程中，以工夫红茶，即高等红茶为材料，低温长时间，合并熏制而成，其外形普通，茶汤美味可口，冷热皆宜，是20世纪50年代由广东省茶叶进出口公司研制开发的茶叶新产品。其外形与普通上等红茶相似，但因其风味独特，深受消费者欢迎。

名茶品鉴

　　荔枝的清甜遮盖了荔枝红茶的微苦，却难掩荔枝红茶固有的芬芳，荔枝风味纠缠着茶香，紧随氤氲的水气袅袅上升，四处飘散。

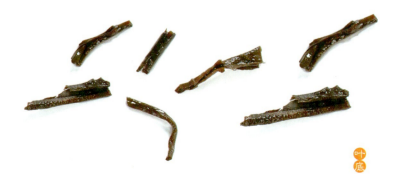

叶底

信阳红

产地

河南省信阳地区。

品质特征

干茶 条索紧细匀整，色泽乌黑油润。

汤色 汤色红润透亮。

香气 香气清新，具有花果香。

滋味 醇厚甘爽，绵甜厚重。

叶底 细嫩匀整。

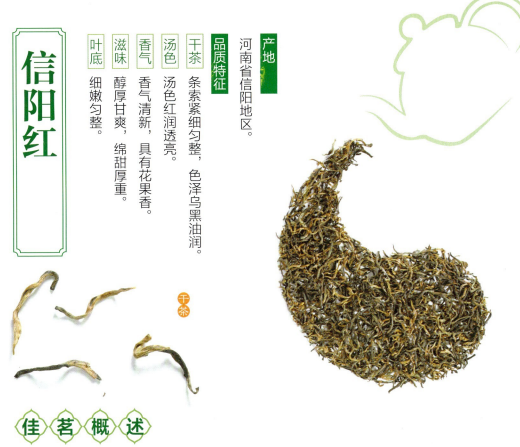

干茶

佳茗概述

"信阳红"红茶是以信阳毛尖绿茶为原料、经九道工序加工而成的一种茶叶新品，它的开发和生产是信阳市茶叶生产领域中的一次重大科技创新，改变了信阳只有绿茶没有红茶的历史。信阳红茶具有独特的保健功效，如消淡杀菌、利尿解毒、提神消疲等，而且在夏天饮信阳红茶能止渴消暑，是极佳的运动饮料。

名茶品鉴

信阳红茶外形条索紧细匀整，色泽乌黑油润；香气醇厚持久，其香既区别于祁红的"甜花香"，俗称蜜糖香，又区别于川红的橘子香气以及滇红的鲜浓香气。汤色红润透亮，口感绵甜厚重，叶底嫩匀柔软，品质优良。

叶底

乌龙茶品鉴

认识乌龙茶

乌龙茶，亦称青茶，属半发酵茶，以本茶的创造人而得名，是我国独具鲜明特色的茶叶品类，主要产于福建的闽北、闽南及广东、台湾三个省。近年来四川、湖南等省也有少量生产。

乌龙茶的品质特征介于红茶和绿茶之间，外形因产地和做工不同而各具特色，但内质汤色橙黄清亮，香高馥郁，带有花香，滋味醇厚而鲜爽，叶底黄亮柔软，有绿叶红镶边的特征，不仅具有绿茶的清香，同时也有红茶的醇爽。

由于乌龙茶优异的品质，以及在分解脂肪、减肥健美等方面的突出表现，20世纪70年代，在日本和欧美国家风靡一时，在日本被称之为"美容茶""健美茶"。

乌龙茶的种类

分类	品种
闽南乌龙	铁观音、黄金桂、大叶乌龙、奇兰、本山、毛蟹等
闽北乌龙	武夷大红袍、武夷肉桂、武夷水仙等
广东乌龙	凤凰单枞、凤凰水仙、岭头单枞等
台湾乌龙	冻顶乌龙、阿里山乌龙、东方美人、包种等

乌龙茶的鉴别

外形：优质的水仙茶条索肥壮，结实，弯曲；优质的铁观音条索壮实；劣质的乌龙茶外形条索松弛。

色泽：优质乌龙茶色泽砂绿乌润或青绿乌褐；劣质的乌龙茶色泽呈乌褐色、褐色、枯红色、赤色等。

香气：优质乌龙茶有花香味；劣质乌龙茶则为油烟味、焦味或其他异味。闻乌龙茶干茶香气时，手捧干茶，埋头贴紧着闻，吸三口气，如果香气持续，甚至愈来愈强劲，便是好茶；较次者则香气不足，而有青气或杂味者当然更次之。

汤色：优质乌龙茶汤色橙黄或金黄，清澈明亮；劣质乌龙茶汤色暗红、带浊。

滋味：优质乌龙茶滋味醇厚鲜爽；劣质乌龙茶滋味清淡，或带苦涩味。

叶底：优质乌龙茶有绿叶红镶边，绿处翠绿带黄，红处明亮；劣质乌龙茶绿处呈暗色，红处呈暗红色。

乌龙茶的加工工艺

1. 萎凋

分日光萎凋和室内萎凋两种。

日光萎凋又称晒青，将刚采摘的鲜叶散发部分水分，使叶内物质适度转化，达到适宜的发酵程度。

室内萎凋又称凉青，让鲜叶在室内

自然萎凋，也是乌龙茶萎凋中常见的一种方法。

2. 摇青

摇青是乌龙茶（青茶）做青的关键。将萎凋后的茶叶经过 4 ~ 5 次不等的摇青过程，使其鲜叶发生一系列的生物化学变化，形成乌龙茶叶底独特的"绿叶红镶边"特点，还有乌龙茶独特的芳香。

3. 炒青

同绿茶的杀青，就是以炒青机破坏茶中的茶酵素，防止叶子继续变红，使茶中的青气味消退，茶香浮现。

4. 揉捻

属造型步骤，即将乌龙茶茶叶制成球形或条索形的外形结构。

5. 烘焙

即干燥，去除多余水分和苦涩味，焙至茶梗手折断脆，气味清纯，使茶香高醇。

乌龙茶的贮藏

1. 冰箱贮藏法

将新购买的乌龙茶，密封包装好后放入冰箱的冷藏室存放，温度一般在 -5~5℃之间。

2. 热水瓶贮藏法

只要将茶叶放进干燥的热水瓶中，然后拧紧瓶盖即可。

3. 玻璃瓶贮藏法

将干燥的茶叶装进避光的玻璃瓶后，将瓶口密封，茶叶可长时间保持香味。

4. 瓷坛贮藏法

首先选用的容器必须干燥，没有异味，结构严密。将干燥的茶叶放入坛中存放。

乌龙茶的冲泡方法

潮汕功夫茶泡法、福建功夫茶泡法、台湾乌龙茶泡法等。

乌龙茶和绿茶的区别

乌龙茶和绿茶是由同一种茶树生产出来的，二者最大的差别在于有无发酵这个过程。乌龙茶属于半发酵茶，又称青茶；绿茶属不发酵茶，所以又被称为清茶。绿茶因为没有发酵，所以含有很多植物维生素，具有美容养颜、抗癌防癌等功效。乌龙茶经过半发酵的过程，因此茶的涩味减少了，而且还产生了抗氧化的儿茶素和茶多酚等有益霉菌，在这些有益菌的综合作用之下，乌龙茶就显现出绿茶所没有的各种功效了。

名优乌龙茶品鉴

安溪铁观音

产地

福建省安溪县。

品质特征

干茶 条索卷曲，肥壮圆结，沉重匀整，色泽砂绿，整体形状似蜻蜓头、螺旋体、青蛙腿。

汤色 汤色金黄，浓艳似琥珀。

香气 馥郁持久，有天然的兰花香。

滋味 醇厚甘鲜，回甘悠久。

叶底 肥厚明亮。

干茶

佳茗概述

自古"名茶藏名山，名山出名茶"，安溪铁观音就是由那种青山绿水、景色优美的自然生态环境造就出来的。铁观音，又称红心观音、红样观音，是中国十大名茶之一，乌龙茶类的代表。铁观音具有独特的"观音韵"，给品茶者的舌、齿、龈均有刺激清锐的感觉，不仅香高味醇，是天然可口佳饮，同时也是养生保健茶叶中的佼佼者。安溪铁观音主要有清香型、浓香型和韵香型三个分类，其各具特色，乃乌龙茶之极品。

茶之品

古人有"未尝甘露味，先闻圣妙香"之妙说。细啜一口，舌根轻转，可感茶汤醇厚甘鲜，缓慢下咽，回甘带蜜，韵味无穷。

茶之鉴

观形：优质铁观音茶条索卷曲、壮结、沉重，呈青蒂绿腹蜻蜓头状，色泽鲜润，砂绿显，红点明，叶表带白霜。

听声：精品茶叶较一般茶叶紧结，叶身沉重，取少量茶叶放入茶壶，可闻"当当"之声，其声以清脆为上，声哑者为次。

察色：汤色金黄，浓艳清澈，茶叶冲泡展开后叶底肥厚明亮（铁观音茶叶特征之一叶背外曲），具绸面光泽，此为上，汤色暗红者次之。

闻香：精品铁观音茶汤香味鲜溢，启盖端杯轻闻，其独特香气即芬芳扑鼻，又馥郁持久，令人心醉神怡，有"七泡有余香"之誉。近年来国内外的试验研究表明，安溪铁观音所含的香气成分种类最为丰富，而且中、低沸点香气组分所占比重明显大于用其他品种茶树鲜叶制成的乌龙茶。因而安溪铁观音独特的香气令人心怡神醉，一杯铁观音，杯盖开启立即芬芳扑鼻，满室生香。

贮茶有方

防压、防潮、避光、防异味。

保存时一般都要求低温和密封，在短时间内可以保持住铁观音的色香味。

叶底

如果想长期保存安溪铁观音，则需要将其放在冰冻箱里－5℃度保鲜，不过最多不要超过1年，以半年内喝完为佳。

佳茗功效

抗衰老作用：铁观音中的多酚类化合物能防止茶叶过度氧化，嘌呤生物碱可间接起到清除自由基的作用，从而达到延缓衰老的目的。

防治龋齿作用：铁观音中含有较丰富的氟，极易与牙齿中的钙质相结合，在牙齿表面形成一层氟化钙，起到防酸抗龋的作用。

茶 闻 轶 事

观音托梦

相传，1720年前后，安溪尧阳松岩村有个老茶农叫魏荫，勤于种茶，又笃信佛教，敬奉观音。每天早晚一定在观音像前敬奉一杯清茶，几十年如一日，从未间断。有一天晚上，他睡熟了，朦胧中梦见自己扛着锄头走出家门，来到一条溪涧旁边，在石缝中忽然发现一株茶树，枝壮叶茂，芳香诱人，跟自己所见过的茶树不同。

第二天早晨，他顺着昨夜梦中的道路寻找，果然在观音仑打石坑的石隙间，找到梦中的茶树。仔细观看，只见茶叶椭圆，叶肉肥厚，嫩芽紫红，青翠欲滴。魏荫十分高兴，将这株茶树挖回种在家里一口铁鼎里，悉心培育。因这茶是观音托梦得到的，故取名"铁观音"。

武夷大红袍

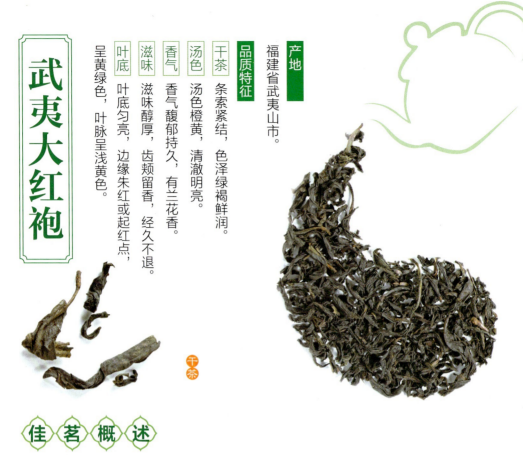

产地
福建省武夷山市。

品质特征

干茶 条索紧结，色泽绿褐鲜润。

汤色 汤色橙黄，清澈明亮。

香气 香气馥郁持久，有兰花香。

滋味 滋味醇厚，齿颊留香，经久不退。

叶底 叶底匀亮，边缘朱红或起红点，呈黄绿色，叶脉呈浅黄色。

干茶

佳 茗 概 述

武夷大红袍，是中国茗苑中的奇葩，素有"茶中状元"之美誉，是武夷岩茶中品质最优者，堪称国宝。"大红袍"名枞茶树，生长在武夷山九龙窠高岩峭壁上，这里特殊的自然环境，造就了大红袍特异的品质。大红袍为千年古树，现仅存几株，于每年 5 月 13 日~15 日高架云梯采之，由于产量稀少，被视为稀世之珍。

茶之品

茶香气浓郁，滋味醇厚，有明显"岩韵"特征，饮后齿颊留香，经久不退，冲泡9次犹存原茶的香味。

茶之鉴

产地：一般来讲，产自"三十六峰""九曲溪"区域内的大红袍岩韵最正宗，才有资格称为大红袍茶。

包装：无论什么样的大红袍外包装，都必须要有生产厂家、生产日期、注册商标、原产地地理标志和绿色环保认证标志（绿色食品、有机产品）。

外形：如果购买散装的大红袍茶，那就要看干茶外形。外形以条索完整、色泽乌黑油润为上品，以非乌黑呈龙形的单叶条索形茶为庸品。

冲泡法：正宗的武夷大红袍可以连续九泡仍有"岩韵"。庸品不仅有杂香味，而且一般三泡就没味了。

贮茶有方

贮存武夷大红袍前一定要先进行干燥处理，然后密封到一个干净、干燥、无味的塑料袋或容器中。

日光照射会让茶叶有日晒味，而且紫外线引发的化学反应会不断加速茶叶的陈化和变质。因此，保管武夷大红袍茶叶时应避强光，置于阴凉处或冰箱内。

佳茗功效

醒酒敌烟：武夷大红袍中的茶多酚能和乙醇（酒中主要成分）相互抵消，故饮大红袍能解酒。另外，武夷大红袍中还含有一种酚酸类物质，能使烟草中的尼古丁沉淀，排出体外，从而减轻和消除尼古丁带来的副作用。

美容健身：武夷大红袍中多酚类的抗氧化作用可以消除活性氧，进而抑制维生素 C 的消耗，所以常饮武夷大红袍，可以保持肌肤细致美白。

老婆婆的神茶

很久以前，武夷山慧苑岩住着一位勤劳善良的老婆婆。在大灾年间，老婆婆在山脚下遇见一位因饥饿而病危的白发老人，急忙把老人扶进自己的屋里，并用一碗野菜汤救活了白发老人。老人为了感谢老婆婆的恩情，临走时送给老婆婆一龙头拐杖，又从口袋里摸出两粒种子，并交代她用拐杖挖个坑，把种子种下……说完后，老人飘然腾空而去。后来，老婆婆依照老人的话，把种子种到了屋旁的山上，没过多久，竟然长出了茶树，人们都惊叹是神仙所赐的神茶。

可好景不长，有一天，来了一个蛮横霸道的贪官，因没有采到、喝到神仙茶而恼羞成怒，把茶树连根铲除。老婆婆为此伤心地哭了，病倒了。有一天，几个小伙子扛着一根树根走来，老婆婆把拐杖放在树根上，谁料龙头拐杖忽然变成了一片红云，载着那树根在空中转了三个圈，飘飘飞进了九龙寨，落在半山腰。第二年这里长出了茶树，后来茶树发了，长成三株。这就是最早的三株大红袍的来历。

武夷肉桂

产地
福建省武夷山。

品质特征

干茶 条索匀整卷曲，色泽褐绿，油润有光。

汤色 汤色橙黄清澈。

香气 具有奶油、花果、桂皮般的香气。

滋味 醇厚回甘，滑润爽口，咽后齿颊留香。

叶底 叶底匀亮，呈淡绿底红镶边。

干茶

佳茗概述

　　"蟠龙岩之玉桂……皆极名贵。"玉桂就是指武夷肉桂，因其香气滋味似桂皮香，所以惯称为"肉桂"。武夷肉桂产于独得天钟地爱的武夷山茶区，因此叶质鲜嫩，含有较多的叶绿素。每年四月中旬，武夷肉桂的茶芽开始萌发，五月中旬开采。武夷肉桂品质上乘，香气独特，是乌龙茶中不可多得的高香品种，近年已成武夷茶的主要品种。

茶之品

　　干茶嗅之有甜香，冲泡后，茶汤有肉桂特有的奶油、桂皮般的香气，入口醇厚回甘，咽后齿颊留香。

茶之鉴

　　武夷肉桂的干茶色泽褐绿，油润泛光，泡之有奶油、花果、桂皮般的香气，入口醇厚回甘，冲泡六七次仍有"岩韵"的肉桂香。

贮茶有方

　　贮之前先干燥：所有的茶叶都怕潮，因为含水量高的茶叶经氧化后释放出的热能可增加茶叶的温度，从而加速其化学反应，品质会随之陈化，且易霉变。因此，贮存武夷肉桂前必须对其先进行干燥处理，起到减缓陈化的作用。

低温保存：当干茶处于 0℃ 时，香气最浓；5℃ 时，香气降低；10℃ 时，微有香气；常温下则只有陈气。因此，武夷肉桂的最佳贮存温度应该控制在 0 ~ 5℃ 之间，可较长时间保持原香。要尽可能避免在常温或高温下存放，以确保武夷肉桂的色泽和香气不受影响。有冰箱的，应把容器密封后存入；无冰箱的，也要于通风处贮存。

佳茗功效

每天喝一杯武夷肉桂或其他乌龙茶，可改善皮肤敏感症状，有效预防皮肤癌。

茶中的桂皮油刺激嗅觉，能促进胃肠运动，使肠管兴奋，也能直接对胃黏膜有缓和的刺激作用，使分泌增加，蠕动增强。因此武夷肉桂有调整肠胃功能的作用。

桂皮油有很好的消炎杀菌功效，常喝武夷肉桂茶有助于扼杀肠道内的细菌，可用于辅助治疗肠道疾病、皮肤生疮、溃烂等。

武夷肉桂还具有生津止渴、明目益思、提神醒脑、祛痰止喘和延缓衰老等功效。

后起之秀——肉桂的命名

清朝末年，福建建安县有一位才子名叫蒋蘅，生长在茶乡，爱喝茶，善品茶，因其写过一篇赞美武夷茶的传记而成为武夷名人。

一年初夏，蟠龙岩主给他制作的茶命名，便请来蒋蘅及一名住持和尚和马枕峰的岩茶主。主人端出茶具，选取新制蟠龙茶，选用蟠岩的泉水，运用传统的冲泡方法为客人奉茶。蒋蘅接过茶盅，一股天然的岩香扑鼻而来。慧苑寺住持接过茶盅也说："好香的茶，带着自然的茶香气。"

蒋蘅啜咽一口，顿觉香气辛锐隽永，口齿清香凉爽。蒋蘅说："这种茶的品质和武夷茶有所区别。"主人说："蒋先生的确精到，此茶是从蟠龙岩的奇种选育而成，的确与众不同。"蒋蘅接着说："蟠龙茶品质有明显的肉桂香味，而且带有乳味，香气醸郁。"主人恭敬地说："此茶还未定茶名，你品过许多武夷名茶，请给定个名。"马枕峰茶主说："就名蟠龙茶。"蒋蘅说："不，这茶不能以岩名命名，而应以其品质命名，我看叫肉桂较为适合。"蟠龙岩主立即说："好，肉桂是名贵药材，以肉桂命名，显得此茶尤显名贵。"

武夷水仙

产地

福建省武夷山。

品质特征

干茶 条索肥壮紧结，叶端扭曲，色泽油润暗绿，呈「蜻蜓头，青蛙腿」状。

汤色 汤色清澈橙黄，陈茶呈橙红色。

香气 香气浓郁，具兰花清香。

滋味 滋味醇厚回甘。

叶底 叶底厚软黄亮，叶缘朱砂红边或红点，即「三红七青」。

干茶

佳茗概述

"水仙茶质美而味厚""果奇香为诸茶冠"。武夷水仙得山川清淑之气，色美味醇，在武夷茶区有"醇不过水仙"之说。武夷水仙按"开面"采，顶叶开展时，采三四叶。一般每年分四季采摘，即谷雨前后2~3天为春茶；夏至前3~4天为夏茶；立秋前3~4天为秋茶；寒露后采摘为露茶，每季相隔约50天。水仙适应性强，栽培容易，产量占闽北乌龙茶中的60%~70%，具有举足轻重的作用，不仅当地人爱喝，还畅销闽、粤、港、澳、新加坡等地。

名茶品鉴

上品的武夷水仙外形壮挺，干茶色润，呈金褐色，表面略泛朱砂点，隐镶红边，闻之清香扑鼻。而较次的水仙则无上述品质。

叶底

高山乌龙

产地

我国台湾省南投县、嘉义县等地。

品质特征

干茶　外形呈半球形状，色泽深绿。

汤色　汤色金黄。

香气　香气清鲜，花香突出。

滋味　滋味浓厚。

叶底　淡褐有红边。

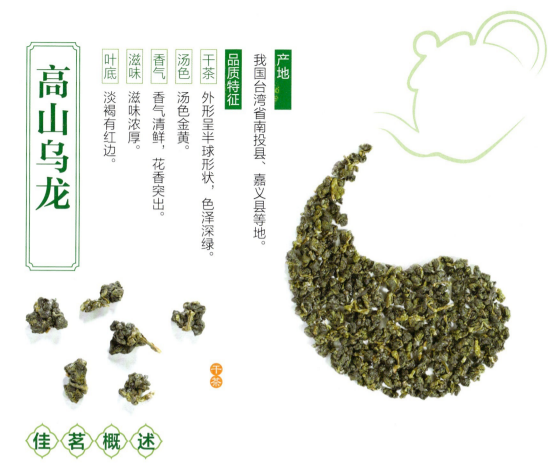

干茶

佳 茗 概 述

　　高山乌龙为轻设发酵茶，经萎凋、摇青、杀青、重揉捻、团揉，最后经文火烘干制成。色泽深绿，汤色金黄，花香突出，滋味浓醇且耐泡，滋味浓醇，香气高扬，具有"香、浓、醇、韵、美"五大特点。

　　高山乌龙条索紧结沉重，香气馥郁悠长，滋味醇厚甘鲜，且越陈越香。

名茶品鉴

　　优质台湾高山乌龙茶芽肥绚丽，汤色呈琥珀般的金黄色，叶底淡褐有红边，叶基部呈淡绿色，叶片完整，芽叶连枝，香如金桂，滋味浓醇且耐泡，饮后滋味浓醇，香气高长。

叶底

凤凰水仙

产地

广东省潮安县凤凰山区。

品质特征

干茶　条索挺直肥大，色泽黄褐呈鳝鱼皮色，油润有光。

汤色　橙黄清澈，沿碗壁显金黄色圈。

香气　香气持久，有天然花香。

滋味　滋味醇爽回甘。

叶底　肥厚柔软，边缘朱红，叶腹黄亮。

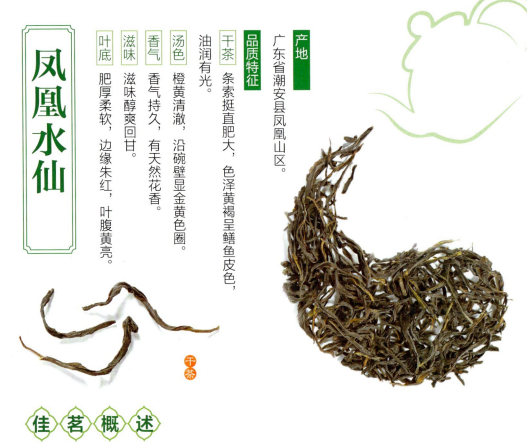

干茶

佳 茗 概 述

凤凰水仙茶属于乌龙茶的一种，素有"形美，色翠，香郁，味甘"之誉。凤凰水仙采摘十分严谨精巧，鲜叶要有一定成熟度，按适中一片片采摘，要求"阳光太耀不采、清晨不采、沾雨水不采"三诀。而且产量也较高，外销越南、柬埔寨、泰国、新加坡等东南亚地区，还少量远销日本、美国，尤为广东潮汕一带侨胞所喜爱。

茶之品

凤凰水仙具有独特的天然花香，冲泡后汤色澄明黄亮，碗内壁显金圈，品饮滋味浓醇鲜爽，叶底匀齐，青叶镶红边。由于其独有的特色使其在冲泡方法和技巧上也十分讲究，宜选用特制精巧的宜兴小紫砂茶壶，用"若深珍藏"小瓷杯泡饮，在冲泡过程中要做到"茶多、水少、时间短"。一泡闻其香，二泡尝其味，三泡饮其汤，饮后令人释躁平矜，怡情悦性。

茶之鉴

凤凰水仙由于选用原料的优次和制作精细程度的不同，按成品品质依次分为凤凰单丛、凤凰浪菜和凤凰水仙三个品级。采用水仙群体中经过选育繁殖的单丛茶树制作和优质产品属单丛级，较次为浪菜级，再次为水仙级。

凤凰水仙应密封、避光、避热、避潮湿、避异味。

制作工艺

凤凰水仙春季萌芽早，清明前后至立夏开采为春茶；夏茶在立夏后至小暑间采摘；秋茶在立秋至霜降采摘；立冬至小雪采制的为雪片茶。

采摘标准为嫩梢形成驻芽后第一叶开展到中开面时为宜。过嫩，成茶苦涩，香不高；过老，茶味粗淡，不耐泡。采摘时间以午后为最好。不同类型鲜叶要分开采，分别制。初制工艺要经过晒青、凉青、做青、炒青、揉捻、烘焙等工序。

宋帝以树叶解渴的故事

宋朝时，皇帝宋帝炳南下潮汕。有一日，烈日高照，天气炎热，他们一行人马来到广东潮安的凤凰山上，这里方圆十里无人烟，古木参天，道路崎岖，轿不能抬，马不能骑，宋帝炳只好步行上山，刚走几步，大汗淋漓，感觉口渴，便命令侍从到处找水源，以泉水解渴。

侍从们找遍了每条山沟，也没有找到一口水，此时的宋帝炳口冒青烟，没有办法，只好派人去找树叶解渴。这时，一个侍从发现一株高大的树上长着嫩黄色的芽尖，水灵灵的，他爬上树摘下一颗芽尖丢进嘴里嚼了起来，先苦而后甜，嚼着嚼着，口水也流出来了，喉不干，舌不燥，他连忙采下一大把，送到皇帝面前，并将刚才尝到的口味禀告皇上，宋帝炳已干得无法多想，连忙抓了几颗芽尖嚼起来，开头有些苦味，慢慢地又有了一种清凉的甜味，不一会儿，口水也出来了，心情爽快多了，当即传旨，叫民间广植这种树木。原来这是一种茶树，长得枝高叶茂，十人上树采茶，外不见人。一棵树能制干茶10千克，这种树因为是宋帝炳下旨种植，被后人称为宋茶，由于产在凤凰山，茶叶就被称为"凤凰单枞水仙茶"。

冻顶乌龙

品质特征

干茶 外形卷曲，呈半球形，条索紧结重实，色泽墨绿或带砂绿，油润鲜艳。

汤色 汤色金黄明亮。

香气 香气清雅，有桂花香和焦糖香。

滋味 滋味甘醇浓厚，回甘强。

叶底 叶底淡绿，匀整，绿叶带浅红边。

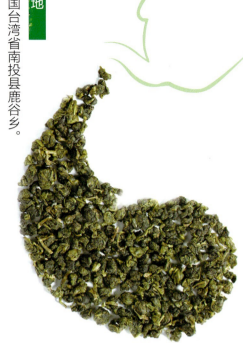

佳 茗 概 述

冻顶就是冻顶山，是我国台湾省鹿谷附近的一座山。因为早期常起雾，道路泥泞，坡度又陡，上山都要将脚尖"冻"起来，避免滑下去。山顶叫冻顶，山脚叫冻脚，冻顶山上的茶被称之为冻顶乌龙茶。冻顶乌龙属轻发酵乌龙茶，结合了山川灵气和大地精华，经过专业工艺精制而成，不仅是天然可口的佳饮，而且在养生保健方面也属佼佼者。其采制工艺也十分讲究，深受饮茶人士喜爱。

茶之品

闻之有桂花香、焦糖香或熟果香，品之滋味甘醇鲜美，回甘强。

茶之鉴

正宗的冻顶乌龙茶喉韵十足，带有明显的人工焙火韵味与香气，饮后令人回味无穷，风韵绵延。冻顶乌龙茶的年份在7年以内者，有显著的"绿叶镶红边"的特点，而且红色部分约占1/3。年份久远者，颜色会变深，茶汤品之有熟果香，即水蜜桃、苹果、奇异果放熟之后那种香味。

贮茶有方

冻顶乌龙茶保存最基本的要求是一要干燥，二要低温（一般 0 ～ 5℃较合适）。

在有冰箱的条件下，夏季可以将密封好的冻顶乌龙放入冰箱内保存，或放在干燥阴凉处保存。

冻顶乌龙茶不宜和其他茶叶共用一个茶叶罐，也不宜和有异味的物体放在一起，应该单独贮存冻顶乌龙茶，以保持其特有的香气和内在品质。

佳茗功效

冻顶乌龙茶有清热降火、预防龋齿、醒烟解酒等功效。

冻顶乌龙茶具有促进分解血液中脂肪的功效，也能降低胆固醇的含量。有研究发现，经常喝冻顶乌龙茶，对高脂血症和高血压病患者有较好的改善作用。

台湾的冻顶乌龙茶除具有一般茶叶的保健功能外，还具有防癌抗癌、预防动脉硬化、减肥健身等功效。

此外，冻顶乌龙茶还有抗肿瘤、提高淋巴细胞的活化作用，以及加强免疫功能、预防老化等作用。专家已经发现乌龙茶多酚类还有吸附体内异物并使其一起排出体外的功效。

冻顶乌龙的由来

据说，冻顶乌龙茶是一位叫林凤池的台湾人从福建武夷山把茶苗带回台湾种植而发展起来的。

林凤池祖籍福建，有一年，他听说福建要举行科举考试，很想去参加，无奈家里太穷，没有盘缠做路费。但他既聪明又好学，深受乡人的喜爱，于是乡人纷纷捐助他去考试。临行时，乡亲们对他说："你到了福建，一定要去拜访祖家的乡亲，带去台湾乡亲们的思念之情。"

考试结束了，林凤池考中举人。几年后，他回台湾探亲时，顺便带了36棵乌龙茶苗回台湾，种在了南投鹿谷乡的冻顶山上。经过精心培育繁殖，建成了一片茶园，所采制之茶清香可口。

后来林凤池奉旨进京，把这种茶献给了道光皇帝，皇帝饮后称赞好茶。因这茶是台湾冻顶山采制的，就叫作冻顶茶。从此台湾乌龙茶也叫"冻顶乌龙茶"。

阿里山乌龙

产地

我国台湾省嘉义县阿里山区。

品质特征

干茶：条索紧结，呈半球形，颗粒大，连梗。

汤色：汤色蜜绿带金黄。

香气：茶香清新典雅，别具特色。

滋味：滋味清爽宜人。

叶底：芽叶肥厚，富有弹性。

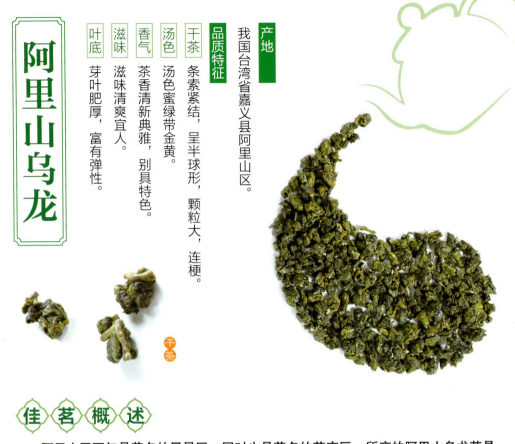

干茶

佳茗概述

　　阿里山区不仅是著名的风景区，同时也是著名的茶产区，所产的阿里山乌龙茶是台湾高山茶的代表茶品。

　　因为阿里山高山气候冷凉，早晚云雾笼罩，平均日照短，使得茶树生长缓慢，茶叶芽叶柔软，叶肉厚实，果胶质含量高。此外这里所产的茶叶多以山泉水灌溉，甘醇美味，具有浓厚的高山冷冽茶味，堪称是世界第一等的好茶。

名茶品鉴

　　顶级阿里山乌龙茶冲泡后呈绿叶红镶边，入口鲜美，有"岩骨花香"的特质，连续冲泡6~20次，其色、香、味俱不变；二级阿里山乌龙茶可泡7次以上，回甘较显，岩韵较明显；三级阿里山乌龙茶香气辛锐持久，但不够浓厚，回甘尚显。

叶底

永春佛手

产地 福建省永春县书坑、玉斗和桂洋等地。

品质特征

干茶 条索紧结肥壮，卷曲，色泽砂绿乌润，梗细小且光滑。

汤色 橙黄清澈。

香气 香气悠长，浓郁。

滋味 滋味醇厚回甘。

叶底 叶底黄绿明亮，呈波浪状。

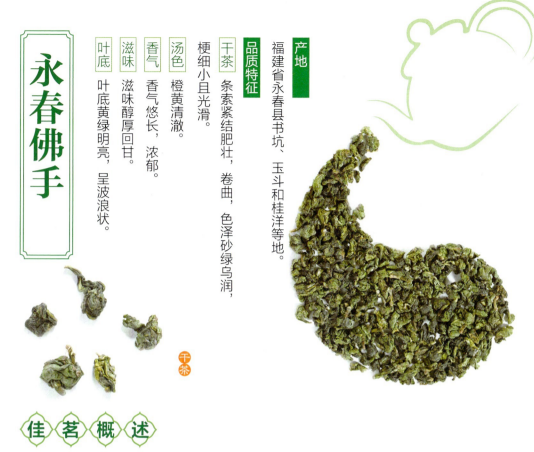

干茶

佳 茗 概 述

永春佛手茶又名香橼种、雪梨，因其形似佛手、名贵胜金，又称"金佛手"，是福建乌龙茶中风味独特的名品。永春佛手分为红芽佛手与绿芽佛手两种，其中以红芽佛手为佳。

永春佛手始于北宋，相传，安溪县骑虎岩寺和尚把茶树的枝条嫁接在佛手柑上，经过精心培植而成。其法传授给永春县狮峰岩寺的师弟，附近的茶农竞相引种至今。

名茶品鉴

永春佛手成品茶条紧结肥壮，卷曲，色泽砂绿乌润，香气浓锐，滋味甘厚，耐冲泡，汤色橙黄清澈。冲泡时，茶香馥郁幽芳，冉冉飘逸，就像屋里摆着几颗佛手、香橼等佳果所散发出来的绵绵幽香，沁人心脾。

叶底

黄金桂

产地 福建省安溪县。

品质特征

干茶 条索紧细，色泽润亮。

汤色 汤色金黄明亮。

香气 香气馥郁，带有水蜜桃或梨香味。

滋味 滋味醇厚甘鲜。

叶底 叶底较薄，呈狭长形，中央色泽为黄绿色，边缘朱红，柔软明亮。

干茶

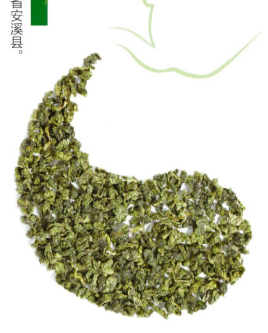

佳 茗 概 述

　　黄金桂是以黄旦品种茶树嫩梢制成的乌龙茶，因其汤色金黄并有似桂花的奇香，故名黄金桂（又称黄旦）。黄金桂是发芽最早的一种乌龙，香气特别高，所以在产区被称为"清明茶""透天香""一早二奇"之美名，其中"一早"即萌芽、采制、上市早；"二奇"即外形"黄、匀、细"，肉质"香、奇、鲜"，因有"未尝清甘味，先闻透天香"之称。

名茶品鉴

　　在茶叶市场上，黄金桂都被商家们称作是"浓香型铁观音"，而不严明是黄金桂。所以在品鉴黄金桂时可以从以下几个方面入手：黄金桂最核心的特征是干茶比较轻，叶片未采摘时颜色就已经偏黄，因此干茶色泽黄绿；茶汤金黄透明，品之有水蜜桃或者梨香味，鲜爽有回甘，素有"香、奇、鲜"之说；叶底很薄，呈狭长形，叶缘锯齿较浅。

叶底

水金龟

产地 武夷山区牛栏坑社葛寨峰下的半崖上。

品质特征

干茶 条索紧结，色泽青褐，润亮呈『宝光』。

汤色 汤色黄亮。

香气 香气清雅高扬。

滋味 滋味甘甜爽滑。

叶底 叶底嫩匀。

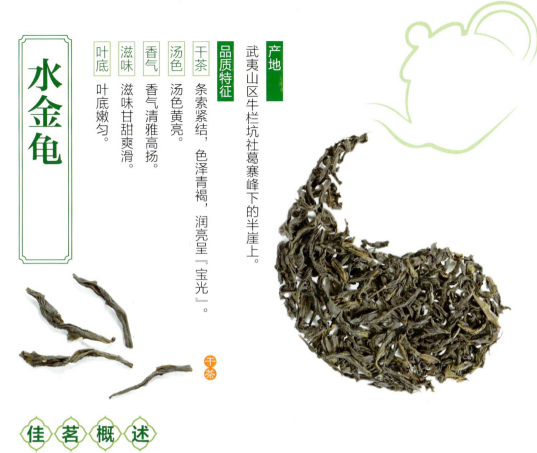

干茶

佳 茗 概 述

自古武夷奇茗冠天下，而水金龟就是其中之一。水金龟属半发酵茶，有铁观音之甘醇，又有绿茶之清香，具鲜活、甘醇、清雅与芳香等特色，为"武夷四大名枞"之一，更是茶中珍品。其因茶叶浓密油绿且闪闪发光，犹如一只趴着的金色之龟，因此得名。水金龟于每年5月中旬采摘，以二叶或三叶为主。

名茶品鉴

水金龟冲泡后，口含茶汤有芬芳馥郁之气冲鼻而出，饮后汤水浓而醇，即使浓饮也无明显苦涩感，有齿颊留芳之感，饭前饮茶饭后尚有余味。

叶底

白鸡冠

产地 福建省武夷山。

品质特征

干茶 条索紧结、重实，色泽灰暗。

汤色 汤色橙红明亮。

香气 香气悠长。

滋味 滋味醇厚，齿颊留香。

叶底 叶底嫩匀，红边显现。

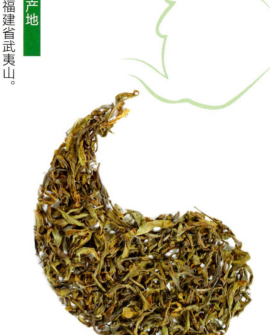

干茶

佳茗概述

白鸡冠与大红袍、铁罗汉、水金龟并称是"武夷山四大名枞"。因其嫩芽鲜绿，在阳光的照射下看似呈白色，而且芽儿弯弯卷曲又毛绒绒的，形态宛若白锦鸡头上的鸡冠，故名"白鸡冠"。 白鸡冠于每年5月下旬开始采摘，以二叶或三叶为主，色泽绿里透红，回甘隽永。

名茶品鉴

白鸡冠茶色泽米黄呈乳白，茶香浓郁芬芳，汤色橙黄明亮，闪闪发亮，远远茶香便扑鼻而来，啜一口清凉甘美，齿颊留香，神清目朗，其功若神。

叶底

铁罗汉

产地

福建省武夷山区。

品质特征

干茶

条形壮结、匀整，色泽绿褐鲜润。

汤色

汤色橙黄，清澈艳丽。

香气

香气馥郁持久，有兰花香。

滋味

滋味醇厚，有明显『岩韵』特征。

叶底

叶底粗壮，红绿映衬。

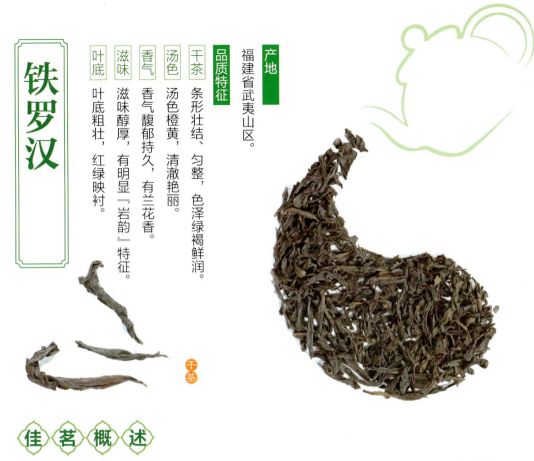

干茶

佳茗概述

"武夷四大名枞"之一，武夷岩铁罗汉不仅具有绿铁罗汉之清香，同时具有红铁罗汉之甘醇，是中国乌龙铁罗汉中之极品。创制历史悠久，相传宋代已有铁罗汉名，为最早的武夷名枞。

铁罗汉于每年春天采摘三四叶开面新梢，再经晒青、凉青、做青、炒青、初揉、复炒、复揉、走水焙、簸拣、摊凉、拣剔、复焙、再簸拣、补火等一系列工序精制而成。

名茶品鉴

铁罗汉外形条索紧结，色泽绿褐鲜润，冲泡后汤色橙黄明亮，叶片红绿相间，叶片具有典型的绿叶红镶边之美感。而其最突出的品质特点是香气馥郁，并有兰花香，岩韵明显。铁罗汉很耐冲泡，冲泡七八次仍有香味。

叶底

东方美人

产地

我国台湾省的桃园县、新竹县和苗栗县等。

品质特征

干茶 茶心肥厚晶莹，满披绒毛，叶身呈白、绿、黄、红、褐五色相间。

汤色 汤色呈琥珀色。

香气 带有熟果香和蜂蜜芬芳。

滋味 浓厚甘醇。

叶底 红透明亮。

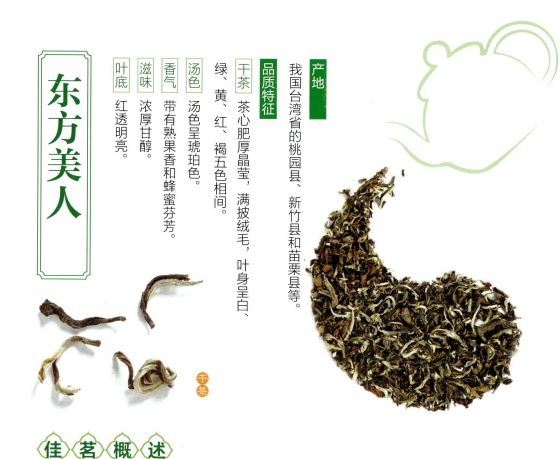

干茶

佳 茗 概 述

东方美人茶是我国台湾省独有的名茶，又名膨风茶，又因其茶芽白毫显著，又名为白毫乌龙茶，是半发酵乌龙茶中发酵程度最重的茶品。曾在1900～1940年大量销往欧美，并成为英王室的贡品，经英国女王命名而得名"东方美人茶"。东方美人具有抗衰老、美白、养颜、减肥等功效，其绝佳的口感和香气特别适合女性饮用。

名茶品鉴

东方美人的外形高雅、含蓄、优美，细细观察，有红、黄、白、青、褐等五种颜色，美若敦煌壁画中身穿五彩斑斓羽衣的飞天仙女，所以茶人们也称其为"五色茶"。

叶底

白芽奇兰

产地

福建省平和县。

品质特征

干茶 外形紧结匀整，色泽翠绿油润。

汤色 汤色杏黄，清澈明亮。

香气 香气清高持久，兰花香味浓郁。

滋味 滋味醇厚，鲜爽回甘。

叶底 叶底肥嫩柔软。

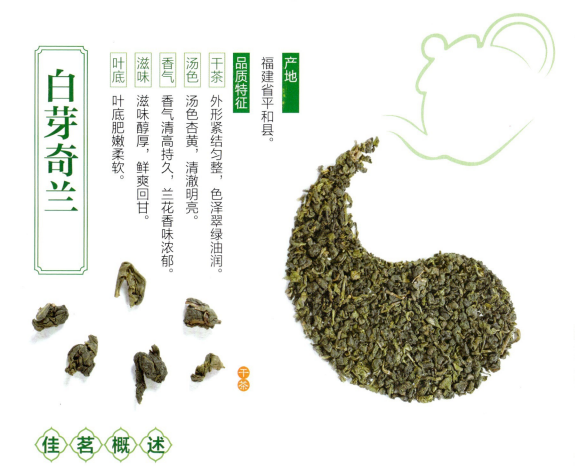

干茶

佳茗概述

　　白芽奇兰属历史名茶，距今已有250多年的历史。相传在乾隆年间平和县崎岭乡彭溪"水井"边长出一株奇特的茶树，新萌发出的芽叶呈白绿色，采摘后制成的乌龙茶具有奇特的兰花香味，因此将这株茶树取名为"白芽奇兰"，制成的乌龙茶也称"白芽奇兰"。白芽奇兰茶采用凉青、晒青、摇青、杀青、初烘、初包揉、复烘、复包揉、足干等多道工艺制成。

名茶品鉴

　　干嗅能闻到幽香，冲泡后兰花香更为突出，这是白芽奇兰独特的特点。

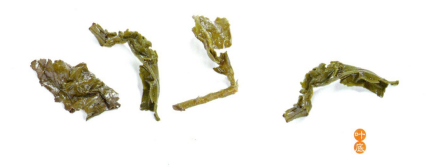

叶底

凤凰单枞

产地

广东省潮州市潮安县凤凰镇乌岽山。

品质特征

干茶 外形条索肥壮，匀整挺直，色泽黄褐油润，并有朱砂红点。

汤色 汤色金黄，清澈明亮。

香气 浓郁持久，有独特的天然花香。

滋味 浓醇鲜爽，润喉回甘。

叶底 叶底边缘朱红，叶腹黄亮，有『绿叶红镶边』的特点。

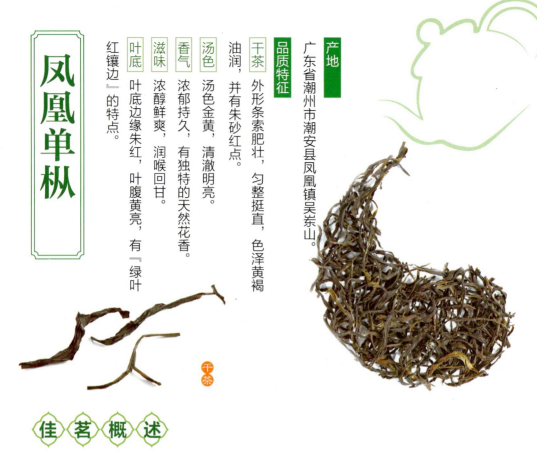

干茶

佳 茗 概 述

凤凰单枞，又名广东水仙，别名大乌叶、大白叶，属条形茶。单枞茶是在凤凰水仙群体品种中选拔优良单株茶树，经培育、采摘、加工而成，因成茶的香气、滋味有所不同，当地习惯按不同的香型将单枞茶分为黄栀香、芝兰香、桃仁香等多种。按其茶种又可分为中熟种茶和迟熟种茶，其中在清明后四五天采摘的为中熟种茶，如桂花香单丛、抽花香单丛等；谷雨至立夏前后采摘的是迟熟种，有宋种八仙、玉兰香等。

茶之品

凤凰单枞茶汤色金黄，清澈明亮，有独特的天然兰花香或山韵蜜味，浓醇鲜爽，润喉回甘。

茶之鉴

凤凰茶品质极佳，素有"形美、色翠、香郁、味甘"四绝之特点。依品质档次分为单枞、浪菜、水仙三档，凤凰单丛茶的品质特点是：外形挺直肥硕，色泽黄褐，有天然花香，滋味浓郁、甘醇、爽口，汤色清澈，叶底青绿镶红，耐冲泡。

个别不良商家会在单枞茶中加香，如果干茶闻起来非常香（不自然的香），但两三泡后或者茶汤凉了就没味道了，就是加香凤凰单枞茶。

贮茶有方

贮存凤凰单枞茶应避强光选暗室，使用的容器最好是不透明的铁盒、木盒等。

凤凰单枞茶宜放在干燥、无异味、能密封的铁罐、锡罐或有色玻璃等不透光的容器中，然后将盛茶的容器放入冰箱或室内阴凉处。

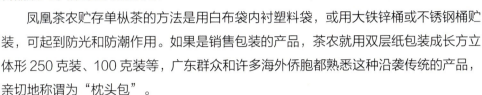

凤凰茶农贮存单枞茶的方法是用白布袋内衬塑料袋，或用大铁锌桶或不锈钢桶贮装，可起到防光和防潮作用。如果是销售包装的产品，茶农就用双层纸包装成长方立体形250克装、100克装等，广东群众和许多海外侨胞都熟悉这种沿袭传统的产品，亲切地称谓为"枕头包"。

佳茗功效

常饮凤凰单枞茶可以保持肌肤细致美白。另外，国外有研究发现，凤凰单枞茶能改善皮肤过敏，有抑制皮炎病情的功效。

凤凰单枞茶可以提升类蛋白脂肪酶的功能，而类蛋白脂肪酶可以促进脂肪代谢。因此，常喝凤凰单枞茶，脂肪代谢量就会相对地提高，从而起到了减肥瘦身的功效。

采制工艺

凤凰单丛茶的采摘初制工艺，是手工或手工与机械生产相结合，形成凤凰单丛茶千姿百媚、丰韵独特的品质。其制作过程是晒青、晾青、做青、杀青、揉捻和烘焙等6道工序，环环相关，每一工序不能粗心随意，稍有疏忽，其成品非单丛品质，而降为浪菜或水仙级别，品质相差甚远。

凤凰单枞的产地由来

传说在很久以前，有一只金凤凰在广东省潮安县的一座大山的山窝里下了两只蛋，孵化成两只雏凤凰。这两只凤凰是神鸟，在此山进行修炼，行善积德。如果发生暴雨成灾，两只凤凰嘶鸣几声，水就涸了；如果村民闹瘟疫，它们便化作卖药姑娘，为民除病……

哪里有灾难，它们就出现在哪里，百姓就可得安宁，大家非常爱戴它们，就把这座大山称为"凤凰山"。这里出产的单枞茶叶便称为凤凰单枞茶。

第十章

白茶品鉴

认识白茶

白茶的主要特点就是毫色银白，是我国茶类中的特殊珍品，主要产于福建的福鼎、政和、松溪和建阳等，主要销往中南亚各国，近年来美国也有一定销量。白茶属轻微发酵茶，发酵度为10%，味温、性凉、平缓，具有健胃提神、祛湿退热等功效。

白茶的种类

分类	品种
芽茶	白毫银针
叶茶	白牡丹、贡眉、寿眉等

白茶的鉴别

外形：毫心肥壮，叶张肥嫩为优；毫心瘦小而稀少，叶张单薄次之；毫心老嫩不均，或有老叶、蜡叶的最差。

色泽：银芽绿叶，绿面白底为佳；铁板色的次之；草绿黄、红、黑、暗褐色，有蜡质光泽的最差。

香气：毫香浓郁，清鲜纯正为优；淡薄、风霉等异味的为次。

滋味：滋味鲜爽、醇厚、清甜为佳；粗涩、淡薄为次。

叶底：叶底匀整、肥软，毫芽壮多，叶色鲜亮为佳；叶质粗老、硬挺、暗杂、花红、黄张、焦叶红边为次。

净度：不得有籽、老梗、老叶、蜡叶。

形态：芽叶平伏舒展，稍微并拢，叶缘向叶背垂卷，叶面有隆起的波纹，叶尖上翘不断碎为优；叶片摊开、折皱、卷缩、断碎的为次。

白茶的加工工艺

1. 萎凋

萎凋是形成白茶干茶密布、白色茸毫品质的关键，分为室内萎凋和室外萎凋两种方法，根据气候的不同灵活掌握。例如，在阴雨和下雪的天气，可以采取室内萎凋方式，而如果在春秋季节的晴天，可以采取室外萎凋的方式。

2. 干燥（烘焙）

白茶没有炒青或揉捻的过程，只是根据种类的不同，经过简单的烘焙或干燥即可。烘焙的火候要掌握得当，过高香味欠鲜爽，不足则香味平淡。经过烘焙的白茶称为"毛茶"。

3. 装箱

烘焙过的毛茶需经筛拣或精制才能装箱，而白茶的茶叶展开后，很容易吸收水分，因此在最后装箱之前，已达八九成烘干过的毛茶还需进行第二次烘焙，以去掉多余的水分，把茶形固定下来，便于保存，同时还借着热的作用合成茶叶色香味俱佳的品质。

白茶的贮藏

1. 生石灰贮存法

将生石灰用布袋包装好，同时将茶叶密封包装好，然后将密封好的茶叶分层放在陶瓷坛内的四周，再把生石灰放于茶包中间，把坛口密封好，放置在干燥、阴凉的地方保存即可。

2. 木炭贮存法

取适量木炭装入小布袋内，放入茶叶罐的底部，然后将包装好的茶叶袋分层排列在罐里，再将罐口密封好，放置在干燥、阴凉的地方。

3. 暖水瓶贮存法

将茶叶放入干净的暖水瓶中，密封好即可。

4. 冷藏法

将茶叶用小袋装在袋子或者罐子里密封好，然后放置在冰箱内贮存，温度最好控制在5℃左右。

白茶的冲泡方法

备具、赏茶、置茶、浸润、泡茶、奉茶、品饮。

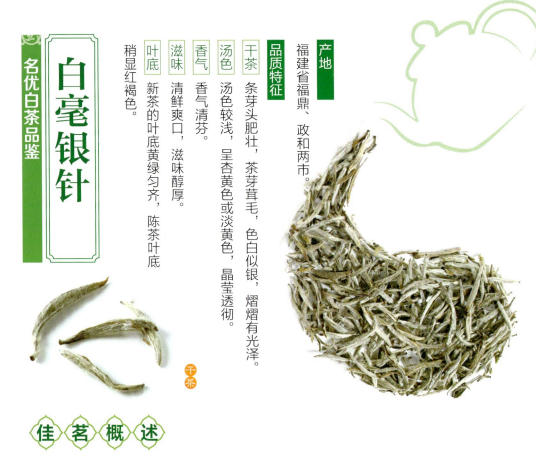

白毫银针

产地

福建省福鼎、政和两市。

品质特征

干茶 条芽头肥壮，茶芽茸毛，色白似银，熠熠有光泽。

汤色 汤色较浅，呈杏黄色或淡黄色，晶莹透彻。

香气 香气清芬。

滋味 清鲜爽口，滋味醇厚。

叶底 新茶的叶底黄绿匀齐，陈茶叶底稍显红褐色。

干茶

佳 茗 概 述

　　白毫银针简称银针，又叫白毫，因其成品茶形状似针，色白如银，因此命名为白毫银针，素有"茶中美女""茶王"之美誉。白毫银针的采摘十分细致，规定雨天不采，露水未干不采，细瘦芽不采，紫色芽头不采，风伤不采，人为损伤芽不采，虫伤芽不采，开心芽不采，空心芽不采，病态芽不采，号称十不采。只采肥壮的单芽头，如果采回一芽一叶、二叶的新梢，则只摘取芽心，俗称为抽针。白毫银针的制法特殊，工艺简单，不炒不揉，只分萎凋和烘焙两道工序，使茶芽自然缓慢地变化。

茶之品

　　白毫银针的形、色、质、趣是名茶中绝无仅有的，为茶中珍品，品饮时微吹啜，清闲爽口，滋味醇厚，香气清芬。

茶之鉴

　　白毫银针的外形品质是以毫心肥壮、银白闪亮为上，以芽瘦小而短、色灰为次。冲泡后，白毫银针徐徐下落，但仍然挺立于水中，上下交错，蔚为壮观，世人比喻为"正直之心"。总体来讲，白毫银针滋味偏淡，但耐泡程度优于一般绿茶，而新银针与陈年银针相比却差距较大。

新白毫银针的干茶显绿，汤色较淡，有毫香，滋味醇爽，会微有苦涩，叶底黄绿；陈年白毫银针的干茶色深，干闻微甜，滋味醇厚滑顺，基本无苦涩，香气蜜香，叶底红褐。

白毫银针的传说

传说很早以前，有一年，政和一带久旱不雨，瘟疫四起，病者、死者不计其数。在云遮雾挡的洞宫山上有一口龙井，龙井旁长着几株仙草，其草汁能治百病。当时有很多勇敢的小伙子纷纷去寻找仙草，但都是有去无回。

有一户人家，家中兄妹三人，大哥名志刚，二哥叫志诚，三妹叫志玉。三人商定轮流去寻找仙草。大哥志刚走了三十六天，终于来到洞宫山下，这时路旁走出一位白发银须的老爷爷告诉他，仙草就在山上龙井旁，可上山时不管有多么艰难也只能往前看而不能回头，否则采不到仙草。志刚一口气爬到半山腰，只见满山乱石，阴森恐怖，忽然听到一声大喊："你敢往上闯！"志刚大惊，一回头，立刻变成了这乱石岗上的一块新石头。

二哥志诚发现大哥临走前交代的鸳鸯剑已生锈，知道大哥已经不在人世了。于是志诚拿出铁簇箭对妹妹说："我去采仙草了，如果发现箭簇生锈，你就接着去找仙草。"志诚整整走了七七四十九天，来到洞宫山下也遇见了那位白发老爷爷，老爷爷同样告诉他上山时千万不能回头。当他走到乱石岗时，忽听身后志刚大喊"志诚弟，快来救我！"他猛一回头，也变成了一块巨石。

志玉在家中发现箭簇生锈，知道找仙草的重任落到自己身上了。当她来到洞宫山同样遇见了白发老爷爷，而且告诉了她同样的话，还送给她一块烤糍粑，志玉谢后背着弓箭继续往前起，来到乱石岗，奇怪声音四起，她急中生智用糍粑塞住耳朵，坚决不回头，终于爬上山顶来到龙井旁，拿出弓箭射死了黑龙，采下仙草上的芽叶，并用井水浇灌仙草，仙草立即开花结子，志玉采下种子下山。过乱石岗时，她按老爷爷的吩咐，将仙草芽叶的汁水滴在每一块石头上，石头立即变成了人，志刚和志诚也复活了。兄妹三人回乡后将种子种满山坡。这便是白毫银针茶的来历。

贡眉

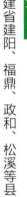

产地

福建省建阳、福鼎、政和、松溪等县。

品质特征

干茶 干茶毫心明显，茸毫色白且多，色泽翠绿。

汤色 汤色呈橙色或深黄色。

香气 香气鲜纯。

滋味 滋味醇爽。

叶底 叶底匀整、柔软、鲜亮。

干茶

佳 茗 概 述

　　贡眉属白茶，又被称为寿眉，是白茶中产量最高的一个品种，其蝉联约占到了白茶总产量的一半以上。以菜茶茶树芽叶制成的贡眉，一般为上品。贡眉选用的茶树品种一般采用福鼎大白茶、福鼎大毫茶、政和大白茶和"福大""政大"的有性群体种。制作贡眉原料采摘标准为一芽二叶或三叶，要求含有嫩芽、壮芽、初制、精工艺与白牡丹基本相同。

名茶品鉴

　　贡眉有特级、一级、二级、三级共四个等级。其中以毫心多而肥壮，叶张幼嫩，芽叶连枝，叶态紧卷如眉，匀整，破张少，色泽呈灰绿或墨绿，匀称，叶色黄绿，叶质柔软匀亮，无老梗、枳及腊叶等，香气滋味纯正的为上品，而无上述特征的为次品。

叶底

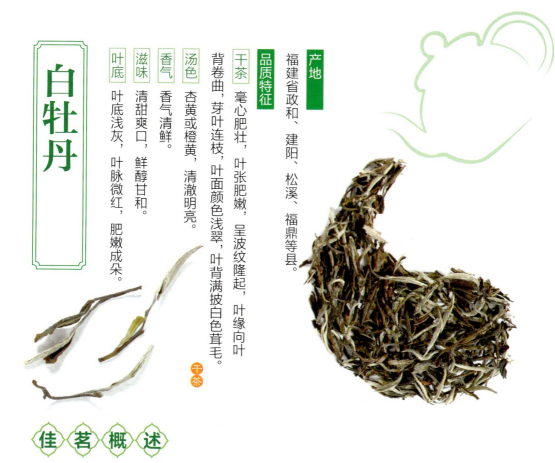

白牡丹

产地

福建省政和、建阳、松溪、福鼎等县。

品质特征

干茶 毫心肥壮，叶张肥嫩，呈波纹隆起，叶缘向叶背卷曲，芽叶连枝，叶面颜色浅翠，叶背满披白色茸毛。

汤色 杏黄或橙黄，清澈明亮。

香气 香气清鲜。

滋味 清甜爽口，鲜醇甘和。

叶底 叶底浅灰，叶脉微红，肥嫩成朵。

干茶

佳 茗 概 述

　　白牡丹因其绿叶夹银白色毫心，形似花朵，冲泡后绿叶托着嫩芽，宛如蓓蕾初放，故得高雅之芳名。白牡丹是采自大白茶树或水仙种的短小芽叶新梢的一芽一叶、二叶制成的，是白茶中的上乘佳品。在1922年以前创制于建阳水吉，1922年以后，政和县开始产制白牡丹，成为白牡丹主产区。白牡丹的制作工艺关键在萎凋，一般采取室内自然萎凋或复式萎凋，采摘期为春、夏、秋三季。

名茶品鉴

　　白牡丹叶态自然，色泽呈暗青苔色，叶背遍布洁白茸毛，冲泡后绿叶托着嫩芽，宛若蓓蕾初放，汤色杏黄或橙黄，汤味鲜醇。

叶底

第十一章

黄茶品鉴

认识黄茶

黄茶的品质特征是黄叶黄汤、滋味甘醇鲜爽、耐冲泡。黄茶性凉而微寒，适合胃热者饮用。黄茶经过杀青、堆闷、干燥三个过程，其中"堆闷（闷黄）"是黄茶制造区别于绿茶制造的独特工序，焖堆后，叶已变黄，再经干燥制成，黄茶浸泡后就是黄汤黄叶。黄茶的产量很少，主要在湖南君山、沩山，安徽金寨、湖北远安、浙江平阳、四川蒙顶山等地也有少量生产。

黄茶的种类

分类	品种
黄大茶	黄大茶是采摘一芽二、三叶甚至一芽四、五叶为原料制作而成的，主要包括霍山黄大茶、广东大叶青等
黄小茶	黄小茶是采摘细嫩芽叶加工而成的，主要包括北港毛尖、沩山毛尖、平阳黄汤等
黄芽茶	黄芽茶是采摘细嫩的单芽或一芽一叶为原料制作而成的，主要包括君山银针、蒙顶黄芽、霍山黄芽等

黄茶的鉴别

干茶：茶芽肥壮，满披茸毫，色泽金黄或者黄绿、嫩黄为优；芽欠肥壮，有茸毫，色泽暗绿为次；芽瘦弱，有茸毫，色灰暗最次。

茶汤：汤色杏黄明亮为优；汤色杏黄欠明、黄深次之；汤色黄浑浊、黄暗最差。

叶底：叶底嫩黄，匀整、显芽为优；叶底发暗，不透亮为次。

香气：香浓甘爽为优；闷熟为次。

滋味：甜醇柔和为优；闷熟味为次。

黄茶的加工工艺

1. 杀青

黄茶杀青前要磨光打蜡，杀青过程中动作要轻巧灵活，火温要"先高后低"，4～5分钟后，青气消失，散发出清香气即可出锅，由此形成黄茶特有的清鲜、嫩香。

2. 堆闷

也称闷黄，是黄茶类制造工艺中独有的一道工序，是形成黄茶特点的关键。

堆闷是通过湿热作用，使茶叶内含成分发生一定的化学变化，形成黄茶、黄色、黄汤的特质。影响堆闷的因素主要是茶叶的含水量和叶温。含水量越多，叶温越高，湿热条件下的黄变过程就越快。

3. 干燥

黄茶的干燥过程一般分几次进行，温度也比其他茶类偏低，一般控制在50～60℃之间。

黄茶的贮藏

1. 隔绝空气

为了使茶叶不被氧化变质，所以保存茶叶时应与空气隔绝，可在保存茶叶时将容器内的氧气抽出，或者在茶叶中放入保鲜剂，起到隔绝空气、吸收空气中水分的作用。

2. 环境要干燥

茶叶在贮存前一定要将含水量控制在一定的范围内，一般最佳的含水量为3%，这是因为茶叶的含水量越高，其有效成分变化就越快，而且很容易变坏。

3. 茶叶宜低温保存

由于茶叶在高温或常温条件下，可加速茶叶的氧化速度，很容易陈化，而且使茶叶中的一些物质遭到破坏，影响茶的品质。一般情况，茶叶保存在5～6℃之间为好，如果低于0℃，茶叶的香气就会降低，失去原有的香气。

黄茶的冲泡方法

赏茶、洁具、置茶、高冲、品茶。

霍山黄芽

品质特征

干茶 外形条直微展、匀齐成朵，形似雀舌，色泽嫩绿，满身披毫。

香气 清香持久，有熟板栗香。

汤色 汤色黄绿清澈，略带黄圈。

滋味 滋味浓厚鲜醇，回味甘甜。

叶底 叶底嫩黄明亮。

产地 安徽省霍山县。

干茶

佳茗概述

霍山黄芽在古时被誉为"仙芽"，唐代被列为贡品，是当时十四极品名茶之一，曾被文成公主带入西藏，明代的《群芳谱》亦称"寿州霍山黄芽之佳品也。"现今的霍山黄芽是散茶，又称芽茶，产量不多，以其独特的鲜嫩口感和保健功效跻身于全国名茶之一。霍山黄芽开采期一般在谷雨前、清明后，采摘一芽一叶、一芽二叶初展，采摘后的鲜叶及时薄摊散失水分，然后经过杀青、初烘、足火、复火等工序制成。

茶之品

品饮霍山黄芽之前，先赏汤色、闻香，然后趁热品啜茶汤的滋味，顿觉鲜醇清香，茶汤甘泽润喉、齿颊留香、回味无穷。黄芽一般泡三泡味就淡了，其中第二泡茶香最浓，滋味最佳。

茶之鉴

正宗的霍山黄芽下咽后，舌根会有丝丝的甜味，不是先入为主的甜，而是咽下后由喉底生出的一种感觉。如果入口即有甜味，但咽后涩苦，则为仿品。

霍山黄芽的水分含量低于一般名优茶，其含水量仅在 5% 左右，手捻即成粉面状，仿品则不会这么干燥。

霍山黄芽香型大概有三种，即清香、花香和熟板栗香。产地气候不同，香气不一，如白莲岩的乌米尖产的黄芽有花香，太阳乡的金竹坪产的黄芽为清香，而大化坪镇的金鸡山产的黄芽为熟板栗香。

贮茶有方

为了避免霍山黄芽氧化，断绝氧气供应是必要的。除了要密封好，还要尽量缩短容器的开启时间。

紫外线引发的化学反应会不断加速茶叶的陈化和变质。因此，霍山黄芽最好保存在不透明的锡罐、铁罐内。

佳茗功效

降脂减肥：霍山黄芽为不发酵自然茶，保留了鲜叶中的天然物质，富含氨基酸、茶多酚、维生素、脂肪酸等多种有益成分，能促进人体脂肪代谢和防止脂肪沉积于体内，从而达到较好的瘦身效果。

美容养颜：霍山黄芽中含有丰富的维生素C，其中的类黄酮可以增加维生素C的抗氧化功效。两者的结合可以更好地维持皮肤的白皙和年轻，所以说黄芽能让女人更美丽。

增强免疫力：研究发现，长期饮用霍山黄芽的人，免疫力会逐渐增加，身体越来越健康。

抗辐射：计算机辐射不仅危害人体健康，同时也影响着工作的质量和效率。而黄茶中所含的浓缩茶多酚，能抑制自由基对皮肤纤维的破坏，达到抗辐射的效果。所以经常使用计算机的人可以经常饮用黄芽茶，补充特异性植物营养素，淡化因计算机辐射引起的黑眼圈。

护齿明目：牙组织的基本成分是氟、磷、石灰质，这些成分可使牙齿光滑坚硬，耐酸耐磨。每千克黄芽茶叶含氟量为75～100毫克。因此，常饮黄茶能摄取足够的氟，以满足人体对氟的需求，对护牙坚齿有益。除此之外，常饮黄芽茶或用其漱口，还能有效预防龋齿。

改善肠胃：茶叶是一种碱性饮料，黄芽中的矿物质能中和酸性食物，保持人体体液的正常酸碱度，从而帮助人们远离"亚健康""富贵病"，再加上黄芽中的鞣质具有抑制细菌的作用，咖啡碱又能增强胃液分泌，帮助消化，因此常饮黄芽茶，还能拥有强健的肠胃功能。

冲泡方法

备器、择水、水温降至80℃左右、温杯、投茶、浸润、冲泡、品饮。

佳茗概述

君山银针始创于唐代，清代时纳入贡茶之列，属于黄茶类针形茶。君山银针冲泡后，茶芽悬空竖立，极为美观，军人视之谓"刀枪林立"，文人赞叹如"雨后春笋"，艺人偏说是"金菊怒放"。君山银针采摘和制作都有严格要求，只能于每年清明前 7～10 天采摘。

产地

湖南岳阳市洞庭湖中的君山。

品质特征

干茶 芽头茁壮，大小均匀，白毫如羽，芽身金黄发亮，着淡黄色茸毫。

汤色 汤色橙黄明亮。

香气 香气高爽清鲜，似嫩玉米香。

滋味 滋味甘爽醇和。

叶底 叶底肥厚嫩亮，黄绿匀齐。

名茶品鉴

茶香气清高，入口则味醇甘爽，清香沁人，齿颊留芳。君山银针按芽头肥瘦、曲直、色泽亮暗进行分级，以壮实、挺直、亮黄者为上；瘦弱、弯曲、暗黄者次之。

佳茗概述

蒙顶茶自唐开始，直到明、清皆为贡品，为我国历史上最有名的贡茶之一，距今已有两千多年的历史。20 世纪 50 年代，蒙顶茶以黄芽为主，近来多产甘露，不过黄芽仍有生产。蒙顶黄芽采摘于春分时节，选圆肥单芽和一芽一叶初展的芽头，经杀青、初包、复炒、复包、三炒、堆积摊放、四炒、烘焙八道复杂工艺制作而成，为黄茶名优茶之极品。

产地

四川省名山县蒙山。

品质特征

干茶 外形匀整，扁平挺直，色泽黄润，金毫显露。

汤色 汤色黄中透碧，清澈明亮。

香气 甜香鲜嫩。

滋味 甘醇鲜爽。

叶底 叶底全芽嫩黄。

名茶品鉴

蒙顶黄芽外形扁直，芽条匀整，色泽嫩黄，芽毫显露，甜香浓郁，汤色黄亮透碧，滋味鲜醇会甘，叶底嫩黄。

北港毛尖

佳 茗 概 述

北港毛尖，以注册商标"北港"命名，是条形黄茶的一种。北港毛尖鲜叶一般在清明后五六天开园采摘，要求一号毛尖原料为一芽一叶，二、三号毛尖为一芽二、三叶。抢晴天采，不采虫伤、紫色芽叶、鱼叶及蒂把。鲜叶随采随制，其加工方法为锅炒、锅揉、拍汗及烘干四道工序。

产地

湖南省岳阳市北港和岳阳县康王乡

一带。

品质特征

干茶 外形芽壮叶肥，尖毫显露，呈金黄色。

汤色 汤色橙黄。

香气 香气清高。

滋味 滋味醇厚。

叶底 叶底黄明，肥嫩成朵。

名茶品鉴

北港毛尖成品茶外形呈金黄色，毫尖显露，茶条肥硕，汤色橙黄，香气清高，滋味醇厚，甘甜爽口。

广东大叶青

佳 茗 概 述

大叶青茶是广东的特产，是黄大茶的代表品种之一，其制法与一般黄茶不同，先萎凋后杀青，再揉捻闷堆。大叶青以云南大叶种茶树的鲜叶为原料，采摘标准为一芽二、三叶，制成的成品茶条索肥壮紧结，色泽青润显黄，香气纯正。

产地

广东省韶关、肇庆、湛江等地。

品质特征

干茶 外形条索肥壮，紧结重实，老嫩均匀，叶张完整，芽毫明显，色泽青润显黄。

汤色 汤色橙黄明亮。

香气 香气纯正。

滋味 滋味浓醇回甘。

叶底 叶底淡黄。

名茶品鉴

黄大茶大枝大叶的外形在我国诸多茶类中非常少见，这也是消费者判定黄大茶品质好坏的标准。在市场上有一些仿品鱼目混珠，但是其独特的品质还是很好辨认的。优质的黄大茶外形梗壮叶肥，叶片成条，梗叶相连形似钓鱼钩，呈金黄显褐，色泽油润，汤色深黄显褐，叶底黄中显褐，滋味浓厚醇和，具有高嫩的焦香。

第十二章

黑茶及紧压茶品鉴

 ## 认识黑茶及紧压茶

黑茶因其成品茶的外观呈黑色而得名，属后发酵茶，主产区为四川、云南、湖北、湖南等地。黑茶加工要求鲜叶要有一定的成熟度，一般为一芽三叶、四叶或一芽五叶、六叶。制茶工艺一般包括杀青、揉捻、渥堆和干燥四道工序。黑茶耐贮藏，品质也是越陈越好。

紧压茶是为了长途运输和长时间保存方便，将茶压缩干燥，压成方砖状或块状。一般紧压茶都是用"红茶"或"黑茶"制作。黑茶和紧压茶主销西藏、内蒙古、新疆等边疆地区，因此也称为"边销茶"，是少数民族地区不可或缺的饮料。

黑茶的种类

分类	品种
湖南黑茶	安化黑茶、茯砖茶等
湖北老青茶	蒲圻老青茶、崇阳老青茶等
四川边茶	南路边茶和西路边茶等
云南黑茶	云南黑茶统称为普洱茶，现已有人将普洱茶单独列出一个茶系
广西黑茶	广西六堡茶

黑茶及紧压茶的鉴别

优劣黑茶的鉴别主要从"匀、清、纯、气"四大要诀入手。

1. 匀——辨其形

一般说来，好的黑茶及紧压茶外形条索清晰、肥壮、整齐紧结，无非茶杂物，熟茶和十年以上生茶色泽褐红或棕褐，油润有光泽；紧压茶（砖、饼、坨、金瓜等）外形匀整端正，棱角整齐，模纹清晰，不起层掉面，洒面整齐，松紧适度。而那些闻起来有杂味、霉味，表面看上去模糊灰暗、枯败甚至有霉花、霉点的黑茶均为劣质。

2. 清——闻其味

不论黑茶及紧压茶是生熟、新旧、好坏、形状、价钱，首先要闻气味。黑茶及紧压茶在陈化十年之后，一定会有陈味，但不是霉味或潮味等异味。黑茶素有"陈而不霉"的说法，即陈味会在醒茶时，放在通风干燥的地方逐渐消失，而霉味则代表贮茶不当而使茶质变坏，已经失去茶的真性。因此，鉴别黑茶时闻其茶味特别重要。

3. 纯——辨其色

俗话说"乌龙闻香，普洱赏色"。黑茶在未冲泡前，先要闻一闻味道是否干净，然后再进行冲泡，黑茶汤色红浓明亮。这是因为黑茶在正常的环境下贮存，即使放上几十年，茶汤的颜色也不会变黑或者产生异味。黑茶在陈放发酵后由淡黄转为枣红，越久茶气越强、越浓，略带油旋光性，不会变成黑色。若茶汤泛青、泛黄为陈期不足，茶汤褐黑、浑浊不清、有悬浮物的则为变质茶。

4. 气——品其汤

优质黑茶及紧压茶的茶汤滋味甘甜、润滑、厚重、陈香，这是因为黑茶在后发酵过程中有多种微生物，特别是黑曲霉和酵母素对茶叶发生作用。这里所说的厚重是指茶浓稠而不淡薄，入口味觉香浓而不寡淡。陈香是指黑茶特有的醇香味。甘甜是指茶汤入口以后舌两侧生津，有明显的回甜味。

黑茶及紧压茶的加工工艺

1. 杀青

黑茶鲜叶粗老，含水量低，须高温快炒，翻动快匀，至青气消除、香气飘出、叶色呈均匀暗绿色即可。

2. 揉捻

黑茶原料粗老，必须趁热揉捻，且本着轻压、短时、慢揉的原则完成黑茶的揉捻造型步骤。一般至黑茶嫩叶成条，粗老叶成皱叠即可。

3. 渥堆

渥堆是黑茶品质形成的关键工序，就是把经过揉捻的茶堆成大堆，人工保持一定的温度和湿度，用湿布或者麻袋盖好，使其经过一段时间的发酵，适时翻动1~2次。在渥堆过程中，叶色会由暗绿色变为黄褐色。

4. 干燥

黑茶的干燥有烘焙法、晒干法两种，通过最后干燥形成黑茶特有的油黑色和松烟香味，固定茶形和茶品，防止变质。

黑茶及紧压茶的贮藏

储存黑茶及紧压茶应放在阴凉的地方，避免日光照射，这是因为日晒会使茶急速氧化，产生一些化学成分，影响茶叶的品质。

储存黑茶及紧压茶应经常通风，通风有助于茶品的自然氧化，同时可适当吸收空气的水分，加速茶体的湿热氧化过程。在包装黑茶及紧压茶时切忌使用塑料袋，可选用牛皮纸、皮纸等通透性较好的包装材料进行包装储存。

茶叶贮藏应避免潮湿和异味，茶叶具有极强的吸异性，不能与有异味的物质混放在一起，而宜放置在开阔而通风透气的环境中。

取木炭1千克装入小布袋内，放入瓦坛或小口铁箱的底部，然后将包装好的黑茶及紧压茶茶叶分层排列其上，直至装满，再密封坛口，装木炭的布袋一般每月应换装1次。

黑茶及紧压茶的冲泡方法

赏具、温茶、置茶、涤茶、淋壶、醒茶、泡茶、出汤、沥茶、分茶、敬茶、品饮。

宫廷普洱茶

产地

云南普洱市。

品质特征

干茶 外形条索紧细，金毫显露，色泽乌润或褐红。

汤色 汤色红浓剔透，明亮有光泽。

香气 香气凝重。

滋味 醇厚回甘。

叶底 叶底呈栗色或深栗色，略泛油光，触之柔软饱满。

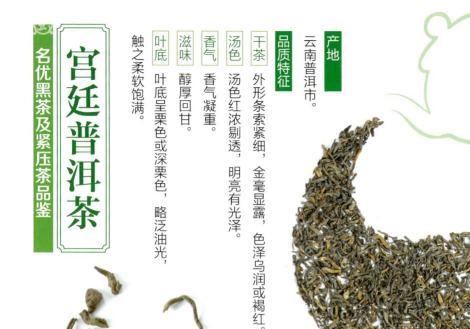

干茶

佳 茗 概 述

　　普洱茶是云南特有的地方名茶，是"可入口的古董"，其贵在"陈"，会随着时间逐渐升值。属后发酵茶，茶性温和不伤胃，而宫廷普洱茶则是普洱茶中之极品，甚至为所有茶中的贵族，在清廷已为贡茶。

　　据说，清王朝年间，朝廷每年2月会把最鲜嫩的茶芽都采摘完毕，然后制作成顶级普洱茶，剩下的才允许民间采摘和贩卖，宫廷普洱茶由此得名。因此，虽然民间也有普洱茶，但其品质与皇家普洱茶相比，则不可同日而语。

茶之品

　　醇厚回甘，滑爽甘醇，具有独特的陈香味。

茶之鉴

　　普洱茶越老越香越值钱，所以很多茶商在茶叶年份上大做文章。那么如何鉴别宫廷普洱茶的年份呢？

　　干茶外观：新宫廷普洱茶颜色较新鲜，带有金毫，且味道浓烈；陈年宫廷普洱茶经过长时间的氧化作用后，干茶会呈枣红色，金毫也转成深褐色。

　　包装纸外观：陈年宫廷普洱茶的包装纸随着时间推移已变得陈旧，因而纸质略黄，购买者可以从纸质的手工布纹及印色之老化程度进行鉴别。

叶底

贮茶有方

虽然普洱茶越陈化越好，但宫廷普洱茶须放在干燥的仓库中进行陈化。茶商为了尽快获取高利润，会把宫廷普洱茶放在湿度较高的环境加速陈化，其实是不对的。宫廷普洱茶放在干燥的环境中让其自然陈化，虽然陈化过程比较缓慢，但不会发霉，也能保持普洱茶的真性。

贮存宫廷普洱茶的环境温度不可骤然变化，以免影响茶叶的口感和茶性。

宫廷普洱茶的茶龄寿命为 60 年、100 年或 200 年并无定论。但现存的一二百年的宫廷普洱茶却"汤有色，但茶味陈化、淡薄"，因为年代越久，茶叶的陈化速度越快。所以宫廷普洱茶的陈化时间不宜太久。

佳茗功效

宫廷普洱茶为茶中之王，是暖胃、降血脂、养气、益寿延年的上品。

宫廷普洱茶的主要功能性成分是茶复合多糖类化合物，这类化合物可以调节体内糖代谢。因此，宫廷普洱茶有调节体重和辅助防治糖尿病的功效。

普洱茶的神奇故事

相传，三国时期刘备的高参——诸葛亮率兵西征擒孟获时，来到西双版纳，士兵们因为水土不服，患眼疾的人很多。诸葛亮为士兵觅药治眼病，一天来到石头寨的山上，他挂着自己随身带的一根拐杖四下察看，可是拐杖拔不起来，不一会儿变成了一棵树，长出青翠的叶子。士兵们摘下叶子煮水喝，眼病就好了。拐杖变成的树就是茶树，从此人们开始知道种茶，开始饮茶。

当地的少数民族至今仍然称茶树为"孔明树"，山为"孔明山"，并尊诸葛亮为"茶祖"。每年农历 7 月 17 日诸葛亮的生日，他们都会举行"茶祖会"，以茶赏月，跳民族舞，放"孔明灯"。孔明山坐落在西双版纳勐腊县易武乡，最高峰海拔 1900 米，其周围的六座山后来也种满了茶树，也就是历史上很有名的普洱茶六大茶山。

广西六堡茶

品质特征

产地 广西壮族自治区梧州市苍梧县六堡乡。

干茶 条索长整尚紧，色泽黑褐有光润。

汤色 汤色红浓，明净如琥珀色。

香气 香气醇和，有陈香。

滋味 滋味醇厚，有松烟味和槟榔味。

叶底 叶底红褐。

干茶

佳茗概述

六堡茶属黑茶类历史名茶，以"红、浓、陈、醇"四绝著称于世。六堡茶的品质以陈香著称，因此凉置陈化是制作六堡茶的重要环节。六堡茶的陈化一般以篓装堆，贮于阴凉的泥土库房，经过半年左右，茶叶就有陈味，汤色也会变得更加红浓，由此形成了六堡茶的特殊风格。六堡茶存放越久品质越佳。为了便于存放，六堡茶被压制加工成圆柱形状，主销广东、广西、港澳地区，外销东南亚。

茶之品

滋味醇厚爽口，略感甜滑、陈香，且越陈越醇，有槟榔香味。

茶之鉴

观其形：假的六堡茶在制作工艺上没有经过专门的杀青，因为干茶看上去似乎像掉在地上的老树叶，没有柔润感，叶边卷曲，而且茶叶的反面还带有青色或青黄色。

看干茶：正宗的六堡干茶颜色会偏褐红或棕色，时间久了在外观上有一层很自然的灰"霜"，而且茶饼会变松、变散、变轻。假的六堡茶也会有白"霜"，但其"霜"较"死"，没有活性。

辨汤色：陈年的六堡茶有其特有的"红""浓"特色，但假冒的六堡茶陈茶则汤色浑浊，且青中带黄，没有通透的红色和槟榔色。

品口感：假的六堡茶有一种"坑"味，而且喝下来之后，喉头会感觉有点紧，茶友们称之为"锁喉"。正宗的六堡茶是陈香味，而且有其独特的槟榔香、果香（相似于罗汉果味）或松烟香，口感醇厚、滑顺。

贮茶有方

六堡茶不宜像其他茶叶一样密封保存，宜略透气。如用透气性较好的牛皮纸、宣纸或棉纸包装，然后存于略有透气的瓷瓮或陶瓷内。六堡茶最佳的保存方法是采用传统的竹篓包装，有利于茶叶在贮存时进行继续转化，陈香更浓。如果新买的六堡茶有仓味，可以置于空气中，待其仓味散尽后再储存。

佳茗功效

六堡茶中金黄色的"金花"是有益的黄霉菌，常饮六堡茶对人体有益。

六堡茶属温性茶，具有暖胃、助消化的功效。

六堡茶具有消暑祛湿、明目清心、帮助消化的功效。既可在饭前饮用清理肠胃，又可在饭后饮用帮助消化。

六堡茶的传说

有一天，龙母娘娘下凡到苍梧六堡镇黑石村，发现百姓的生活很穷苦。因为苍梧一带田少山多，人们种出的粮食自己都不够吃，但是还得拿出一部分出山去换盐巴。龙母娘娘很想帮助他们改善目前的生活，但是她尝试了很多方法都没有见效。

就在龙母娘娘一筹莫展之时，她发现黑石山下的泉水清澈明亮，就忍不住尝了一口，觉得清甜滋润，异常鲜美，而且疲劳一扫而空，身体顿感轻松，龙母娘娘觉得这么甜美的泉水一定能灌溉出好的植物，于是她呼唤农神让他在这里拨了些茶树种子，经过龙母悉心栽培，果然长成了一棵长势旺盛、叶绿芽美的茶树。龙母让人们把这棵茶树的叶芽拿去卖给山外的人，来换取粮食和盐巴。龙母娘娘走后，这棵茶树很快就开花结果了，人们将种子散播开来，变成了漫山遍野的茶树林，遍布六堡镇。后被人们称为六堡茶。

安化黑茶

干茶

产地

湖南省安化县白沙溪。

品质特征

干茶 条索卷折成泥鳅状，颜色黑中带褐，色泽均匀。陈年安化黑茶颜色偏棕红色。

汤色 汤色橙黄明亮。

香气 香气醇厚，隐有松烟香。

滋味 滋味浓厚略带涩。

叶底 叶底比较粗老，呈青褐、黄褐或黑褐色。

佳茗概述

　　安化黑茶以边销为主，主要销向西北的少数民族地区，因此也称为"边销茶"。安化黑茶的品质特征是砖面色泽黑褐，扳开后"发花"茂盛，内质香，"菌花香"高而持久，滋味纯和醇浓，菌花味明显，汤色红黄明亮。在采摘要求上，安化黑茶主要讲究两点，一是要有一定的成熟度，二是要新鲜。

茶之品

　　品之香气醇正，滋味醇厚略带涩味，有松烟香味。

茶之鉴

　　从色泽上看：优质安化黑茶色泽发黑且有光泽，劣质安化黑茶则会有红色、棕色、褐色等其他杂色。

　　从茶汤上看：优质安化黑茶色泽发亮，具有耐泡性；劣质安化黑茶汤色发浑，有杂质，不耐泡。

　　从滋味上看：优质安化黑茶香气纯正、滋味醇厚，有松烟香；劣质安化黑茶味道涩苦，有霉味或其他异味。

贮茶有方

　　安化黑茶要存放在干燥、无异味的环境中，如果存放条件不好，容易使茶质在存放过程中产生不良的化学反应，影响茶性。

日晒会加快茶叶的氧化速度，产生一些不愉快的日晒味，从而影响安化黑茶的品质。

安化黑茶保存不当的话，很容易霉变。因此，存放安化黑茶的环境宜通风而忌密闭。

通风有助于茶叶的自然氧化，同时可适当吸收空气的水分（水分过高则黑茶容易霉变），也为微生物代谢提供水分和氧气。可以用透性较好的牛皮纸、宣纸等来包装储存黑茶。

佳茗功效

黑茶中的茶复合多糖类化合物，可以调节体内糖代谢、降低血脂血压、抗血凝、血栓、提高机体免疫能力，这些功能是其他茶类不可替代的。

茶汤中的茶黄素与茶红素不仅是一种有效的自由基清除剂和抗氧化剂，而且还具有抗癌、抗突变、抑菌抗病毒、预防和改善心脑血管疾病、糖尿病等生理功能。安化黑茶有去油腻、解荤腥的功效。

安化黑茶的历史佳话

在汉高祖平定天下之际，南海尉赵佗收桂林、象郡、南海三郡，建南越国，自称南越武王。高祖欲天下休养生息，不动兵戈，便遣陆贾为使，立佗为南越王，与剖符通使。令佗和集百越，毋为南边患害。陆贾带着汉简与随扈日夜兼程来到南方，陆贾是北方人，水土不服，受了暑热而生病，而且病情越来越重。后来当地一位长者从搭囊里拿出一把东西，只见那东西卷曲如蟥，其色如铁，不知是何种植物的叶子。用水煎服后，陆贾的身体果然康复，并当面向长者表示感谢。后得知治病药物并非什么灵丹，只是普通的"茶"，只因其炮制方法与其他不同，才有如此功效。临别时，长者又送给陆贾一大包，说是此去南荒，地方更加湿热，可能会派上用场。

当陆贾说服尉佗接受了朝廷的任命而返京路过益阳时，欲拿出千金赠与长者。长者不受，陆贾再三致意，长者说，你就在江边上建一个茶亭，好让过往行人有一个歇脚的地方。陆贾亲自看了地形和风水，把亭子建在龟台山上游约1000米的地方，并命名为临江亭，后代为纪念造亭者，又称其为陆贾亭。

生沱茶

干茶

产地

中国云南和四川等地。

品质特征

干茶 干沱外形周正，轮廓光润，质地紧凑。

汤色 叶底呈绿色至栗色，质地饱满柔软，充满新鲜感。

香气 汤色呈橙黄或淡黄色，明净剔透。

滋味 滋味厚实，有回甘。

叶底 叶底呈绿色至栗色，质地饱满柔软，充满新鲜感。

佳茗概述

　　沱茶是一种制成圆锥窝头状的紧压茶，一面看似圆面包，另一面看似厚壁碗，中间下凹，颇具特色。沱茶的主要产地是云南，一般以云南黑茶或绿毛茶为原料，蒸压成直径8厘米，高4.5厘米的窝头状，每个重量约100克。除了云南，四川也生产沱茶，重量有50克、100克和250克三种规格，按所用原料的优次分为"特级重庆沱茶""重庆沱茶"和"山城沱茶"三种。沱茶的种类依原料不同又有绿茶沱茶和黑茶沱茶之分。一般的沱茶均为黑茶沱茶，这里讲的生沱茶就是以黑茶为原料，只经过晒青但未经渥堆的紧压茶。

名茶品鉴

　　干看：正宗生沱茶外形端正、呈碗形，内窝深而圆；外表满布白色茸毫；仿品生沱茶的外形则不规则、扭歪，内窝浅而小，外表无茸毫。

　　湿看：正宗生沱茶汤色黄而明亮，香气纯正持久，滋味浓醇鲜爽，叶底肥壮鲜嫩；仿品则汤色混浊不清，青中带黄，香气寡淡，甚至有杂异气味，滋味平淡、酸涩，叶底粗老、瘦硬。

叶底

熟沱茶

产地

云南省。

品质特征

干茶：沱形周正，质地紧结，色泽褐红、枯暗，隐显黄色。

汤色：汤色红浓透亮，有油润。

香气：香气馥郁。

滋味：滋味醇厚，口感滑爽滋润，喉味回甘。

叶底：叶底褐红，经久耐泡。

干茶

佳茗概述

　　熟沱茶的形状、重量、采制等和生沱茶一样，只是熟沱茶在制作工艺上多了一个渥堆发酵的过程。因此，熟沱茶干茶的颜色、汤色都较生沱茶深，滋味也更加醇厚。沱茶历史悠久，现代形状的云南沱茶创制于1902年，是由思茅地区景谷县所谓"姑娘"（又叫私房茶）演变而成的。

　　光绪二十六年（1900年），景谷人李文相创办制茶作坊，用晒青毛茶作原料，土法蒸压成月饼形团茶。两年后被下关等地的商家仿制成"碗形茶"，经昆明、昭通运到四川沱江一带销售。景谷团茶的加工，奠定了云南沱茶的雏形，沱茶的名称也因运销沱江一带而得名。

名茶品鉴

叶底

　　看包装纸：正宗熟沱茶的包装纸上彩印鲜亮，图文清晰；仿品的包装纸则纸质粗糙，色彩易脱落且图文暗旧。

　　看干茶：真品熟沱茶外形端正，都有一定的规格，一般是外径8厘米，高4.5厘米；假品熟沱茶外形不规则、扭歪，且大小不一，含水量明显高于真品。

生砖茶

干茶

佳茗概述

砖茶又称蒸压茶，属边销茶之一，主要销往西北地区。蒸压茶是用各种毛茶经过筛、扇、切、磨等过程，制成半成品，然后再经过高温蒸压成砖型或其他类型的茶块。砖茶是以茶叶、茶茎，有时还配以茶末压制成的块状茶，是一种外形像长方形砖块的茶叶，其中生砖茶是指只经过晒青直接压成的砖块。

砖茶根据产地划分，有云南产的紧压茶、小方砖茶，四川产的康砖茶，湖北产的青砖茶，湖南产的黑砖茶等；根据蒸压成型的方式不同，可分为黑砖、花砖、茯砖、青砖、米砖茶等。

上品生砖茶要求外形砖面平整，棱角分明，厚薄一致，色泽黑褐，无黑霉、白霉、青霉等霉菌。如果茶形不周正，或者有杂菌，则为次品。

叶底

砖茶撬开后，上品生砖茶的条索细长，色泽呈棕褐色，散发少许油光，闻起来干茶有樟香，所以气味稍带生刺味。陈年的熟砖茶，茶砖的边缘有风化迹象。

砖茶价格较便宜，不奢侈，因此造假比较少，大多数茶叶店出售的生砖茶都是真品，只有保存是否得当之分。

熟砖茶

品质特征

产地 云南、湖北、湖南等地。

干茶 砖形工整，棱角分明，厚薄一致，条索肥壮。

汤色 枣红晶莹，清澈透亮，有少许微小悬浮物。

香气 具有独特的菌花香。

滋味 滑爽醇和，略带涩感，回甘明显。

叶底 叶底较柔软，捏起来有弹性，色泽暗褐。

佳茗概述

　　熟砖茶在原料、形状、重量上都和生砖茶相同或类似，只是加了一道渥堆发酵的过程。熟砖茶在发酵过程中产生了很多对人体有益的酵母菌，因此，熟砖茶比生砖茶的药理作用更突出。砖茶属历史名茶，早在《唐史》中，人们就有"嗜食乳酪，不得茶以病"的记载，同时也表明了我国边疆的少数民族有着悠久的饮茶历史。

　　砖茶起源于唐代太和年间，风靡于清末，发展到现代，更是成为我国内蒙古、新疆、西藏、宁夏、甘肃等西北少数民族日常生活的必需品，也为日本、俄罗斯、英国、马来西亚等国家和地区大众所喜爱。

名茶品鉴

　　熟砖茶在干茶外形上的鉴别和生砖茶一样，都是以外形周正、四角边缘分明、砖块厚薄大小一致等为上品。

　　熟砖茶的汤色较生砖茶要深、浓，品起来没有生茶那种强烈的刺激味，而是绵柔爽滑、滋味醇厚。次品的汤色第一、二泡可能红浓，但不禁泡，品起来口感苦涩，没有绵柔感。

　　优质熟砖茶的叶底色泽暗褐，较匀亮，叶质柔软，捏起来有弹性。

七子饼生茶

产地

云南省西双版纳。

品质特征

干茶 外形紧结匀整，松紧适度，色泽黄绿或暗绿，陈年生饼茶观之油亮。

汤色 茶汤蜜黄明亮，油润光滑。

香气 陈香馥郁。

滋味 醇厚回甘。

叶底 新制茶品以绿色、黄绿色为主，活性高，较柔韧，有弹性。

佳茗概述

　　七子饼茶，又称圆茶，其来历有两种比较常见的说法。第一种说法是七子饼茶是从唐代开始由边境贸易而得来的，当时的贸易市场称为茶马市，交易的时候是7张饼捆扎好，外加1张饼，一共8张，7张饼用来交易，而另外那张分离的饼用来上税。第二种说法是，古代的饼茶每个为357克，然后将每7块饼茶包装为1筒，故得名"七子饼茶"。

名茶品鉴

　　饼茶越陈越有价值，但并不是越黑越好。就七子饼生茶来讲，当天采、次日制的茶饼会颜色发黑，但当天采并当天制的茶饼则色泽发黄。

　　七子饼生茶最好买陈茶，陈年七子饼生茶色泽褐黑，且观之会有油亮之感。

七子饼熟茶

产地

云南省西双版纳。

品质特征

干茶 外形紧结周正，松紧适度，色泽呈栗色或暗红色。

汤色 茶汤为板栗色或红褐色，红浓透亮，表面有油润。

香气 浓郁持久，有独特的陈香味。

滋味 滋味醇厚，口感顺滑。

叶底 色泽红褐。

干茶

佳茗概述

七子饼熟茶在原料、形状和重量等方面和七子饼生茶并无二异，关键在于熟茶加了一道堆渥发酵的过程。七子饼茶又称圆饼茶，外形美观酷似满月，直径21厘米，顶部微凸，中心厚2厘米，边缘稍薄，为1厘米，底部平整而中心有凹陷小坑，每饼重357克，以白绵纸包装后，每7块用竹笋叶包装成1筒，古色古香，宜于携带及长期贮藏。

名茶品鉴

看包装：无论是什么厂家、什么牌子、什么年份的七子饼熟茶，第一眼要看的就是茶饼的外包装纸。一饼年代久远的上等七子饼熟茶，外包装纸一定应该是很好的棉质纸张，而且包装纸上的商标或者图案设计古朴厚重，甚至有点"土"，而不会太时尚或花哨。

观干茶：打开外包装，好的七子饼熟茶圆形周正、色泽均匀。劣质七子饼熟茶外形不端正，色泽不均。另外，和生茶相比，七子饼熟茶的干茶色泽要更深一些。

辨汤色：上等七子饼熟茶泡出的汤色红浓明亮，碗沿有一层金圈，汤面看起来有油润的感觉。劣质七子饼熟茶汤色则红而不浓，欠明亮，往往还会有尘埃状物质悬浮其中。

叶底

283

花茶品鉴

认识花茶

花茶，又名香片，属再加工茶。花茶将花香和茶味相得益彰，受到很多人尤其是偏好重口味的北方朋友青睐。花茶价格不贵，又有清热解毒、美容保健等功效，所以适合各种人群，男女老少都可以喝，既能让人心旷神怡，又有保健滋养的作用。随着人们的时尚生活越来越丰富，花茶的家族也增添了很多新品种，不单单是窨制的花茶，还出现了保健茶、工艺茶、花草茶等。

花茶的种类

分类	品种
窨制花茶	即花茶，以红茶、绿茶或乌龙茶作为茶坯，配以能够吐香的鲜花作为原料，采用窨制工艺制作而成的茶叶，如茉莉花茶、桂花花茶等，其中以茉莉花茶最具代表性
工艺茶	用茶叶和干花手工捆制造型后干燥制成的造型花茶，其最大的特点就是它们在水中可以绽放出美丽的花型，鲜花在水中摇曳生姿，灵动娇美，极具观赏性
花草茶	直接用干花泡饮的花茶。确切地讲，这类花茶不是茶，而是花草，但我国习惯把用开水冲泡的植物称之为茶，所以就称其为花草茶。花草茶一般都具有一定的美容或保健功效，因此备受女性朋友青睐，如玫瑰花、洋甘菊等

窨制花茶的鉴别

1. 优质花茶的鉴别

（1）掂重量：在购买花茶时，先抓一把茶叶掂掂重量，并仔细观察有无花片、梗子和碎末等。优质花茶较重，而且不应有梗子、碎末等东西；劣质花茶较轻，有少量的杂质。

（2）看外形：优质花茶的外形以条索紧细圆直、色泽乌绿均匀、有光亮的为好；条索粗松扭曲、色泽黄暗的不好，甚至是陈茶。

（3）闻香味：先闻一闻花茶是否有异味，然后辨别花香是否纯正。质量好的花茶香气冲鼻，香气不浓的则没有这种感觉，其质量次之。

2. 真假花茶的鉴别

（1）真花茶：是用茶坯与香花窨制而成。高级花茶要窨多次，香味浓郁。筛出的香花已无香气，称为干花。高级的花茶里一般是没有干花的（碧潭飘雪除外）。

（2）假花茶：是指拌干花茶。常见到出售的花茶中，夹带有很多干花，并美其名为"真正花茶"。实质上这是将茶厂中窨制花茶或筛出的无香气的干花拌和在低级茶叶中，以冒充真正花茶，闻其味，是没有香味的，用开水泡后，更无香花的香气。

窨制花茶的加工工艺

1. 茶胚吸香

当日采摘的鲜花经过摊、堆、筛、凉等维护和助开过程，使花朵开放匀齐，再与茶坯按一定配比拌和均匀，堆积静置，让茶坯尽量吸收鲜花持续吐放的香气。

2. 窨花

窨花就是将鲜花分层铺在茶坯上，然后再拌和均匀进行窨制。花茶的窨制有一窨、三窨、五窨或七窨一说，就是用一批茶叶（如绿茶）做原料，鲜花却要1~7次，才能让茶叶充分吸收鲜花的香味，既有茶叶的清香，又有鲜花的浓郁。

3. 烘干

茶坯在窨制过程中既吸收了香气又吸收了水分，起花后须快速复火干燥，烘去多余的水分，稳定茶形和茶品。可以用铁锅烘干，也可以用机械、烘笼等进行烘干。

花茶的贮藏

1. 密封包装

密封罐是花茶最好的保存器皿，可避免花茶受潮变质。所以，最好的方式就是将花茶放在密封的、干燥的罐中，并将罐口密封好，以免受潮；如果用原来的袋装，要将空气挤出，用夹子夹好，保持密封。

另外，可以放在保鲜盒中，这样可以叠起来，方便收藏。

2. 避免阳光直射

要将花茶放置于阴凉干燥的地方，这是因为光线、湿气与温度都容易让花茶变质。若将花茶放在冰箱中，则可以延长保存期限，一般可存放两年左右。但平时保存的花茶并不需要冷藏于冰箱中，只需用密封的玻璃罐保存即可。

如果使用的是新鲜的花草，尽可能在使用前再摘取叶子或花；如果泡过一次后有剩余的花草，可以把它插在装水的杯子里，或是装在保鲜袋中，放进冰箱冷藏室保存，并且要尽快用完。

花茶及花草茶的冲泡方法

选具、备水、冲泡。

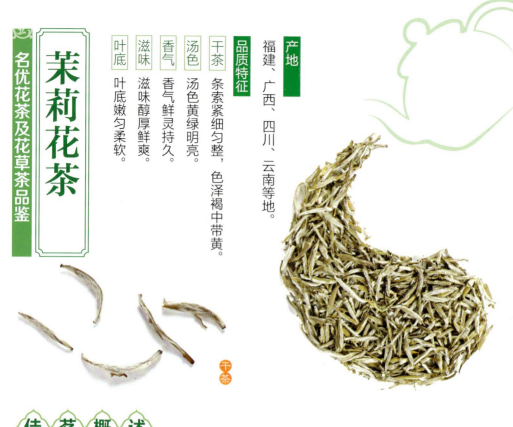

名优花茶及花草茶品鉴

茉莉花茶

品质特征

产地 福建、广西、四川、云南等地。

干茶 条索紧细匀整，色泽褐中带黄。

汤色 汤色黄绿明亮。

香气 香气鲜灵持久。

滋味 滋味醇厚鲜爽。

叶底 叶底嫩匀柔软。

干茶

佳茗概述

　　茉莉花茶，又叫茉莉香片，科名是木犀科，有"在中国的花茶里，可闻春天的气味"之美誉，是花茶市场销量最大的一种茶。宋代诗人江奎的《茉莉》赞曰："他年我若修花史，列作人间第一香。"茉莉花茶将茶叶和茉莉鲜花进行拼和、窨制，使茶叶吸收花香而成。茉莉花茶多用绿茶做茶坯，少数也有用红茶或乌龙茶做茶坯。因此，茉莉花的色、香、味、形与茶坯的种类、质量和鲜花的品质有密切关系。窨制而成的茉莉花茶将茶味与花香融合无间，品赏时，有清新鲜爽的愉快感受。

茶之品

　　茉莉香浓，滋味浓醇爽口，馥郁宜人。既有浓郁爽口的天然茶味，又饱含茉莉花的鲜灵芳香。

茶之鉴

　　观其形：上等茉莉花茶所选用毛茶嫩度较好，以嫩芽者为佳，老芽者为劣；条形长而饱满、白毫多、无叶者上，次之为一芽一叶、二叶或嫩芽多，芽毫显露。越是往下，芽越少，叶越多，以此类推。低档茉莉花茶则以叶为主，几乎无嫩芽或根本无芽。

　　闻其香：好的茉莉花茶，其茶叶之中散发出的香气应浓而不冲、香而持久、清香扑鼻，闻之无丝毫异味。

饮其汤：上等茉莉花茶香气浓郁、口感柔和、不苦不涩、没有异味。

茉莉花茶的保存和其他茶叶一样，应该放在密封、干燥、通风、避光、低温和无异味的环境下。茉莉花茶属于再加工茶，含水量比绿茶、红茶等茶类要高，放久了不仅香气和口感会变淡，还容易变质。因此，茉莉花茶不可久置不喝，建议保存期：条形茶的保质期为12~18个月，保存期为24~30个月；袋泡茶的保质期为10~18个月，保存期为18~24个月。

叶底

茉莉花茶的传说

很久以前，有一年冬天，陈古秋邀来一位品茶大师专门研究北方人喜欢饮什么茶，正在品茶鉴茶之时，陈古秋忽然想起有位家居南方的姑娘曾送给他一包茶叶从未品尝过，于是便拿出请大师品尝。冲泡后打开盖碗，先是异香扑鼻，紧接着在冉冉升起的热气中，只见一位美丽的姑娘手捧一束茉莉花，但转眼间又变成一团热气。陈古秋很是迷惑不解，就请教那位大师。大师笑着说："老弟，你做好事了，这茶乃茶中绝品'报恩仙'。"于是陈古秋便向大师讲述了三年前前往南方购茶时遇见一位孤苦伶仃的少女的经历。原来那少女家父去世无钱下葬，陈古秋颇为同情，便给她一些银子帮她葬父。三年后，当他再次去南方购茶时，老板交给他一小包茶叶，并说明是受一位少女所托。大师说："这茶不但是珍品，更是绝品，因为要想制成这种茶就要耗尽人的全部精力，也许这位姑娘你再也见不到了。"的确，陈古秋从老板口中得知那位姑娘已经死去一年多了，两人都惋惜不已。忽然大师问："为什么她手中捧的是茉莉花呢？"陈古秋一边品茶一边悟道："依我之见，这是茶仙提示，茉莉花可以入茶。"第二年，陈古秋便将茉莉花加到茶中，果然创制出了芬芳诱人的茉莉花茶。

玫瑰花茶

产地
山东省平阴等地。

品质特征

干茶 外形饱满，色泽均匀，朵大杂质少，花瓣完整。

汤色 汤色偏淡红或土黄色，如果汤色呈通红色，说明加了色素。

香气 香味清淡。

滋味 滋味甘甜略有苦涩味。

叶底 玫瑰花茶多为红玫瑰或粉玫瑰制成，玫瑰入水后，花瓣的颜色变淡，慢慢褪变为枯黄色。

干茶

佳茗概述

玫瑰花采下后，经适当摊放、折瓣，拣去花蒂、花蕊，以净花瓣和茶尖窨制成玫瑰花茶。玫瑰花茶是世界上最受欢迎的花草茶之一。因玫瑰花中富含香茅醇、橙花醇、香叶醇、苯乙醇及苄醇等多种挥发性香气成分，故具有甜美的香气，是食品、化妆品香气的主要添加剂，也是红茶窨花的主要原料。

茶之品

玫瑰花茶宜热饮，热饮时花的香味浓郁，闻之沁人心脾。

茶之鉴

掂重量：优质玫瑰花茶的分量较重，而且没有梗、碎末等杂质；劣质玫瑰花茶的分量较轻，有少量的杂质。

看花形：优质玫瑰花茶的外形饱满、色泽均匀。然后看花瓣是整的多还是碎的多，整的多，则质量较好。

闻香气：质量好的玫瑰花茶香气扑鼻，且无其他异味。香气不浓的，质量次之。

赏茶汤：泡开后要看玫瑰花茶的汤色是否通红，如果通红就是加色素了。优质玫瑰花茶的汤色跟一般的绿茶汤色差不多，只是稍微深一些，偏土黄色或淡红色。

贮茶有方

保存玫瑰花茶的第一要则就是要密封，否则花香就容易流失。还要注意避光，这样花的颜色会保存得很好，品饮时色香味俱佳。密封好后，可以将玫瑰花茶放在干燥阴凉处，避免受潮，也可以放入冰箱保存。但夏天一定要把玫瑰花茶密封好放入冰箱，否则容易生虫。

佳茗功效

玫瑰花茶可通经络、护肤美容、活血补血、平衡内分泌，是女性朋友美容养颜的最佳茶饮之一。

玫瑰花茶还有助消化、消脂肪之功效，因而可减肥，饭后饮用效果最好。

玫瑰花茶的味道清香幽雅，能令人缓和情绪、纾解抑郁。

由于玫瑰花茶有一股浓烈的花香，治疗口臭效果也很好。

品饮宜忌

冲泡玫瑰花茶时，可根据自己的口味适当调入冰糖或蜂蜜，这样能减少涩味。此外，由于玫瑰花活血散淤的作用比较强，所以月经量过多的女性在经期不要饮用。

茶闻轶事

关于玫瑰花的两则传说

在罗马帝国时代，有一个美丽绝伦的少女名叫罗丹斯，她的风姿引来了无数狂热求婚者锲而不舍的追求。罗丹斯实在招架不住了，不得不到朋友狄安娜的神庙里躲避。但不幸的是，狄安娜对她的美丽产生了嫉妒之心。当那群狂热的求婚者冲进了神庙的大门，要接近他们所爱恋着的罗丹斯时，狄安娜将罗丹斯变成了一枝玫瑰花，将她的求婚者变成了依附在花梗上的花刺。

而在古希腊传说中，玫瑰是希腊花神克罗斯创造的。当初玫瑰只是林中一个仙女的一粒尚无生命的种子。一天，花神克罗斯偶然在森林的一块空地上发现了它。于是，克罗斯请求爱神阿佛洛狄特赋予了它美丽的容貌；让酒神狄俄尼索斯浇洒了神酒，使它拥有了芬芳的气味；而后又有美惠三女神将魅力、聪颖和欢乐赐予了它。随后，西风之神吹散了云朵，太阳神阿波罗得以照耀它并使它开花。玫瑰就这样诞生了，并立即被封为花中之皇后。

苦丁茶

产地

四川、海南等地。

品质特征

干茶 外条索紧结，有的呈卵状长圆形，有的纵向微卷曲，上面为黄绿色或灰绿色，有光泽，下面黄绿色。

汤色 黄绿色清澈，没有浑浊或悬浮物。

香气 清香有苦味。

滋味 滋味浓而醇厚，生津较快。

叶底 翠绿中带有紫褐色，无茸毛，叶片大且厚，有茶梗。

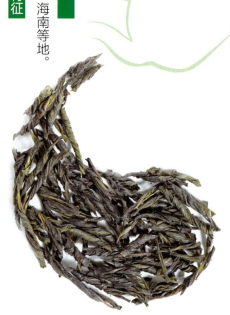

干茶

佳茗概述

苦丁茶是中国一种传统的纯天然保健饮料佳品，是冬青科冬青属苦丁茶种常绿乔木，俗称茶丁、富丁茶、皋卢茶。苦丁茶性大寒，味苦、甘，其内含有苦丁皂甙、氨基酸、维生素 C、多酚类、黄酮类、咖啡碱、蛋白质等 200 多种成分，具有清热消暑、明目益智、生津止渴、利尿强心、润喉止咳、降压减肥、抑癌防癌、抗衰老、活血脉等多种功效，素有"保健茶""减肥茶""美容茶""降压茶""益寿茶"等美称。

茶之品

清香有味苦、而后甘凉，清凉爽口，沁人心脾。

茶之鉴

观外形：苦丁茶的叶片较普通茶叶大 1.5 ~ 2 倍，叶椭圆形，叶片厚，有革质、无茸毛。鲜叶光泽性强，墨绿色。嫩芽叶制成的茶，外形粗壮，卷曲，无茸毛。

嗅香气：叶底香气不明显，较平淡，热嗅和冷嗅均无异味为正常，无霉气、焦气。

耐泡度：苦丁茶是保健饮品，极耐冲泡，连续泡 5 ~ 10 次，仍感觉滋味尚浓。

品滋味：高档苦丁茶滋味浓而醇厚，先苦后甘，苦味是口感可接受的醇爽，无异味为好。甘味，只是口感甘醇，回甘味不强烈、无甜味为好。饮后口腔及喉咙感觉清醇凉爽，无异味感。如品出酸、奇苦、辣、焦味的质量就不够好。

察叶底：苦丁茶叶底带紫褐色、无茸毛，叶片大且厚，茶梗粗壮。全片的老叶面积大，叶缘齿较纯。

贮茶有方

冰箱贮存法：将新茶装在真空包装袋内，然后再放入冰箱的冷藏柜中。春天放入，冬天取出，茶的色、香、味基本不变，宛如新茶。

热水瓶贮存法：将热水瓶内壁的水分擦干，有条件也可买新的热水瓶，如果家中有用过多年又干燥保温的热水瓶也可以把它利用起来，关键要保持瓶内干燥，然后将茶叶倒进去，把瓶塞盖紧即可。

佳茗功效

苦丁茶中含有苦丁皂苷、维生素 C、多酚类、黄酮类等多种成分，饮之有清热消暑、清脑明目、降压降脂等功效。因此，很多人也称苦丁茶为"减肥茶"或"降压茶"。

苦丁茶具有消炎杀菌、化痰止咳、健胃消积、防癌抗癌和抗辐射等功效，被国内外消费者誉为保健茶。

苦丁茶的药用效果非常明显，中医认为，它具有散风热、清头目、除烦渴的作用，可用来辅助治疗头痛、牙痛、目赤、热病烦渴、痢疾等。现代药理研究则证明，苦丁茶中不仅含有人体必需的多种氨基酸、维生素及锌、锰、铷等微量元素，还具有降血脂、增加冠状动脉血流量、增加心肌供血、抗动脉粥样硬化等作用，对心脑血管疾病患者出现的头晕、头痛、胸闷、乏力、失眠等症状均有较好的预防作用。

苦丁茶的传说

苦丁茶的嫩芽呈紫红色，传说是被茶女阿香的鲜血染红的。很久之前，有一个名叫阿香的美丽茶女，心灵手巧，待人亲善，村民们都很喜欢她。可是有一天，当地的官府发现了貌美如花的阿香，就要送她进宫。阿香死活不肯，被送进宫那天，她趁人不备，跳崖而死，鲜血溅到苦丁茶芽上，茶芽遂从绿色变成紫红色，味道也变得甘甜香浓，后来人们把苦丁茶也称为紫笋茶。

黄山贡菊

产地
安徽省黄山市。

品质特征

干茶 色白，蒂绿，花型完整，花朵大小均匀。

汤色 汤色浅黄，清澈透亮。

香气 浓郁芬芳，特有的菊花香味。

滋味 甘醇微苦，绵软爽口。

叶底 花朵嫩黄，晶莹剔透，色泽均匀。

佳茗概述

　　黄山贡菊为平瓣小菊品种，因在清朝光绪年间治愈了京城流行的红眼病，故被皇宫誉为贡品而名贡菊。黄山贡菊一般是11月份开始采收，选择晴天露水干后进行采摘，采收时用竹筐盛装鲜花，以确保花的原形，并做到随摘随晾，以确保干花色泽。鲜菊采下后，先用竹簟阴置晾干，然后用炭火悉心烘烤而成。成品黄山贡菊朵大色白，花朵越大越白，而且品质也越好。

茶之品

　　特有的菊花香味，浓郁芬芳，甘醇微苦，绵软爽口，饮完顿觉神清气爽。

茶之鉴

　　黄山贡菊和杭白菊的区别：贡菊的花瓣较为肥厚，杭白菊则较为轻巧；贡菊颜色略显暗淡，而杭白菊色彩较明朗。在药理上，白菊入茶，贡菊入药。

　　花朵大小匀齐，花瓣无损坏的黄山贡菊为上品。花瓣的颜色并非越黄越好，因为鲜的黄山贡菊花瓣为黄色，但是经过杀青之后商品的黄山贡菊就呈浅黄色或白色。

　　泡开的菊花茶自然是沉淀物少为上品，但有些花是打过药的，允许有很少的沉淀物（虫）。所以，并不是有虫子的一定是次的菊花茶。

黄山贡菊最好的贮存条件是在室温、避光、无异味的环境中保存。如果茶叶含水量较高或已受潮，可以经80℃左右烘干或炒干摊凉后再贮藏。菊花茶不宜长期保存，最好在一两个月内饮完。因为时间久了，菊花茶不仅容易生虫，菊花的香味和口感也会有所影响。

佳茗功效

"黄菊入药"，是说黄山贡菊的药理性比较好，常饮可以散风清热、解毒消炎，还有很好的强身健体之功效。

黄山贡菊可增强毛细血管抵抗力，扩张冠状动脉，还能缓解高血压、偏头痛、急性结膜炎等病症。

黄山贡菊不仅有利尿止痢、降压降脂的作用，用菊汤沐浴，还有祛痒爽身、护肤美容的功能。

黄山贡菊香气浓郁，可提神醒脑，具有一定的松弛神经、舒缓头痛的功效。

黄山贡菊里含有丰富的维生素A，是维护眼睛健康的重要物质。黄山贡菊对肝火旺、用眼过度导致的双眼干涩有较好的疗效。

贡菊的由来

相传，黄山贡菊原是宋朝徽商从浙江德清县作为观赏艺菊引进的。有一年黄山一带大旱，乡里有许多人得了红眼头痛病，痛苦不堪。这时，一位常年在外经商的徽商归乡而来，带来从浙江引来的菊花，让大家以开水冲泡服用，未几日，此花十分灵验，眼疾得以治愈，很快菊花就在这里广为种植了。许多农户为便于贮存，以备长期使用，又特意将鲜菊花烘制成干菊花。

从此，徽菊名气大振，被尊称"贡菊"。贡菊历来被当作一味重要的中药材，并出口东南亚。

杭白菊

产地 浙江省桐乡。

品质特征

干茶 干茶花瓣颜色发黄，花蕊深黄。

汤色 汤色澄清，浅黄鲜亮。

香气 香气清冽。

滋味 滋味甘醇微苦。

叶底 花瓣完整嫩黄，色泽均匀。

佳 茗 概 述

　　杭白菊又称甘菊、小汤黄、小白菊，以其色、香、味、形"四绝"成为菊花茶的佳品，也是菊花茶中最好的品种。与安徽的滁菊、亳菊，河南的邓菊，都是国内驰名的茶用菊。杭白菊在我国有悠久的栽培历史。"杭白贡菊"一向与"龙井名茶"并提。古时曾作贡品。杭白菊的原产地在桐乡，那里种植历史源远流长，种植面积大，产量高，品质好。昔日桐乡茶商为利用杭州的知名度，将桐产小白菊冠以"杭州"之名，延用至今。

茶之品

　　清香四溢，滋味鲜醇微苦。

茶之鉴

　　特级杭白菊：花形完整，花朵大小均匀；无霜打花、霉花、生花（蒸制时间不到，造成不熟晒后边黑的花）、汤花（蒸制时锅中水过多，造成水烫花，晒后成褐色的花）。入水泡开后花瓣玉白，花蕊深黄，色泽均匀；汤色澄清，浅黄鲜亮清香，甘醇微苦。特级杭白菊只有在杭白菊专营店内或者厂家处才能买到。

　　一级杭白菊：花形基本完整，花朵大小略欠均匀；霜打花、生花、汤花在 5% 以内；入水泡开后花瓣白，花蕊呈黄色；汤色澄清，浅黄清香，甘微苦。

二级杭白菊: 花朵大小略欠均匀; 霜打花、生花、汤花在 7% 以内; 入水泡开后, 花瓣灰白, 花蕊浅黄; 汤色澄清、浅黄, 较清香, 甘微苦, 花形不完整, 花瓣发白, 包装内经常出现花瓣黏连结块的情况, 口感差。

贮茶有方

杭白菊可以保存在干燥的容器中, 密封好后放在干燥、阴凉、通风处即可。一般不用放在冰箱内保存, 以免温度太低, 使菊花的香味减淡。

杭白菊"杭"字的由来

相传早在 20 世纪 20 年代, 桐乡的白菊花就以其色、香、味、形"四绝", 成为饮用之佳品, 被当时的一位安徽茶商汪裕泰转手销往新加坡等南洋国家。而桐乡本地的菊花经销商是朱金伦办的一家烟菊收购行。

菊花是一种极易霉变和虫蛀的物品, 在当时的技术条件下, 包装储存是个难题。朱金伦把菊花用牛皮纸手工封包, 每一公斤一包, 并按茶商汪裕泰的吩咐, 贴上商标和使用说明。南洋商人梁老板非常喜欢徽帮茶商汪裕泰发的桐乡菊花, 一包包仔细验收, 发现每个封包上都贴着一张绿色的招贴纸——"蝴蝶牌杭白菊", 下面是一段介绍产品的文字, 产家落款是"杭州西湖金伦茶菊庄"。梁老板撮了几朵菊花放进茶杯, 沏上开水。只见朵朵菊花在水中竞相开放, 花瓣层层叠叠, 花香清馨扑鼻。梁老板不禁拍手叫绝, 而又起贪心: 既然已经知道了这等好货产自西子湖畔, 何不甩掉汪裕泰这个中间商, 岂不获利更丰? 于是, 他带了几个伙计, 漂洋过海, 来到杭州, 四处打听金伦茶菊庄。可寻遍了西子湖畔, 竟然丝毫不见杭白菊踪影。无奈之下, 只得悻悻而归。原来, 汪裕泰熟谙商界竞争之道, 知道南洋梁老板是个贪心的人, 于是就虚晃一枪, 把白菊花的产地说成是"杭州西子湖畔"。

在当时交通不便、信息不灵的环境下, 汪裕泰的"张冠李戴"之计, 还确实起了很好的自我保护作用。然而, 桐乡特产白菊花, 却从此冠以"杭"字而扬名海内外。

名优绿茶品质特征与品评要素评分表

品评要素	级别	品质特征	评分	评分系数
外形	甲	以一芽二叶初展到一芽二叶为原料，外形紧细，色泽嫩绿、或翠绿、或深绿，光泽油润，均匀一致，洁净无杂质	90～99	20%
	乙	以一芽二叶为原料，外形较紧细，色泽墨绿或黄绿，较油润，尚均匀，净度较好	80～89	
	丙	嫩度稍低，外形粗松，色泽暗褐、或陈灰、或灰绿、或偏黄，较均匀，有碎末、显露茎梗	70～79	
汤色	甲	明亮	90～99	10%
	乙	尚明亮或黄绿明亮	80～89	
	丙	深黄、或泛黄、或浑浊	70～79	
香气	甲	香气浓郁特久，有自然花香（兰花香、栗香等）	90～99	25%
	乙	香气尚清香，火功香	80～89	
	丙	香气清淡，熟闷，老火或青气	70～79	
滋味	甲	醇和甘鲜，醇厚鲜爽	90～99	30%
	乙	清爽，浓厚，尚醇厚	80～89	
	丙	浓涩，青涩	70～79	
叶底	甲	细嫩多芽，嫩绿明亮、芽叶完整匀齐	90～99	10%
	乙	嫩匀，绿明亮、尚匀齐	80～89	
	丙	尚嫩，黄绿、欠匀齐	70～79	

普通绿茶品质特征与品评要素评分表

品评要素	级别	品质特征	评分	评分系数
外形	甲	外形优美且有特色，色泽嫩绿、或翠绿、或深绿，油润有光泽，均匀整齐，净度好	90～99	25%
	乙	外形较有特色，色泽墨绿或黄绿，较油润，尚匀整，净度较好	80～89	
	丙	外形无明显特色，色泽暗褐、或灰绿、或偏黄，较为匀整，净度尚好，有碎末	70～79	
汤色	甲	嫩绿明亮，浅绿明亮	90～99	10%
	乙	较明亮或黄绿明亮	80～89	
	丙	深黄或浑浊	70～79	
香气	甲	香气高爽，有明显的栗香、或嫩香、或花香	90～99	30%
	乙	清香，较高长，火功香	80～89	
	丙	较纯正，熟闷，老火	70～79	
滋味	甲	鲜醇，醇厚鲜爽	90～99	30%
	乙	清爽，浓厚，尚醇厚	80～89	
	丙	尚醇，浓涩，青涩	70～79	
叶底	甲	嫩均多芽，尚嫩绿明亮、匀齐	90～99	10%
	乙	嫩匀略有芽，绿明亮、尚匀齐	80～89	
	丙	尚嫩、黄绿、欠匀齐	70～79	

乌龙茶品质特征与品评要素评分表

品评要素	级别	品质特征	评分	评分系数
外形	甲	壮结重实，品种特征或地域特征明显，色泽沙绿乌润，匀整，净度好	90～99	25%
	乙	较重实、较壮结，有品种特征或地域特征，色泽尚包润，较匀整，净度尚好	80～89	
	丙	条索粗松，带有黄片，色泽乌褐或枯红欠润，欠匀整，净度稍差	70～79	
汤色	甲	色度因加工工艺而定，有金黄或橙黄，清澈明亮	90～99	10%
	乙	色度因加工工艺而定，较明亮	80～89	
	丙	色度因加工工艺而定，泛青或红暗，多沉淀，欠亮	70～79	
香气	甲	具有明显的地域香，花香、花果香浓郁，香气优雅纯正	90～99	30%
	乙	有花香或花果香等地域香，但浓郁与纯正性稍差	80～89	
	丙	花香或花果香不明显，略带粗气或老火香	70～79	
滋味	甲	浓厚甘醇或醇厚滑爽	90～99	30%
	乙	浓醇较爽	80～89	
	丙	滋味淡薄，略有粗糙感	70～79	
叶底	甲	做青好，叶质肥厚软亮	90～99	10%
	乙	做青较好，叶质较软亮	80～89	
	丙	稍硬，青暗，做青一般	70～79	

工夫红茶品质特征与品评要素评分表

品评要素	级别	品质特征	评分	评分系数
外形	甲	肥硕重实，满披金黄色芽毫，色黑油润或棕褐油润显金毫，匀整，净度好	90～99	25%
	乙	较细紧或紧结，稍有毫，较乌润，匀整，净度较好	80～89	
	丙	紧实或壮实，尚乌润，尚匀整，净度尚好	70～79	
汤色	甲	红艳明亮	90～99	10%
	乙	尚明亮	80～89	
	丙	尚红欠亮	70～79	
香气	甲	香高，有独特的嫩香，嫩甜香，花果香	90～99	25%
	乙	香高，有甜香	80～89	
	丙	香气淡，较纯正	70～79	
滋味	甲	鲜醇或甘醇	90～99	30%
	乙	醇厚	80～89	
	丙	尚醇	70～79	
叶底	甲	细嫩多芽或有芽，红明亮	90～99	10%
	乙	嫩软、略有芽，红尚亮	80～89	
	丙	尚嫩，多筋，尚红亮	70～79	

品评要素	级别	品质特征	评分	评分系数
外形	甲	外形美观，嫩度好，锋苗显露，颗粒匀整，净度好，色泽乌黑油润或棕黑油润	90～99	25%
	乙	嫩度较好，有锋苗，颗粒较匀整，净度较好，色尚鲜活油润	80～89	
	丙	嫩度稍低，带细茎，尚匀整，净度尚好，色泽欠油润	70～79	
汤色	甲	色泽依茶类不同而定，但要清澈明亮	90～99	10%
	乙	色泽依茶类不同而定，较明亮	80～89	
	丙	欠明亮或有浑浊	70～79	
香气	甲	香高浓鲜、纯正，有嫩茶香	90～99	25%
	乙	高爽或较高鲜	80～89	
	丙	尚纯，熟，老火或青气	70～79	
滋味	甲	鲜醇回甘，醇厚鲜爽	90～99	30%
	乙	清爽，浓厚，尚醇厚	80～89	
	丙	尚醇，浓涩，青涩	70～79	
叶底	甲	嫩匀多芽尖，红匀明亮	90～99	10%
	乙	嫩尚匀，尚明亮，尚匀齐	80～89	
	丙	尚嫩，尚亮、欠匀齐	70～79	

黑茶（散茶）品质特征与品评要素评分表

品评要素	级别	品质特征	评分	评分系数
外形	甲	肥硕或壮结，显毫，形态美，色泽黑色油润，匀整，净度好	90～99	20%
	乙	尚壮结或较紧结，有毫，色泽匀润，较匀整，净度较好	80～89	
	丙	壮实或紧实或粗实，尚匀整，净度尚好	70～79	
汤色	甲	根据后发酵的程度可有红浓、橙红、橙黄色，汤色明亮	90～99	15%
	乙	根据后发酵的程度可有红浓、橙红、橙黄色，尚明亮	80～89	
	丙	红浓暗、或深黄、或黄绿欠亮、或浑浊	70～79	
香气	甲	香气纯正，香高爽，有松烟味	90～99	25%
	乙	香气较高尚纯正，无杂气味	80～89	
	丙	香气平淡，稍带焦香	70～79	
滋味	甲	醇厚，回味甘爽	90～99	30%
	乙	较醇厚、醇和	80～89	
	丙	尚醇、微涩	70～79	
叶底	甲	嫩软多芽，黄褐明亮、匀齐	90～99	10%
	乙	尚嫩匀略有芽，明亮、尚匀齐	80～89	
	丙	尚柔软，尚明、欠匀齐	70～79	

紧压茶品质特征与品评要素评分表

品评要素	级别	品质特征	评分	评分系数
外形	甲	形状完全符合规格要求，松紧度适中。外形肥硕或壮结、显毫，匀、整、净，不分里、面茶，润泽度好	90～99	25%
	乙	形状符合规格要求，松紧度适中。尚壮结、有毫，尚匀整，润泽度较好	80～89	
	丙	开状符合规格要求，松紧度较适合。壮实或粗实，尚匀，尚润泽	70～79	
汤色	甲	有红浓、红黄、黄绿、橙红、橙黄色，尚明亮	90～99	10%
	乙	红浓、橙红、橙黄色、尚明亮	80～89	
	丙	红浓暗、或深黄、或黄绿欠亮、或浑浊	70～79	
香气	甲	香气纯正、高爽，无杂异气味	90～99	25%
	乙	香气较高尚纯正，无异杂气味	80～89	
	丙	尚纯，有烟气、微粗等	70～79	
滋味	甲	醇和，回味甘爽	90～99	30%
	乙	尚醇和	80～89	
	丙	尚醇	70～79	
叶底	甲	嫩软肥嫩略多芽，明亮、匀齐	90～99	10%
	乙	尚嫩匀略有芽，明亮、尚匀齐	80～89	
	丙	尚软，尚明、欠匀齐	70～79	

白茶品质特征与品评要素评分表

品评要素	级别	品质特征	评分	评分系数
外形	甲	以单芽到一芽二叶初展为原料，芽毫肥壮完整，造型美、有特色，满身披毫，匀整，净度好	90～99	25%
外形	乙	以单芽到一芽二叶初展为原料，芽较瘦小，较有特色，白毫显，尚匀整，净度好	80～89	25%
外形	丙	嫩度较低，造型特色不明显，色泽暗褐或灰绿，较匀整，净度较好	70～79	25%
汤色	甲	黄绿清澈或浅白明亮	90～99	10%
汤色	乙	尚绿黄清澈	80～89	10%
汤色	丙	深黄或泛红或浑浊	70～79	10%
香气	甲	嫩香、毫香清鲜	90～99	25%
香气	乙	清香、尚有毫香	80～89	25%
香气	丙	尚纯，或有酵气或有青气	70～79	25%
滋味	甲	清淡回甘、鲜爽醇厚	90～99	30%
滋味	乙	醇厚较鲜爽	80～89	30%
滋味	丙	尚醇、浓稍涩、青涩	70～79	30%
叶底	甲	嫩芽完整，灰绿明亮、软嫩匀齐	90～99	10%
叶底	乙	尚软嫩匀、尚灰绿明亮、尚匀齐	80～89	10%
叶底	丙	尚嫩，黄绿有红叶、欠匀齐	70～79	10%

品评要素	级别	品质特征	评分	评分系数
外形	甲	细嫩，色泽嫩黄或金黄、润亮，匀整，净度好	90～99	25%
	乙	较细嫩，造型较有特色，色泽褐黄或绿带黄，较油润，尚匀整，净度较好	80～89	
	丙	嫩度稍低，造型特色不明显，色泽暗褐或深黄，欠匀整，净度较好	70～79	
汤色	甲	有嫩黄、杏黄、橙黄、黄绿，但明亮清净	90～99	10%
	乙	尚杏黄明亮或黄绿明亮	80～89	
	丙	深黄或绿黄欠亮或浑浊	70～79	
香气	甲	纯正，毫香鲜嫩，有甜香	90～99	25%
	乙	香气高爽或较高爽	80～89	
	丙	尚纯，熟闷，老火	70～79	
滋味	甲	浓醇回甘，鲜爽	90～99	30%
	乙	浓厚或尚醇厚，较爽	80～89	
	丙	尚醇，浓涩	70～79	
叶底	甲	细嫩多芽，嫩黄匀整明亮	90～99	10%
	乙	嫩匀，黄明亮、尚匀整	80～89	
	丙	尚嫩，黄尚明、欠匀齐	70～79	

花茶品质特征与品评要素评分表

品评要素	级别	品质特征	评分	评分系数
外形	甲	紧结匀整、多毫或锋苗显露，造型有特色，色泽尚黄绿或嫩黄、油润，净度好	90～99	20%
	乙	较紧结匀整、有毫或有锋苗，造型较有特色，色泽黄绿，较油润，匀整，净度较好	80～89	
	丙	紧实或壮实，造型特色不明显，色泽黄或黄褐，较匀整，净度较好	70～79	
汤色	甲	浅黄明亮或嫩绿明亮	90～99	2%
	乙	黄明亮或黄绿明亮	80～89	
	丙	深黄、或黄绿欠亮、或浑浊	70～79	
香气	甲	鲜灵浓郁，具有明显的鲜花香气	90～99	35%
	乙	较鲜灵、浓郁，较纯正、持久	80～89	
	丙	尚浓郁、尚鲜，较纯正，尚持久	70～79	
滋味	甲	甘醇或醇厚，鲜爽，花香明显	90～99	30%
	乙	浓厚或较醇厚	80～89	
	丙	熟、浓涩、青涩	70～79	
叶底	甲	多芽，黄绿，细嫩匀亮	90～99	10%
	乙	嫩匀有芽，黄明亮	80～89	
	丙	尚嫩，黄明	70～79	

袋泡茶品质特征与品评要素评分表

品评要素	级别	品质特征	评分	评分系数
外形	甲	滤纸质量优，包装规范，完全符合标准要求	90～99	20%
	乙	滤纸质量较优，包装规范，完全符合标准要求	80～89	
	丙	滤纸质量较差，包装不规范，有欠缺	70～79	
汤色	甲	色泽依茶类不同，但要清澈明亮	90～99	2%
	乙	色泽依茶类不同，较明亮	80～89	
	丙	欠明亮或有浑浊	70～79	
香气	甲	香气纯正高鲜，有嫩茶香	90～99	35%
	乙	高爽或较高鲜	80～89	
	丙	尚纯、熟，老火或青气	70～79	
滋味	甲	鲜爽甘醇	90～99	30%
	乙	清爽、浓厚，尚醇厚	80～89	
	丙	尚醇、浓涩、青涩	70～79	
叶底	甲	滤纸薄而均匀，过滤性好，无破损	90～99	10%
	乙	滤纸厚薄较均匀，过滤性较好，无破损	80～89	
	丙	掉线或有破损	70～79	